13. COLLOQUIUM DER
GESELLSCHAFT FÜR PHYSIOLOGISCHE CHEMIE
AM 3./5. MAI 1962 IN MOSBACH/BADEN

INDUKTION UND MORPHOGENESE

MIT 107 TEXTABBILDUNGEN

SPRINGER-VERLAG BERLIN HEIDELBERG GMBH

1963

ISBN 978-3-540-02953-3 ISBN 978-3-642-87059-0 (eBook)
DOI 10.1007/978-3-642-87059-0

Originally published by Springer-Verlag OHG.
Berlin · Göttingen · Heidelberg 1963

Library of Congress Catalog Card Number 52—3250

Inhalt

Begrüßung und Eröffnung

Klenk: Meine Damen und Herren! Zum 13. Mosbacher Colloquium möchte ich Sie herzlich begrüßen. Vor allem begrüße ich unsere ausländischen Gäste: Herrn Kollegen Lehmann, den wir ja vor Jahren hier in Mosbach schon einmal gehört haben, Herrn Kollegen Brachet, dem ich bei dieser Gelegenheit zu der vor kurzem erfolgten Verleihung der Schleiden-Medaille durch die Leopoldina unsere herzlichen Glückwünsche aussprechen möchte, schließlich noch die Herren Halvorson und Holtzer, die den weiten Weg von den Vereinigten Staaten nicht gescheut haben, um hier an diesem Mosbacher Colloquium teilzunehmen. Großen Dank schulden wir allen Referenten, vor allem den Herren Karlson und Zilliken, die feundlicherweise die Organisation des Colloquiums übernommen haben.

Unser Thema lautet: Induktion und Morphogenese. Es ist offensichtlich, daß die Bearbeitung dieses Gebietes bisher der Morphologie größeren Gewinn brachte als der physiologischen Chemie. Man braucht aber kein Prophet zu sein, um vorauszusehen, daß die zukünftige Entwicklung gerade die entgegengesetzte Tendenz haben wird. Schon im Verlauf dieses Colloquiums wird sich zeigen, ob der Wendepunkt bereits erreicht oder sogar schon überschritten ist.

Nach einer Begrüßung durch den Oberbürgermeister der Stadt Mosbach übergab Professor Klenk *den Vorsitz für die ersten beiden Vorträge an Professor* Zilliken.

Zilliken: Ladies and Gentlemen. As you have noted our topic will be "Induction and Morphogenesis". When we proposed this theme a year ago, we did not antipiciate to inspire a meeting held on a similar topic three weeks ago in Oakridge, Tennessee, nor did we forsee that the rapid development in this field may have led Professor Yamada to seek permanent scientific homage in the United States. A further indication for the significance of our topic may be seen in as much as there will be held a third symposium on "Induction and morphogenesis" in the forthcoming fall in Italy.

We are all aware that our time limits here in Mosbach do not permit an exhaustive discussion of the problem in question. As a matter of fact the program in its present form is rather incomplete with respect to many pertinent aspects and facets of induction and morphogenesis. Bearing these limitations in mind the meeting intends to be no more than a frame work and a stimulus for further investigations in this field.

Unfortunately it has not been possible to honor all aplicants who intended to speak here. The Committee apologizes for this misfortune. These people should fell free to actively participate in our panel discussion.

At a time when the coding for protein synthesis is unravelled by the outstanding contributions of MATHAEI and NIERENBERG at the National Institute of Health and of Ochoa at New York University it is a fascinating and exciting task to be a biochemist and it is neddless to stress that the "missense" and the "non sense" combinations may contain letters which are equally essential for "induction and morphogenesis."

Looking forward to an interesting and sucessful meeting, I am asking now our first speaker Professor LEHMANN to give his lecture on: Biologische und biochemische Probleme der Morphogenese.

INDUKTION UND MORPHOGENESE

Zellbiologische und biochemische Probleme der Morphogenese[1]*

Von

F. E. Lehmann

Zoologisches Institut der Universität Bern

Mit 13 Abbildungen

1. Morphogenese als biologische Erzeugung von Zellorganoiden

Meistens sind die *Organoide* tierischer Zellen lichtmikroskopisch sichtbare Mikrogefüge. Sie haben in der Regel eine funktionelle Bedeutung, sind stammesgeschichtlich evoluiert, und es läßt sich bei ihnen in der Regel eine charakteristische strukturelle Prägung und metabolische Leistung nachweisen. Auf Grund der letzterwähnten Eigenschaften fallen die Zellorganoide auch in das Grenzgebiet der molekularen Biologie. Die Organoide sind

---

[1] Zur Einführung dieses Kolloquiums mit chemisch-embryologischen Fragestellungen, speziell der Induktion und der Morphogenese, sei an eine nicht neue embryologische Erkenntnis erinnert. Vielfach besteht in der Frühentwicklung der Tiere „eine Grundtendenz zur Bildung weniger, in sich komplexer, aber morphologisch gut umschriebener Regionen" (Lehmann, 1942) oder funktionell-biologischer Einheiten. Dabei spielen Induktionsfaktoren nur eine Auslöserrolle beim Aufbau organogenetischer Bereiche; in anderen Fällen aber, wie bei den Spiralierkeimen, sind organogenetische Bereiche schon auf dem Eistadium bereitgestellt und bedürfen keiner Induktionswirkung mehr. Hingegen scheinen *alle morphogenetischen Vorgänge* der Frühentwicklung, seien sie nun induziert oder handle es sich um autonome Selbstorganisation, auf *verwandten zellbiologischen und biochemischen Grundlagen* zu beruhen. Das zu zeigen ist die Aufgabe des folgenden Referates, in dem vor allem instruktive „Modelle" aus weniger bekannten Gebieten der Embryologie, nämlich der Spiralierovocyten und der Amphibienregeneration, dargestellt werden.

* Die im Zoologischen Institut Bern ausgeführten Arbeiten wurden in der Hauptsache gefördert durch Beiträge des Schweizerischen Nationalfonds und der Eidgenössischen Kommission zur Förderung der wissenschaftlichen Forschung aus Arbeitsbeschaffungsmitteln des Bundes. Die betreffenden Forschungen sind mit * gekennzeichnet.

mikroskopisch leicht erkennbar; sie sind zwar chemisch sehr komplexe Strukturen, stellen aber zugleich biologisch *einheitliche morphodynamische Gebilde* dar (LEHMANN, HENZEN, GEIGER, 1962): *die Plasmahaut*, *der Zellkern* und *das Endoplasma* mit seinen biosomatischen Einheiten (Mitochondrien und granuläre und vesiculäre mikrosomenartige Partikel). Die genannten Strukturen finden sich alle, umgeben von *Zellsaft*, in den Kleinräumen der Zelle. Diese Gebilde spielen demgemäß auch eine wesentliche molekularbiologische Rolle in den vitalen Umsetzungen der Zelle. Dank der Gelkörpernatur der morphodynamischen Einheiten sind sie wesentlich an der Formbildung und an der Gestaltung der Zelle beteiligt. Zugleich stellt die Zelle ein dynamisches Gleichgewicht innerhalb ihrer metabolischen Gefüge dar. Ferner enthält sie die von der Desoxyribonucleinsäure (DNS) getragene Information, die auf dem Wege der Vererbung und der Selektion als biochemischer Reglerapparat für die Steuerung der cytoplasma-gebundenen Leistungen eingesetzt wird.

2. Zelle und Zellverbände in der Morphogenese

Die Zellen sind die Grundlagen der tierischen Morphogenese, indem sie die strukturell-biochemischen Grundlagen der cellulären Differenzierung zur Entfaltung bringen. Bei sog. Mosaik-Eiern vollziehen sich schon die ersten Strukturierungs- und Sonderungsprozesse *innerhalb* der *ungeteilten Eizellen* (Spiralier, Ascidien) (LEHMANN, 1956, 1960). Bei anderen Tiergruppen, wie bei Wirbeltieren oder Echinodermen, beginnt die Morphogenese mit ganzen *Verbänden von embryonalen Zellen* (*Blastemen*). Das geschieht beispielsweise bei der *Embryogenese der Wirbeltiere* oder bei der *Regeneration* (z. B. beim Coelenteraten *Tubularia* oder bei *Amphibienlarven*).

2.1. Die intracelluläre Morphogenese bei Ovocyten von Spiraliern*

Der embryonale Grundplan des *Tubifex* (Oligochaet, LEHMANN, 1958) oder von *Ilyanassa* (Mollusk, CLEMENT u. LEHMANN, 1956) entsteht aus wenigen großen embryonalen Zellen, die frühzeitig mosaikhaft, als Bauelemente des Embryonalkörpers von den übrigen Zellen gesondert werden (Abb. 1 u. 2). Dieser sehr deutlichen Sonderung der sog. Somatoblasten geht eine Sonderung verschiedener Plasmakomponenten innerhalb der Stammzellen, der Somatoblasten voraus (LEHMANN, 1956, 1958). Diese intracelluläre Sonderung ergibt deutlich verschiedene Sorten von Cytoplasma in den Somatoblasten. Die Zelle 2d erhält ein Cytoplasma mit zahlreichen basophilen vesiculären und granulären Endoplasmapartikeln, während die Zelle 4d große Mengen von Mito-

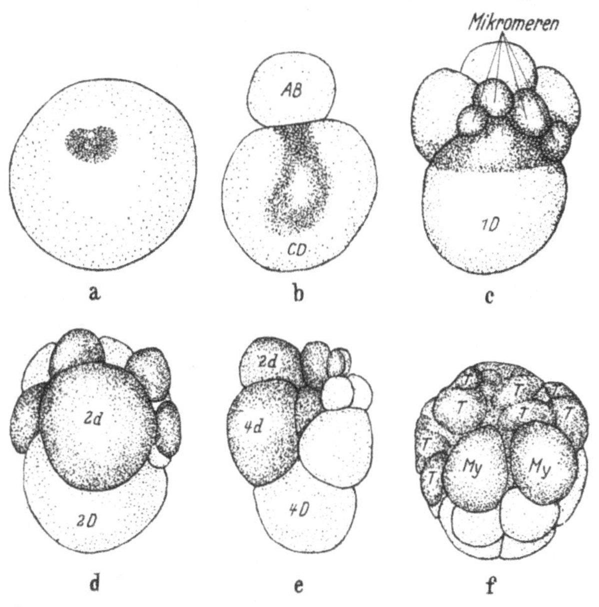

Abb. 1. Partikelverteilung in Mosaikeiern: *Tubifex* (Oligochaet, nach LEHMANN, 1956/58). Die Lage des Polplasmas in verschiedenen Entwicklungsstadien, dargestellt nach Farbfotos von Keimen, an denen die Indophenoloxydasereaktion die Lage des mitochondrienhaltigen Materials gezeigt hat. a) Polar angehäuftes Polplasma im Einzeller. b) Zweizellenstadium mit Polplasma in CD. c) Bildung der vier positiv gefärbten Mikromeren und der großen Polplasmamasse in 1 D. d) Bildung des ersten Somatoblasten 2 d, (Mesektoblast). e) Bildung des zweiten Somatoblasten 4d, der Mesodermplasma enthält. f) Aufteilung des ersten Somatoblasten in die Telekoblasten (*T*) und Teilung in 4d in zwei Myoblasten (My)

chondrien übernimmt sowie einen großen Teil von lipoid- und dotterhaltigem Cytoplasma. Das Ergebnis ist, daß jeder Somatoblast ein bauplantypisches Muster von Cytoplasma mitbekommt. Die Annahme liegt nahe, daß dadurch die morphogenetische Leistung der drei verschiedenen Somatoblasten sehr verschiedenartig festgelegt würde. Auch wenn die direkte morphogenetische Abhängigkeit der Somatoblastenleistung von deren Feinstruktur noch nicht strikte bewiesen ist, so besteht heute schon der wesentliche Befund, daß *die drei Somatoblasten aus metabolisch und strukturell verschiedenem Material* aufgebaut werden (Abb. 3a—c). In dieser *zelltypischen Musterbildung* ist ein wesentlicher Modellfall

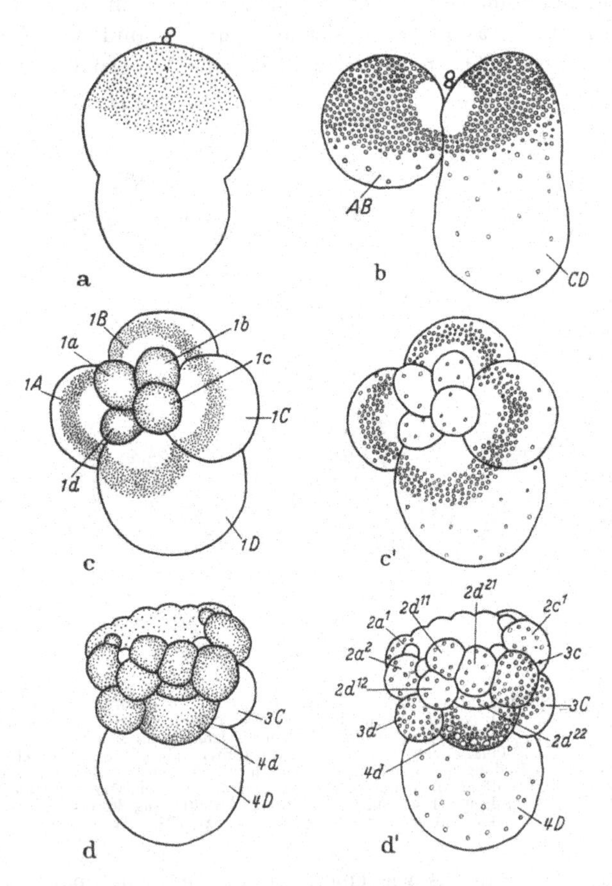

Abb. 2. Partikelverteilung (Mitochondrien und Lipoidtropfen) bei verschiedenen Entwicklungsstadien des Keimes von *Ilyanassa* (CLEMENT u. LEHMANN, 1956). a) Beginnende erste Furchungsteilung mit Pollappen in Seitenansicht (Mitochondrien). b) Zweizellenstadium in Seitenansicht (Lipoidtropfen). c) *c* und *c'*. Erstes Mikromerenquartett vom animalen Pol gesehen. *d* und *d'*. Zellmuster des Keimes nach Bildung des Mesentoblasten 4d. — Mitochondrien durch feine Punktierung, Lipoidtropfen durch kleine Kreise angegeben

gegeben, der anders erscheint als die morphogenetische Musterbildung in Verbänden von zahlreichen Blastemzellen.

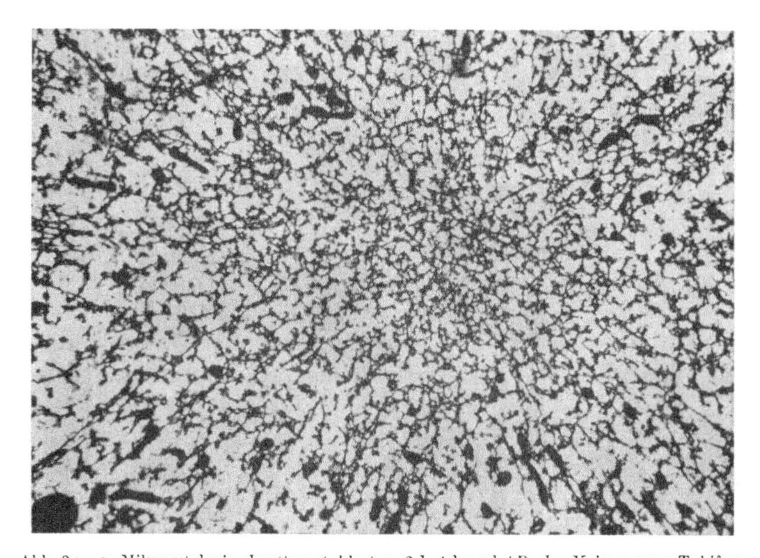

Abb. 3a—c. Mikrocytologie der Somatoblasten 2d, 4d und 4D des Keimes vom Tubifex. Elektronenmikroskopische Aufnahmen (LEHMANN u. MANCUSO, 1957)
a Cytoplasma der Zelle 2d mit reticulären Elementen, die ein gelartiges Netz bilden. In den Maschen dieses Netzes sind zahlreiche vesiculäre und granuläre Endoplasmapartikel vorhanden

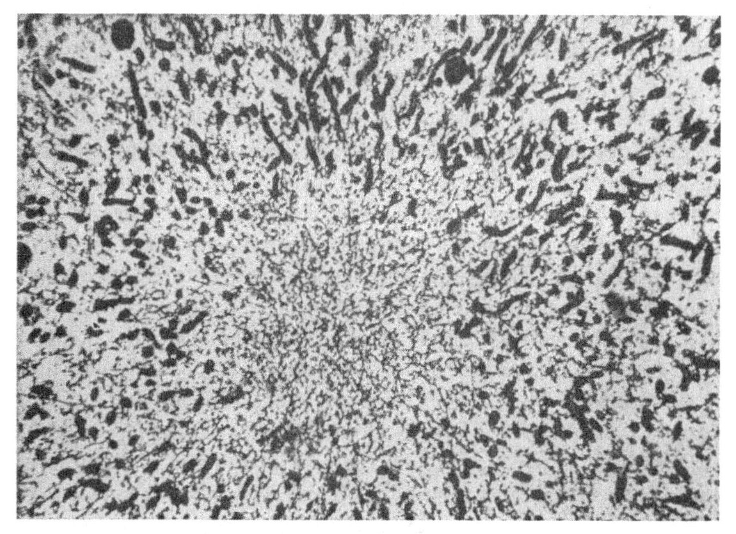

b Cytoplasma der Zelle 4d mit zahlreichen Mitochondrien. In der Nähe des Mitoseapparates sind die Cytoplasma-Elemente radiär angeordnet

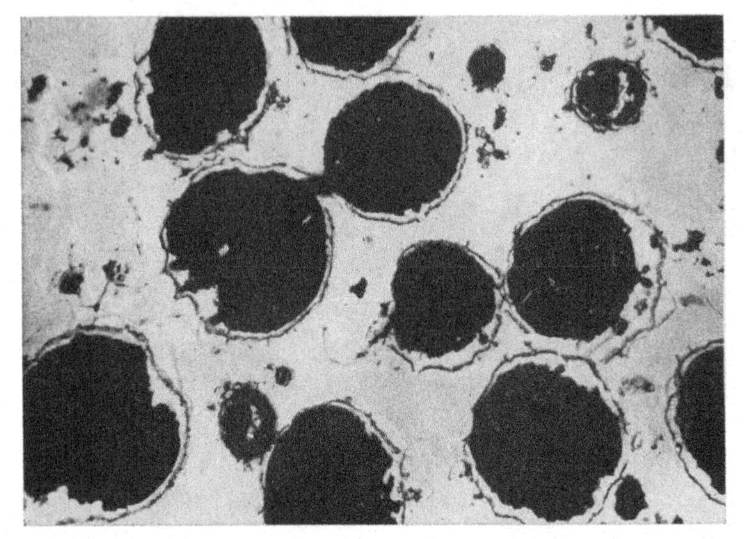

c Cytoplasma der Zelle 4 D. Gleicher Maßstab wie Abb. 3a und b. Das Cytoplasma enthält vorwiegend Zellsaft, in dem große Dotterkörner enthalten sind, die von einer Cytoplasma-Membran umhüllt werden. — Die rauhe Oberfläche der Dotterkörner läßt Verdauungsprozesse vermuten

2.2. Unsichtbare Musterbildung in vielzelligen Blastemen (supracellulärer Organisationstyp) als Träger von Embryonalentwicklung und Regeneration

Es gibt sehr viele Beispiele morphogenetischer Musterbildung bei Echinodermen, Insekten und Wirbeltieren. Hier entwickelt sich eine komplexe und zugleich unsichtbare *Organisation* aus einem scheinbar *einheitlichen Gefällesystem* eines Blastems heraus. Besonders gut bekannt ist in dieser Hinsicht die animal-vegetative Organisation des Seeigelkeimes, ebenso wie die Blastemfeldorganisation des Chordamesodermfeldes. In beiden Fällen kann durch die Einwirkung von LiCl das morphogenetische Potential stark verschoben werden. Beim Seeigelkeim (Abb. 4) bewirkt es die Ausbreitung des vegetativen Bereiches zu ungunsten der animalen Zone (Abb. 4) (RUNNSTRÖM, HÖRSTADIUS et al. s. KÜHN); beim Tritonkeim wird der Chordabereich zugunsten der Somitenzone mesodermisiert, während der Chordabereich stark verkleinert erscheint (Abb. 5) (s. LEHMANN, 1937). In diesen Fällen drängt sich die Vorstellung auf, es werde ein *morphogenetischer Funktions-*

zustand, wie er im animal-vegetativen Feld des Seeigelkeimes oder im Chordamesoderm lokalisiert ist, durch bestimmte chemische

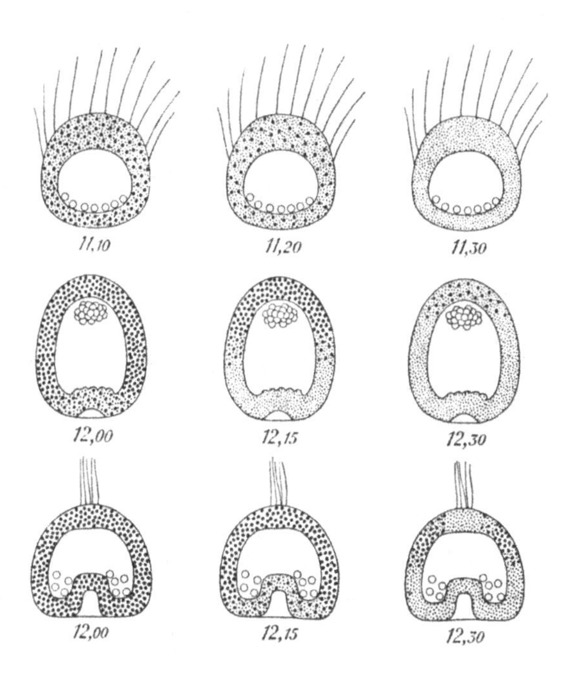

Abb. 4. Verschiedene Typen von Reduktionsgradienten im Seeigelei (Hörstadius 1955). Obere Reihe: Entwicklung eines animalisierten Keimes, vorwiegend grün gefärbt. Mittlere Reihe: vegetativisierter Typus. Der Keim ist vorwiegend blaugrün (kleine Punkte) und rot (große Punkte) gefärbt. In der unteren Reihe ist ein Kontrolltypus dargestellt, bei dem am vegetativen und am animalen Pol die blaugrüne Färbung vorherrscht. Zwischen beiden Bereichen liegt ein Gürtel von rotgefärbtem Material

Einwirkungen aus dem normalen Muster in ein anderes morphogenetisches Muster verschoben (gehoben oder gesenkt). Die Musterbereiche eines Blastemfeldes müssen demnach während einer kurz dauernden Entwicklungsphase in einem dynamischen Gleichgewicht vorliegen, das durch bestimmte biochemische Faktoren wesentlich verschoben werden kann. Das normale morphogenetische Potential eines Blastems muß sich also irgendwie auf einem biochemisch fundierten Gleichgewichtszustand aufbauen und anschließend in diesem Zustand festgehalten werden.

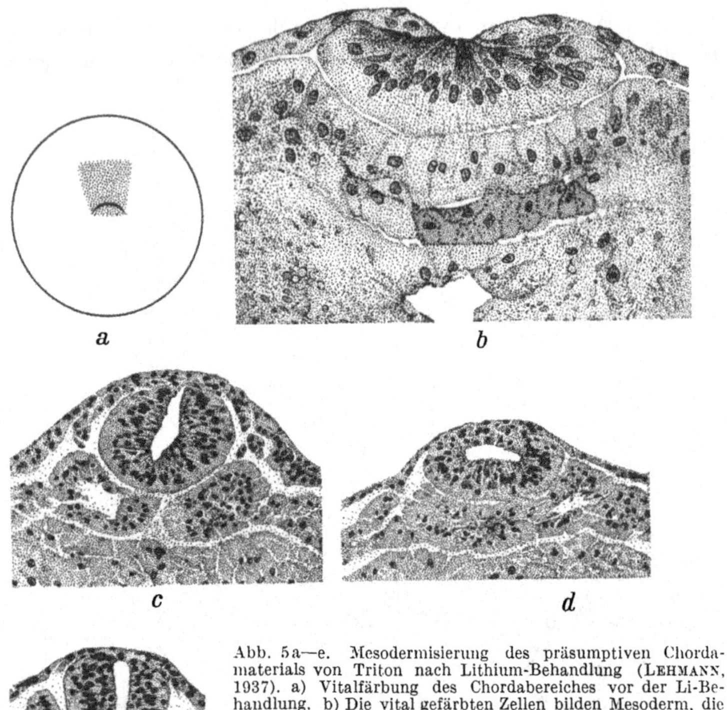

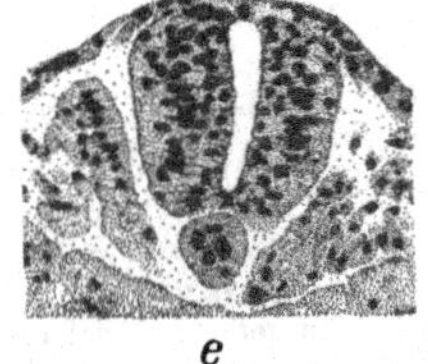

Abb. 5a—e. Mesodermisierung des präsumptiven Chordamaterials von Triton nach Lithium-Behandlung (LEHMANN, 1937). a) Vitalfärbung des Chordabereiches vor der Li-Behandlung. b) Die vital gefärbten Zellen bilden Mesoderm, die Chordaanlage fehlt in diesem Bereich. c—e) Querschnitte verschiedener Embryonen mit verschieden starker Mesodermisierung. c) Somiten getrennt, Sagittalspalt im Neuralrohr, Chorda fehlt. d) Somiten völlig in der Mitte verschmolzen, Chorda fehlt, Neuralrohr mit starker Basalmasse. e) Normalkeim mit Somiten und medianer Chorda, Sagittalspalt im Neuralrohr (LEHMANN, 1937) aus KÜHN (1955)

3. Die Eigenheiten unsichtbar festgelegter morphodynamischer Systeme und ihre Beziehung zur lokalisierten und organisierten biochemischen Dynamik

1. Bis heute lassen sich embryologisch nur in wenigen Fällen *musterartige Beziehungen zwischen morphogenetischer und besonderer biochemischer Aktivität* herstellen. Ein besonders suggestiver Fall wäre der Befund von HÖRSTADIUS (1955), wenn er auch von anderer Seite substantiell belegt werden könnte. Von HÖRSTADIUS wurde für junge Seeigelkeime gefunden (Abb. 4), daß bei Keimen mit verschieden weit getriebener Vegetativisierung auch die Zone des

Redoxfeldes in verschiedener Höhe vom vegetativen Pol aus lokalisiert werden kann. Wenn dies mit anderen oder verbesserten Methoden exakt bestätigt werden könnte, wäre damit ein erstes Argument gegeben für die Vorstellung, daß *ausgezeichnete Bereiche biochemischer Aktivität* sich parallel verschieben mit Bereichen

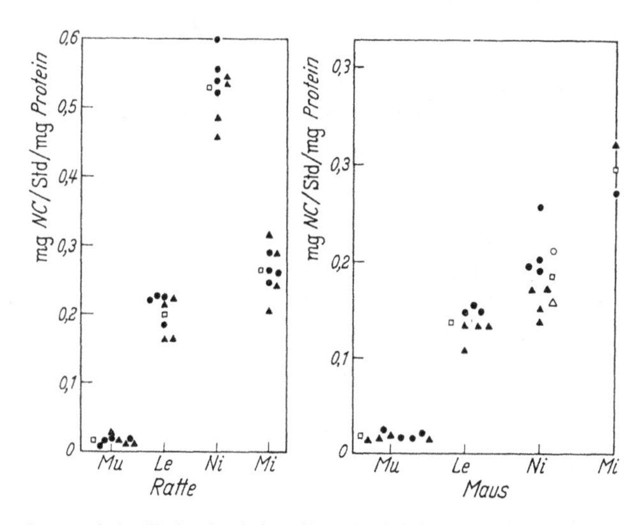

Abb. 6. Organtypischer Kathepsingehalt, auf Proteingehalt bezogen in verschiedenen Organen der Sherman-Ratte und der DBA/2-Maus. Man beachte den geringen Kathepsingehalt der Muskeln, den mittleren Kathepsingehalt der Niere bei der Maus und den sehr hohen Kathepsingehalt bei der Ratte. Bestimmt wurden die Kathepsinaktivitäten mit Hilfe von gespaltenem Nitrocasein. Die Werte sind ausgedrückt in mg gespaltenem Nitrocasein per Stunde per mg Protein des betreffenden Organs (FAULHABER, LEHMANN u. V. HAHN, 1961)

besonderer morphogenetischer Aktivität. Es könnte weiter danach gesucht werden, wie weit gewisse umschriebene Bereiche als organisierte Zentren gehobener morphogenetischer Aktivität in Frage kommen. Heute läßt sich diese Vermutung noch nicht allgemein fassen, dagegen können weitere Argumente dafür gegeben werden, daß es *organtypische biochemische Muster* in *bestimmten Organen* gibt.

2. Über die *organtypisch verschiedenen Enzymarten* in gewissen Organen liegen verschiedene Resultate vor. Die Untersuchungen von FAULHABER, VON HAHN und LEHMANN aus unserem Institut* geben z. B. für einige Organe adulter Ratten *erste* Hinweise auf

organtypische Fermentmuster (FAULHABER et al. 1961) für *Leber, Niere, Milz und Muskel* (Abb. 6). In analoger Weise wurden hinsichtlich verschiedener Fermente (Kathepsin, Leucinaminopeptidase und saure Phosphatase) die genannten Organe studiert. Hier erhärtet sich die Vermutung, daß ein organtypisches Muster für verschiedene Fermente zusammen vorliegt. Jedenfalls läßt sich die Vermutung weiter verfolgen, daß der biochemische Aktivitätszustand eines gegebenen Organes ein organtypisches Bild besitzen könnte.

3. Auch die *Mikrocytologie des Cytoplasmas*, etwa beim Tubifex (LEHMANN u. V. MANCUSO, 1957)* spricht für die Annahme, daß das gesamte organtypische Muster der Somatoblasten eine typische Charakteristik besitzen könnte. Es könnte also auch mit Hilfe der Mikrocytologie und der Mikroenzymatik gelingen, Hinweise auf organtypische Kennzeichen von morphobiologischen Gebilden zu finden (s. a. WEBER, 1958). Wohl wird man auf die Hoffnung verzichten müssen, mit Hilfe der lichtmikroskopischen Histologie organtypische Kennzeichen zu finden, aber eine synoptische Verwendung biochemischer und mikrocytologischer Kennzeichen läßt die Aufdeckung verschiedener organtypischer Kriterien als aussichtsvoll erscheinen.

4. Morphogenese und Biochemie der Regeneration

4.1. Gleichsinnige Beeinflussung von morphogenetischen Potentialen und von enzymatischen Mustern durch Wirkstoffe während des Regenerationsvorganges

Für die Erfassung der biochemischen Musterbildung eignen sich nicht nur embryonale Blasteme verschiedener Tierstämme, sondern auch die regenerierenden Blasteme des larvalen Xenopusschwanzes (s. a. HAUSER u. LEHMANN, 1962)*. Wir haben in den letzten Jahren verschiedene Typen von *Hemmstoffen* (Abb. 7) gefunden (LEHMANN, 1957a, 1957b, 1960)*, welche die Regeneration des larvalen Schwanzes wohl *selektiv* hemmen (Abb. 8a u. 8b), ohne aber die Vitalität der behandelten nicht regenerierenden Larve wesentlich zu beeinträchtigen (LEHMANN, 1957, 1959, 1960)*. Irgendwie können die biochemischen Grundlagen der Geweberegeneration so beeinflußt werden, daß eine Regenerationsmorphogenese von erhöhter Aktivität nicht zustande kommt.

Wir haben vermutet, daß eine Hemmung der Geweberegeneration mit einer Hemmung des Proteinumsatzes zusammenhängen müsse; vermutlich mit einer Veränderung der Aktivität gewisser Proteasen, vor allem mit der *Aktivität der Kathepsine.* Eine ganz

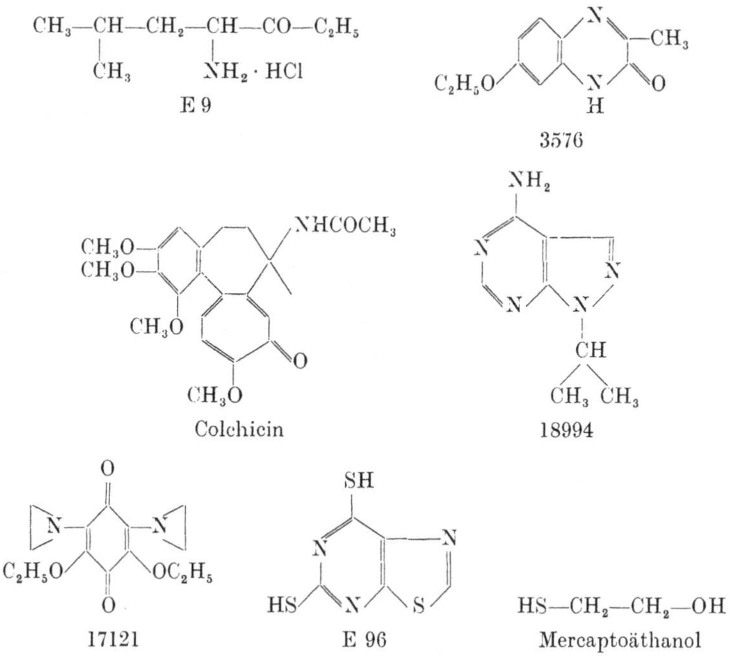

$CH_3—CH(CH_3)—CH_2—CH(NH_2 \cdot HCl)—CO—C_2H_5$

E 9

3576

Colchicin

18994

17121

E 96

$HS—CH_2—CH_2—OH$

Mercaptoäthanol

Abb. 7. Strukturformeln einiger von uns verwendeter synthetischer Morphostatika (v. HAHN u. LEHMANN, 1960 b). In der Reihenfolge der Abbildung sind folgende Stoffe aufgeführt: Obere Reihe: Aminoketon E 9, das Chinoxalin der CIBA 3576 und das Naturprodukt Colchicin (ein Tropolon-Derivat). In der unteren Reihe ein Pyrazolo-Pyrimidin, ein Iminobenzochinon, ein Dimercapto-Thiazolo-Pyrimidin (Präparat von Dr. VON HAHN) und Mercaptoäthanol (bereits schon von MAZIA u. BRACHET verwendet)

einfache Parallele zwischen der Veränderung der Aktivität von Proteasen und Änderung der Regeneration ist wohl zum vornherein nicht zu erwarten. Denn eine Beeinflussung des Proteinabbaues durch Kathepsin kann je nach Lage des Gleichgewichtes im lebenden Gewebe eine Proteinvermehrung durch vermehrtes Angebot von Protein-Bruchstücken oder eine Proteinverminderung durch Schwund von Proteinen, verbunden mit raschem Abtransport der Fragmente, zustande bringen.

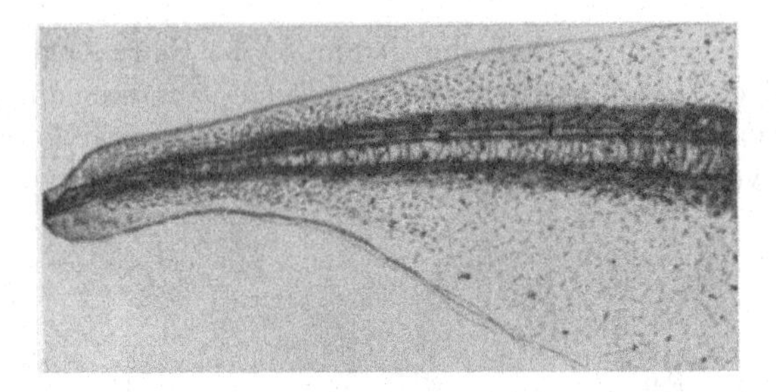

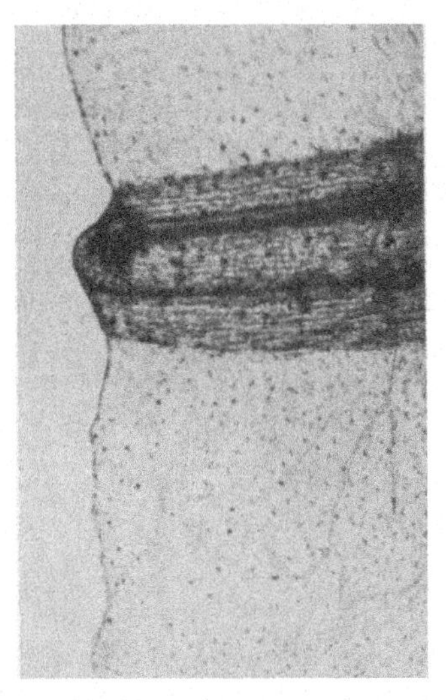

Abb. 8. Regeneration amputierter Schwänze von Xenopuslarven, Lebendphotos, 20 Tage nach der Amputation (LEHMANN, 1960). a) Normal ausgewachsene Schwanzspitze der unbehandelten Larve. b) Total-Morphostase nach Dauerbehandlung. Der Schwanzstumpf ist völlig gehemmt, nach Behandlung mit Chinoxalin. Es hat keinerlei Regeneration stattgefunden.

4.2. Kathepsinaktivierung und morphostatischer Effekt

Entscheidend für unsere Leitideen ist in erster Linie die Frage, ob die Kathepsinaktivität während der normalen Regeneration zu- oder abnimmt. Hierfür liegen heute schon konkrete Anhaltspunkte vor. Beim normal regenerierenden Schwanz nimmt die K.-A. wesentlich zu (Abb. 9) und sinkt nach Abschluß der Regeneration auf das normale Niveau ab (JENSEN, LEHMANN u. WEBER, DEUCHAR, WEBER u. LEHMANN, LEHMANN u. v. HAHN)*. Man darf für diesen Fall vermuten, daß während der Regeneration reichlich Kathepsine zur Verfügung stehen, um Proteinfragmente aus Schwanzproteinen zu gewinnen. Nach Abschluß der Regeneration sinkt der Bedarf an Proteinfragmenten und dementsprechend auch die Kathepsinaktivität. Bei der normalen Regeneration scheint ein bestimmtes Gleichgewicht zwischen dem Auf- und Abbau der Proteine erforderlich zu sein. Werden nun zusätzlich Wirkstoffe zugunsten der Verschiebung des Gleichgewichtes im

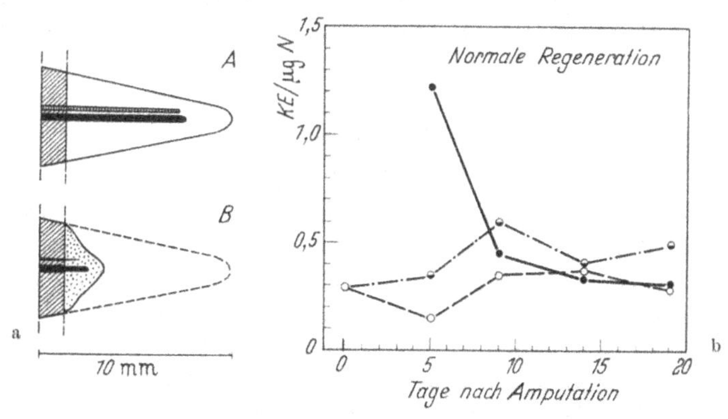

Abb. 9. Enzymatische Aktivität regenerierender Schwänze von Xenopuslarven. Auf der Abbildung ist der Verlauf der Kathepsinaktivität dargestellt (LEHMANN, 1960). a) Zeigt die Schnittführung zur Gewinnung verschiedener Schwanzteile mit verschiedener Aktivität (A). Das stark schraffierte Stück wird als „Stumpf" bezeichnet. Es enthält das differenzierte Gewebe. Aus dem Stumpf wächst das Regenerat aus (B). Es ist dünn punktiert dargestellt. Die Masse des Regenerates ist anfänglich sehr klein. Es wächst bis zur Erreichung des gestrichelten Umrisses. b) Zeigt die gemessene spezifische Kathepsinaktivität (K.-A.) per μg Stickstoff der betreffenden Gewebestücke. Die hohe K.-A. der Regenerate nimmt langsam ab (ausgefüllte Kreise). Die Stumpfgewebe sind deutlich aktiver (halb ausgefüllte Kreise) als die unamputierten Schwanzgewebe (ausgefüllte Kreise)

Proteinumsatz eingesetzt, so kann eine Hemmung der Regeneration resultieren. Das ist der Fall bei der Verwendung des Aminoketons E_9. E_9 bewirkt eine deutliche Hemmung der Regeneration. In der Regenerationsphase setzt eine sehr erhebliche Steigerung der Kathepsinaktivität ein. Vermutlich erfolgt eine zu weitgehende Reduktion der Schwanzproteine durch das aktivierte Schwanzkathepsin und das Wachstum der regenerierenden Schwanzspitze bleibt gehemmt. Es resultiert ein deutlicher *morphostatischer Effekt**; eine Hemmung des Regenerationswachstums ist zu beobachten, allerdings ohne jeden cytoklastischen Effekt, wie dieser bei der Einwirkung von Colchicin oder radiomimetischen Stoffen auftritt.

Wir vermuten also für den Effekt des Aminoketons das Vorliegen einer neuartigen, rein *metabolisch verursachten Entwicklungshemmung* oder einer *Morphostase*.

Die Verhinderung neoplastischen Wachstums mit Hilfe von synergistischen Antimetaboliten *ohne* Zuhilfenahme cytoklastischer Reaktionen wäre zwar von besonderem medizinischem Interesse; sie ist von uns als interessante Möglichkeit erkannt worden (LEHMANN, 1959) im Falle der Regression von Tumoren unter dem Einfluß von Kombinationen morphostatischer Hemmstoffe (LEHMANN et al., 1959, LEHMANN, 1960), wurde aber von anderen Autoren noch kaum verfolgt.

5. Morphostatische Effekte und das morphogenetische Potential integrierter Fermentsysteme

Wir haben in einer Studie untersucht, (v. HAHN u. LEHMANN, 1960a)*, ob die *Morphostase*, die, wie oben geschildert, vermutlich auf einer durch Aminoketon induzierten *Aktivitäts-Steigerung des Kathepsins* beruht, auch in anderen Fällen auf einem analogen Mechanismus beruht, d. h. auf einer metabolischen Bremsung des Proteinumsatzes. Auf alle Fälle bildet der Proteinumsatz einen der wichtigsten begrenzenden Faktoren, denn die Proteine sind die für das Wachstum unerläßlichen Träger der biologischen Strukturen. Auf Grund unserer Ergebnisse, besonders mit dem stark morphostatischen Aminoketon E_9, das zugleich stark kathepsinaktivierend ist, scheint ein kausaler Zusammenhang wahrscheinlich. Nach unseren neueren Befunden ist aber *diese Korrelation nicht zwingend*. Die synergistisch hemmende Wirkung einer aminoketonfreien Kombination (Chinoxalin 3576/1:250000 und Colchicin 1:1000000) gehört zu unseren stärksten morphostatischen Kombinationen. Auch wenn die Kombination 5 Tage nach der Amputation eine über 40%ige Hemmung erzielt, so ist diese *starke Hemmung mit keiner Veränderung der K.-A.* verbunden.

„*Regenerationshemmung ist hier ohne Aktivierung des Kathepsins möglich*“. (Das ist auch der Fall bei der Hemmung der sauren Phosphatase, wie Abb. 10 zeigt, v. HAHN et. al., 1961.)*

Dagegen erfolgt in den zwei synergistischen Kombinationen, die auch E_9 enthalten, eine langfristige Aktivierung des Kathepsins. Man erhält den Eindruck, daß die Kathepsinaktivität hier einen wesentlichen Faktor beim Synergismus der Hemmwirkung darstellt, ohne daß man jedoch aussagen kann, ob er primär auslösend ist oder eine Folgereaktion darstellt.

Wir erfassen also mit dem Kathepsin wahrscheinlich nur einen enzymatischen Teilfaktor, der in gewissen Fällen am Regenerationsgeschehen oder aber seiner Unterdrückung maßgebend beteiligt ist.

Daß es in bestimmten Fällen auch ohne Kathepsinaktivierung zu einer partiellen Unterdrückung

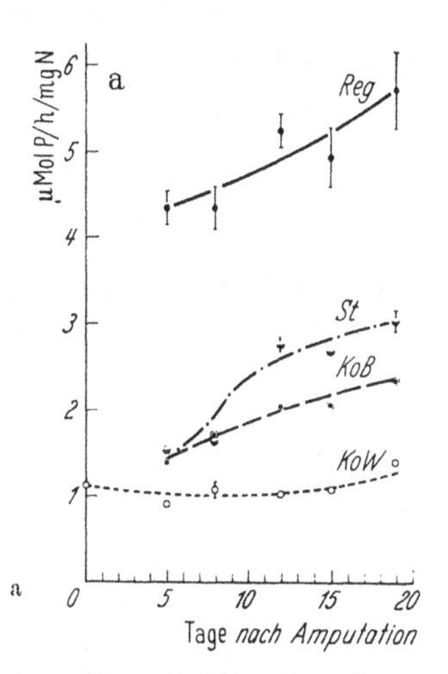

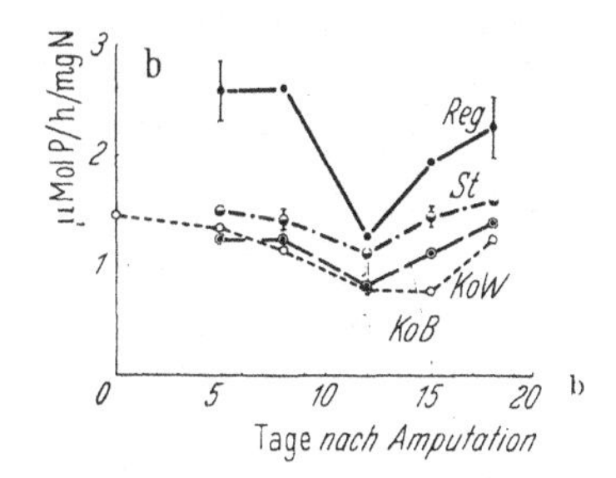

Abb. 10. Unterschiedlicher Gang der Aktivität von Fermenten im Regenerat nach Vorbehandlung mit verschiedenen Morphostatika. In der Abbildung wurde die saure Phosphatase als Beispiel gewählt; das Kathepsin verhält sich entsprechend. Die Phosphataseaktivität ist hier gekennzeichnet durch μ mol P/Stunde/mg N bis zum 15. oder 20. Tag nach der Amputation der larvalen Schwanzspitze (weitere Erklärungen s. VON HAHN u. LEHMANN, 1960 a). a) Die saure Phosphatase wird im Regenerat durch Aminoketon E 9 1:8'000 stark und langfristig aktiviert. b) Chinoxalin 3576, das ebenfalls als Morphostatikum wirkt, hat in der Konzentration von 1:125'000 keinen wesentlichen aktivierenden Einfluß auf die saure Phosphatase des Regenerates während 18 Tagen

der Morphogenese kommen kann, zeigen die Effekte der Behandlung mit Colchicin allein oder mit der Kombination Colchicin-Chinoxalin. Es ergibt sich hier wiederum, daß *das Phänomen der Morphostase* auf keinem einfachen und schematisch ablaufenden Geschehen beruhen kann, sondern, daß es *von verschiedenen*, nicht streng miteinander *gekoppelten Teilfaktoren aus wesentlich zu beeinflussen* ist.

Welche enzymatischen Teilprozesse im Falle der Hemmung mit Colchicin oder Chinoxalin eine ausschlaggebende Rolle spielen, ist heute noch nicht abgeklärt. Jedenfalls muß es neben dem Kathepsinsystem noch andere, enzymatische, möglicherweise z. B.

chinoxalinempfindliche Teilsysteme geben, die bei der Regeneration eingeschaltet sind.

Im Hinblick darauf, daß verschiedene Enzymsysteme in einem morphogenetischen Potential integriert sind, können die von uns gefundenen *starken morphostatischen Effekte synergistischer Art* plausibel gemacht werden. Denn hier ist keine Cytoklasie, aber es sind wesentliche enzymatische Umstellungen zu erzielen (Aktivierung von Kathepsinen oder saurer Phosphatase).

6. Die synergistische Regenerationshemmung als Morphostase ohne cytoklastischen Effekt

Wir kennen heute eine größere Zahl von Paaren morphostatischer Hemmstoffe. Auch bei sehr deutlicher Morphostase ist uns die metabolische Grundlage noch unbekannt, wie bei den

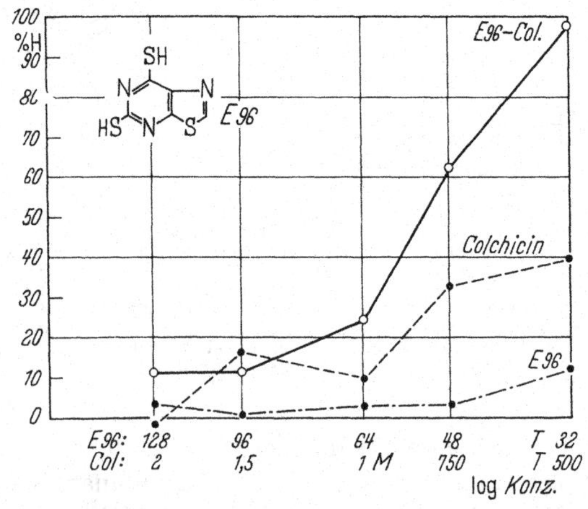

Abb. 11. Prüfung einer morphostatischen Substanz auf Einzelwirkung und Konzentrationseffekt sowie auf synergistische Effekte mit Colchicin (LEHMANN, 1960). Allein zeigt die Substanz E 96 fast keinen morphostatischen Effekt, das Colchicin wirkt in der angewandten Konzentration mäßig hemmend und die entsprechende Kombination der beiden Hemmstoffe zeigt sehr deutliche synergistische Effekte

Hemmstoffpaaren Dimercapto-Thiazolo-Pyrimidin und Colchicin (v. HAHN u. LEHMANN, 1960b) (Abb. 11) und Liponsäure-Nicotinsäureamid (LEHMANN u. SCHOLL, 1962) (Abb. 12 u. 13). Von besonderem Interesse sind die Fälle, wie die der sauren Phosphatase oder des Kathepsinsystems, weil hier Hinweise auf den synergistischen Wirkungsmechanismus von Substanzpaaren gegenüber dem Kathepsinsystem zu finden sind.

Die stark synergistisch hemmenden Substanzpaare E_9 + Colchicin und E_9 + 3576 zeigen, daß die *Kombination eines Kathepsinaktivators* (hier E_9) mit einem Partner, der dieses Enzymsystem nicht oder wenig beeinflußt (wie Colch. oder Chinox.), zu einer weiteren *Steigerung der Kathepsinaktivität* führen kann. Bei diesen zwei Kombinationen ist der „Partner" des E_9 selbst morphostatisch wirksam, greift aber vermutlich in andere Stoffwechselsysteme als das Aminoketon ein. Durch gleichzeitige Modifikation anderer Teilprozesse könnte eine weitere Erhöhung des morphostatischen Effekts eintreten, so daß für solche Fälle eine Steigerung der K.-A. zu vermuten wäre.

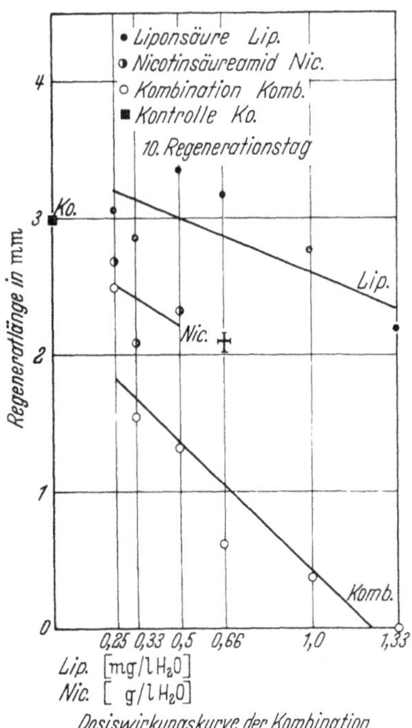

Abb. 12. Synergistische Hemmeffekte von normalen Metaboliten: Liponsäure und Nicotinsäureamid (LEHMANN u. SCHOLL, 1962). Die gezeichneten Regressionsgeraden ergeben deutlich, daß der morphostatische Effekt der Kombination sehr viel größer ist als der Effekt der Einzelkomponenten

Unsere Ansicht, daß mit synergistischen Hemmstoffkombinationen stärkere morphostatische Effekte zu erzielen sind, die die Behandlung mit Einzelstoffen übertreffen, scheint sich bisher in einer ganzen Reihe von Fällen zu bestätigen. Durch gezielte synergistische Behandlung kann vermutlich „das morphogenetische Stoffwechselpotential" relativ leicht in einer ziemlichen Breite umgestaltet werden (LEHMANN, 1959).

Nach unserer Annahme sind im aktiven Grundplasma verschiedene Enzymsysteme zu einem interdependenten Ganzen integriert und vermutlich kommt das *aktive Grundplasma als*

Träger dieses „morphogenetischen Stoffwechselpotentials" (MSP) in Frage (v. HAHN u. LEHMANN, 1960a).

Daß bei der Entwicklung dieses recht komplexen Systems dem *Proteinstoffwechsel* eine, wenn nicht die *zentrale* Rolle zukommt, darf im Hinblick auf die essentielle Rolle von Struktur- und Enzymproteinen mit Bestimmtheit angenommen werden. Jede

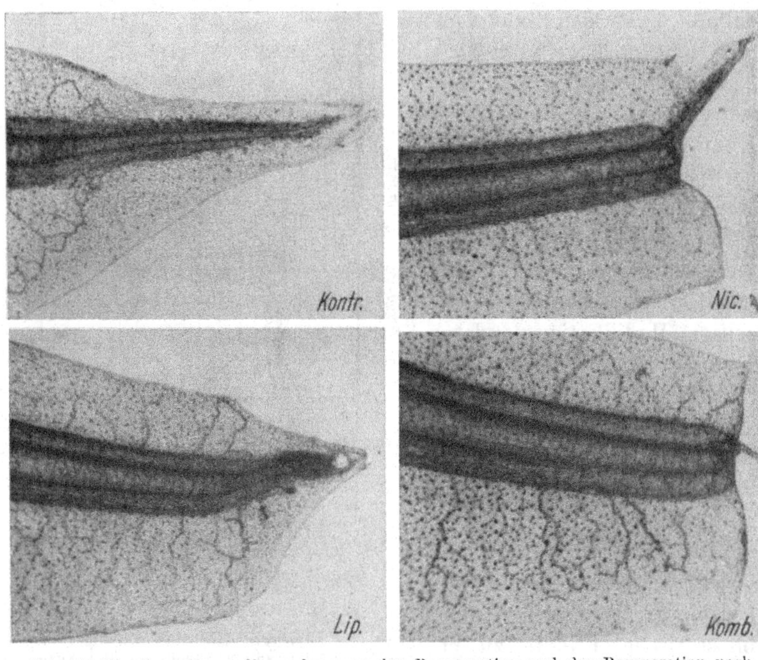

Abb. 13. Die Gegenüberstellung der normalen Regeneration und der Regeneration nach Behandlung mit Nicotinsäureamid oder Liponsäure in Einzelbehandlung, ferner der morphostatische Effekt der Kombination, 10 Tage nach Amputation (LEHMANN u. SCHOLL, 1962)

Störung der empfindlichen, stets aufeinander abgestimmten Teilprozesse dieses Systems wird sich auf die Gesamtbilanz des Proteinumsatzes auswirken. Man darf annehmen, daß den Kathepsinen u. a. im normalen Proteinhaushalt einer wachsenden Zelle die Aufgabe zukommt, nicht nur benötigte „alte" oder „falsche" Proteine zu beseitigen. In solchen Fällen könnte das Grundplasma zudem die Fähigkeit haben, auf unverwertbare anabolische Produkte durch Erhöhung der katabolischen Funktionen zu reagieren.

Ferner ist daran zu erinnern, daß das *morphogenetische Stoffwechselpotential* nicht nur durch metabolische Antagonisten des Proteinumsatzes vermindert werden kann, sondern daß etwa auch Wirkstoffe des Purinumsatzes das MSP erheblich verschieben können.

Auf alle Fälle können wir nicht mit der Möglichkeit rechnen, nur einzelne enzymatische Teilsysteme selektiv zu treffen, wie etwa allein die Kathepsine. Verschiedene ausbalancierte Enzymsysteme stehen im MSP zur Verfügung. Die Reaktionsweise des MSP kann nur empirisch bestimmt werden. Analogieschlüsse sind kaum möglich. Immerhin kann schon jetzt gesagt werden, daß *eine spezielle metabolische Beeinflussung des morphogenetischen Stoffwechselpotentials* die gesamte Morphogenese in selektiver Weise umsteuern kann und so relativ umschriebene, *nicht letale morphogenetische Modifikationen* erzielen kann. Das dürfte nicht allein für morphogenetische Potentiale im Regenerationsgeschehen, sondern auch, wie beim LiCl, in der Embryonalentwicklung zutreffen.

Literatur

Clement, A. C., and F. E. Lehmann: Über das Verteilungsmuster von Mitochondrien und Lipoidtropfen während der Furchung von Ilyanassa obsoleta (Mollusca, Prosobranchia). Naturwissenschaften **43**, 578—579 (1956).

Faulhaber, I., F. E. Lehmann u. H. P. von Hahn: Die Kathepsinaktivität einiger Organe von Ratte und Maus in ihrer Beziehung zu verschiedenen biochemischen Meßgrößen. Helv. physiol. pharmacol. Acta **19**, 214—233 (1961).

Hahn, H. P. von, B. Niehus u. R. Weber: Zur biochemischen Kennzeichnung der Phosphomonesterasen im Schwanzgewebe der Xenopus-Larve. Helv. chim. Acta **43**, 1820—1825 (1960).

Hahn, H. P. von, u. F. E. Lehmann: Beeinflussung von Kathepsinaktivität und Regenerationsleistung durch morphostatische Hemmstoffkombinationen. Helv. physiol. pharmacol. Acta **18**, 198—213 (1960a).

Hahn, H. P. von, und F. E. Lehmann: Verschiedenartige synergistische Effekte zweier SH-substituierter Morphostatika [β-Mercaptoäthanol und 5,7-Dimercaptothiazolo-(5,4-d) pyrimidin]. Rev. suisse Zool. **67**, 353—371 (1960b).

Hahn, H. P. von, B. Niehus, A. Scholl u. F. E. Lehmann: Chemisch bedingte Wachstumshemmung trotz unterschiedlicher Beeinflussung der Aktivitäten von Kathepsin und saurer Phosphatase in Schwanzregeneraten von Xenopuslarven. Naturwissenschaften **48**, 386—387 (1961).

Hauser, R., and F. E. Lehmann: Regeneration in Isolated Tails of Xenopus Larvae. Experientia (Basel) **18**, 83 (1962).

HÖRSTADIUS, S.: Reduction gradients in animalized and vegetalized sea urchin eggs. J. exp. Zool. **129**, 249—256 (1955).

KÜHN, ALFRED, Vorlesungen über Entwicklungsphysiologie Springer-Verlag, Berlin-Göttingen-Heidelberg 1955.

LEHMANN, F. E.: Mesodermisierung des praesumptiven Chordamaterials durch Einwirkung von Lithiumchlorid auf die Gastrula von Triton alpestris. Wilhelm Roux' Arch. Entw.-Mech. Org. **136**, 112—146 (1937).

LEHMANN, F. E.: Spezifische Stoffwirkungen bei der Induktion des Nervensystems der Amphibien. Naturwissenschaften **30**, 513—526 (1942).

LEHMANN, F. E.: Plasmatische Eiorganisation und Entwicklungsleistung beim Keim von Tubifex (Spiralia). Naturwissenschaften **43**, 289—296 (1956).

LEHMANN, F. E.: Synergistische und antagonistische Hemmstoffkombinationen bei der Schwanzregeneration der Xenopuslarve. Helv. physiol. Pharmacol Acta **15**, 431—443 (1957a).

LEHMANN, F. E.: Die Schwanzregeneration der Xenopuslarve unter dem Einfluß phasenspezifischer Hemmstoffe. Rev. suisse Zool. **64**, 533—546 (1957b).

LEHMANN, F. E.: Phases of Dependent and Autonomous Morphogenesis in the So-Called Mosaic-Egg of Tubifex. Symp. on the Chemical Basis of Development, edit. WILLIAM D. MC ELROY and BENTLEY GLASS. John Hopkins Press 1958.

LEHMANN, F. E.: Selektive Totalhemmung des Regenerationswachstums durch Paare morphostatischer Substanzen. Oncologia (Basel) **12**, 110—119 (1959).

LEHMANN, F. E.: Action of morphostatic substances and the role of proteases in regenerating tissues and in tumor cells. Advanc. Morphogenes. **1**, 153—187 (1960).

LEHMANN, F. E.: The Eggs of Spiralia as Developmental Types with early Segregation of Organ Specific Cytoplasmic Areas in Single Blastomeres. Symp. Germ Cells Developm. 223—224, Inst. int. Embryol. Fondaz. A. Baselli, 1960.

LEHMANN, F. E., H. P. v. HAHN, G. BENZ u. P. STRÄULI: Regenerations- und Geschwulsthemmung durch kombinierte Morphostatica in ihren biochemischen Aspekten. Oncologia (Basel) **12**, 110—150 (1959).

LEHMANN, F. E., u. V. MANCUSO: Verschiedenheiten in der submikroskopischen Struktur der Somatoblasten des Embryo von Tubifex. Arch. Klaus-Stift. Vererb.-Forsch. **32**, 483—493 (1957).

LEHMANN, F. E., M. HENZEN and FRIDERIKE GEIGER: Cytology and microcytology of living and fixed cytoplasmic constituents in the eggs of Tubifex and the cell of amoeba proteus. Symp. „Ultrastructure" Bern, Sept. 1961.

LEHMANN, F. E., u. A. SCHOLL: Morphostatische Effekte der Liponsäure und des Nicotinsäureamids auf die regenerierende Schwanzspitze von Xenopuslarven. Naturwissenschaften **49**, 187 (1962).

WEBER, R.: Über die submikroskopische Organisation und die biochemische Kennzeichnung embryonaler Entwicklungsstadien von Tubifex. Roux' Arch. Entw. Mech. **150**, 542—580 (1958).

The role of sulfhydryl groups in morphogenesis

By

JEAN BRACHET

Laboratoire de Morphologie animale. Faculté des Sciences. Université libre de Bruxelles/Belgique

1. Introduction

The importance of sulfhydryl (thiol or —SH) groups for morphogenesis has often been emphasized: this fact has been clearly shown, for sea urchin eggs, by RUNNSTRÖM and KRISZAT (1952), LALLIER (1951) and BÄCKSTRÖM (1958, 1959). As BÄCKSTRÖM pointed out, "the —SH metabolism seems to play an important role in the process of animalization and probably also in the antagonizing process of vegetalization".

In the case of amphibian eggs, the effects on morphogenesis of a number of "classical" sulfhydryl reagents (mono-iodacetic acid, monoiodacetamide, chloropicrine, chloracetophenone, oxidized glutathione, arsenite, etc.) have been studied by a number of authors (BRACHET, 1944; BEATTY, 1949; RAPKINE and BRACHET, 1951; LALLIER, 1951; BARTH, 1956; DEUCHAR, 1957; TEN CATE, 1957; etc.). All these agents produce similar effects: the nervous system remains a thick, open plate, while the differentiation of chorda and somites are relatively normal.

More recently, the effects on amphibian morphogenesis of new sulfhydryl reagents, introduced in biological research by MAZIA (1958a, b) in his important studies on mitosis in sea urchin eggs, have been investigated. These agents are *β-mercaptoethanol* ($HSCH_2$—CH_2OH), which is strongly reducing, penetrates easily living cells and is relatively non-toxic, its oxidized counterpart, *dithiodiglycol* ($HOCH_2$—CH_2—S—S—CH_2—CH_2OH), which easily oxidizes —SH groups of proteins, and *mercaptoethylgluconamide*, a derivative of mercaptoethanol which doesn't easily penetrate the cells.

As we shall see in more detail, mercaptoethanol exerts inhibitory effects on a great variety of morphogenetic systems (amphibian and avian embryos, regenerating tadpoles, hydra and planarians, nucleate and anucleate fragments of the unicellular alga *Acetabularia*). These remarkable properties are shared by another sulfur-containing compound, *α-lipoic* acid: inhibition of regeneration in *Hydra* and planarians by low concentrations of lipoic acid was first demonstrated by EAKIN and HENDERSON (1959) and by HAM and EAKIN (1958).

In the following, the effects on morphogenesis of *mercaptoethanol* and his derivatives will be first reported; a second section will be devoted to the inhibition of morphogenesis by *lipoic* acid. Finally, a summary of what is known concerning the *biochemical effects of mercaptoethanol* on developing systems will be presented.

2. The effects of β-mercaptoethanol on morphogenesis

The most conspicuous result obtained when amphibian gastrulae or neurulae are treated with *mercaptoethanol* (M/100 to M/300) is the complete cessation of morphogenetic movements (BRACHET and DELANGE-CORNIL, 1959; SEILERN-ASPANG, 1959). However, mercaptoethanol is relatively non-toxic, especially during neurulation, and the blocked embryos survive for several days. Experiments in which mercaptoethanol-treated organizers were put together with normal ectoderm fragments and *vice versa* disclosed the fact that mercaptoethanol acts more effectively on the competence of the ectoderm than on the inducing power of the organizer. These observations stand in good agreement with those made on whole embryos, in which the neural plate fails to form or close while chorda and somites differentiate relatively well (BRACHET, 1958a, 1960; BRACHET and DELANGE-CORNIL, 1959).

At lower concentrations of mercaptoethanol (M/300 or M/1000, for instance), development proceeds further; after three or four days of continuous treatment, one obtains strongly microcephalic embryos which are more or less delayed in their development. A striking feature of these embryos is an almost complete absence of melanophores and a complete lack of pigmentation of the retina. Mercaptoethanol, probably by virtue of its reducing properties, thus exerts a *profound inhibition of pigment formation, in the eye as well as in the skin*. The results in the case of *Xenopus* are especially striking: the tadpoles that form in the presence of mercaptoethanol have blue eyes. Obviously mercaptoethanol inhibits the formation of melanin in a fairly specific way. But this effect is a reversible one only: mercaptoethanol produces albinism, but it has no direct effect in the differentiation of the pigment cells themselves.

The strong toxicity of dithiodiglycol, as compared to mercaptoethanol, is especially remarkable in the case of *Pleurodeles* neurula stages. In a M/10 000 solution, cytolysis may occur within 24 hours. But, in contrast to mercaptoethanol, dithiodiglycol does not markedly delay or modify development before it exerts its lytic effects. At lower concentrations (M/30 000 to M/100 000), dithiodiglycol has, if anything, a slightly stimulating effect: in particular, the head sometimes shows overdevelopment, and the tail may be longer than in the controls. The tadpoles always show a higher degree of motility than the controls. There is thus no doubt that *mercaptoethanol and dithiodiglycol exert opposite effects in all respects*. The absence of mitoses, the microcephaly, the elongation of the body, which are characteristic of the embryos treated with mercaptoethanol, are replaced, after treatment with dithiodiglycol, by intense mitotic activity, overdevelopment of the head, reduction of the body and lordosis. Dithiodiglycol has no particular effect, in contrast to mercaptoethanol, on pigment formation. Obviously many biological activities in amphibian embryos, at the cellular as well as at the organismal level, are controlled by the sulfhydryl-disulfide equilibrium.

How does mercaptoethanol exert its inhibitory effects on morphogenesis? It has been recently claimed by TUFT (1961) that these effects might be due to the fact that this substance produces a "*water unbalance*" in the embryo. Such a simple explanation of our results is not very likely, in our opinion, for the following reasons (BRACHET, 1962): an analysis of the gastrulation movements in mercaptoethanol-treated amphibian gastrulae, using both local staining of whole gastrulae and careful study of the explants, has clearly shown that mercaptoethanol (M/100) has less effect on some morphogenetic movements than on others. For instance, invagination movements are less affected than epiboly, extension-convergence and ingression movements. Furthermore, mercaptoethanol, at the same concentration, inhibits the closure of the *explanted* neural plate, which may form a ridge but never a tube.

This inhibition, although never so strong as in the whole embryo, clearly shows that the swelling of the archenteron cavity cannot be the sole explanation for the arrest of neural plate closure.

There is another reason to doubt that "water unbalance" is the only explanation for the inhibition of neurulation in mercaptoethanol-treated embryos. Since it is known that adenosinetriphosphate (ATP) strongly accelerates the closure of the nervous system in amphibian eggs (AMBELLAN, 1955, 1958), we decided to study its effects on the mercaptoethanol-treated eggs. We found (BRACHET, 1962), that ATP strongly counteracts the inhibitory effects of mercaptoethanol on neural tube closure in four different amphibian species. The best recovery was obtained when late gastrulae were treated first with mercaptoethanol (M/100), then with ATP (0.1 mg/ml). But it is an interesting fact that no beneficial effects of ATP were observed on the other abnormalities induced by mercaptoethanol, such as lack of pigmentation, delay in yolk utilization, absence of elongation, etc. The favorable effects of ATP on morphogenesis in the mercaptoethanol-treated eggs are thus strictly limited to neural plate closure. The fact that, in our experiments, there is no Mg^{++} requirement for the ATP effect speaks *against* the hypothesis that mercaptoethanol acts, in a more or less specific manner, on a *contractile protein* having ATPase activity. We shall return later to that question.

We have also studied the effects, on normal and mercaptoethanol-treated eggs, of adenine derivatives other than ATP. The substances used were adenosinediphosphate (ADP) and the two adenosinemonophosphates (A—3′—MP and A—5′—MP). It was found that, if used at a concentration of 0.1 mg/ml in Niu-Twitty medium, ADP is less effective than ATP in enhancing neural tube closure in both normal and mercaptoethanol-treated embryos. A favorable effect develops progressively, suggesting that ADP must be transformed into ATP in order to become active. The AMP's were both ineffective. These results are in good agreement with those obtained earlier with normal eggs by AMBELLAN (1958).

Another possible mechanism for the action of mercaptoethanol is that it acts as a *chemical analogue of thiols normally found in cells*, such as cysteine or glutathione. However, it was found that these thiols also inhibit development, although they are much less effective than mercaptoethanol. When cysteine or glutathione are added *together* with mercaptoethanol, the effects on morphogenesis are at first *additive*, an observation which eliminates the "competition" hypothesis. But, after 1 or 2 days, the embryos treated with mixtures of sulfhydryl compounds develop much *better* than those placed in mercaptoethanol alone. The reasons for this phenomenon became obvious when it was noticed that, in a mercaptoethanol-cysteine mixture, crystals of cystine formed within a couple of days (even in the absence of the embryos). Measurements of the redox potential of the external media have provided an easy explanation of the biological results: when cysteine or glutathione are added to mercaptoethanol, the redox potential becomes more negative. But, after 1 or 2 days, cysteine (and to a larger extent, glutathione) undergo autoxidation with concomitant oxidation of the mercaptoethanol. The redox potential of the mixture then becomes *higher* than that of mercaptoethanol alone.

These studies on the change in the redox potential undergone by mercaptoethanol-containing solutions raised another possibility: since the autoxidation of thiols often leads to the production of *hydrogen peroxide* (H_2O_2), perhaps the inhibition of morphogenesis could be a consequence of H_2O_2 formation during mercaptoethanol autoxidation. It has been possible to rule out this hypothesis: firstly, the addition of hydrogen peroxide, except at relatively high concentrations (10^{-4}M or more), has no effect on morphogenesis; secondly, we were unable to detect the production of H_2O_2 when eggs were treated with mercaptoethanol, even with the use of a very sensitive colorimetric method; finally, the addition of heavy metals (Fe, Co), which should promote the autoxidation of thiols and the production of H_2O_2, did not enhance the inhibitory effects on morphogenesis of such substances as cysteine, glutathione or mercaptoethanol.

Let us now examine an entirely different biological material, the alga *Acetabularia mediterranea*: mercaptoethanol (M/200) exerts a striking inhibitory effect on cap formation in *Acetabularia*, especially in anucleate fragments (BRACHET, 1958b, 1959, 1960). The algae, whether they are nucleate or anucleate, grow steadily in the presence of M/300 mercaptoethanol, but they never form caps. If small caps are present at the time of the section, they never grow to an appreciable extent in anucleate fragments. On the other hand, the production of the sterile whorls, which should normally give rise to caps, proceeds almost unhampered.

Since mercaptoethanol so strongly inhibits morphogenesis (i.e. cap formation) in *Acetabularia* as well as in amphibian embryos, it becomes of interest to study the effects of dithiodiglycol on this alga. The results of these experiments were fairly clear: while mercaptoethanol inhibited cap formation without exerting ill effects on the production of whorls, dithiodiglycol (M/10 000) had exactly the opposite effect of *stimulating* cap production and inhibiting the formation of the sterile whorls. The two processes are obviously antagonistic, and the outcome seems to be regulated, among other things, by the sulfhydryl-disulfide equilibrium.

In order to test further this view that the sulfhydryl-disulfide equilibrium regulates a morphogenetic process (cap or whorl formation), the effects of some of the "classical" sulfhydryl reagents on the regeneration of nucleate and anucleate *Acetabularia* fragments have been studied. Two of them, p-chloromercuribenzoate (10^{-7} M) and p-iodosobenzoic acid (10^{-5}M), exerted definitely favorable effects on cap formation in anucleate fragments, but iodoacetamide did not. These observations thus confirm the view that an excess of thiol groups is detrimental to the production of caps, and that a decrease of these groups is favorable for morphogenesis (as in amphibian embryos).

Similar observations can be made in the case of the regeneration of the tail of tadpoles (BRACHET, 1959, 1960; DESCOTILS-HEERNU et al., 1961); it is completely inhibited by mercaptoethanol M/300. Four days after the section, there is almost no regenerating blastema and the tadpoles are still unable to swim properly. Since mitoses are far from absent, the inhibition of blastema formation is probably due to a reduction of cell migration and, possibly, to an incapacity of the sectioned chorda to elongate normally in the presence of mercaptoethanol.

Dithiodiglycol (M/1 000), on the other hand, does not at all prevent regeneration; it may even occasionally be faster than in the controls. The mesenchyme of the regenerating tail is particularly basophilic, and mitotic activity is high.

The effects of the —SH:—SS-equilibrium have also been studied on the regeneration of the head in planarians (BRACHET, 1959, 1960; DESCOTILS et al., 1961). Despite some difficulties, the following general conclusions can be drawn. Mercaptoethanol (M/300 to M/1000) again exerts a considerable inhibitory effect on the regeneration of planarians that have been sectioned ahead of the pharynx. In most cases, no formation of blastema can be seen on the living organisms or on sections. Once more, the inhibition of blastema formation is presumably due to inability of the cells to migrate rather than to a block in mitotic activity.

Here too, dithiodiglycol is more toxic than mercaptoethanol; it had to be used at concentrations of the order of M/3000 to M/10000. Under these conditions, regeneration proceeds normally, except that the pigmentation of the regenerated head is definitely slowed down, if not completely inhibited.

Finally, mercaptoethanol inhibits regeneration in *Hydra*, while dithiodiglycol is inactive or toxic according to the concentration (DESCOTILS-HEERNU et al., 1961).

3. The effects of α-lipoic acid on morphogenesis

During the course of the experiments with mercaptoethanol and dithiodiglycol, we became acquainted with the already mentioned work of R. E. EAKIN and his collaborators who reported remarkable inhibitory effects of lipoic acid (thioctic acid) on morphogenesis in planarians and in *Hydra*, at concentrations as low as 5 μg/ml. It has been suggested by EAKIN and his colleagues that lipoic acid might act by modifying the thiol-disulfide equilibrium. We therefore decided to compare the effects of lipoic acid and mercaptoethanol on various biological materials (amphibian eggs, chick embryos, *Acetabularia*) to determine whether, as in planarians and *Hydra*, the two substances always act in the same way.

The first experiments (BRACHET, 1961), in which lipoic acid was used at low concentration (5 μg/ml), as in the experiments of EAKIN and his colleagues, suggested that mercaptoethanol and lipoic acid act in very different ways. In amphibian eggs, we observed no delay in development, no inhibition of morphogenetic movements and no microcephaly, after treatment with lipoic acid. However, this substance exerted, in a very striking way, a characteristic effect of mercaptoethanol: a marked reduction (25—36% average) of the length of the tail. A moderate inhibition of cap production in *Acetabularia* (see later) after continuous treatment with lipoic acid (5 μg/ml) was also observed.

But these first conclusions had to be modified when, in further experiments, higher concentrations (30—15 μg/ml) of lipoic acid were used (Brachet, 1962). Under these new experimental conditions, it has been possible to obtain effects on morphogenesis which, by and large, resemble those produced by mercaptoethanol. At these concentrations, cleavage of amphibian eggs proceeds, at a perfectly normal rate; but morphogenetic movements, at gastrulation and neurulation, are strongly inhibited. This difference in susceptibility to lipoic acid when gastrulation starts is in very good agreement with the many facts suggesting that carbohydrate and nucleic acid metabolism undergo considerable changes at this stage (Brachet, 1960). Embryos which hatch and reach the swimming stage, but have a completely flat neural plate, can be obtained. Lipoic acid is definitely less toxic than mercaptoethanol, but produces similar effects (inhibition of closure of the nervous system, lack of elongation, reduction of yolk utilization); however, in contrast to mercaptoethanol-treated eggs, the pigmentation of these embryos is essentially normal.

As in the case of mercaptoethanol, addition of ATP (and to a lesser extent of ADP, but not of AMP) definitely improves the closure of the neural tube in the lipoic acid-treated embryos.

Experiments are still in progress to establish whether or not mercaptoethanol and lipoic acid act on the same metabolic step. In this respect, it is certain that, in amphibian eggs, the two substances have very definite *additive* effects, i.e. development is blocked by a mixture of lipoic acid and mercaptoethanol at concentrations which, if used alone, exert little influence on morphogenesis.

It has been reported by Eakin and his co-workers that oxaloacetate reverses the effects of lipoic acid. According to a recent paper by R. F. Henderson and R. E. Eakin (1960), lipoic acid is a powerful inhibitor of malic dehydrogenase; this would explain why oxaloacetate antagonizes the inhibitory effects of lipoic acid on morphogenesis.

We also observed that oxaloacetate, as well as succinate, exerts favorable effects on amphibian eggs treated with lipoic acid (mixtures of lipoic acid 20—5 μg/ml and oxaloacetate 1 mg/ml, in

Niu-Twitty medium). At first, no immediate effect and no favorable influence on the closure of the neural plate is noticed; but, after 1 or 2 days, a very favorable effect is observed on the *elongation* of the embryo. On the other hand, we never observed any effect of oxaloacetate in mercaptoethanol-treated embryos.

The present results thus suggest that *the biochemical mechanisms underlying nervous system formation and tail differentiation are different*. Such a conclusion would be in agreement with the idea that cephalic and caudal inductions are mediated by chemically different substances.

Comparable results have been obtained with explanted *chick embryos* (Pohl and Brachet, 1962). It was found that both mercaptoethanol and lipoic acid completely inhibit the closure of the neural tube, exactly as in the Amphibians. Again, this inhibition can be overcome by the addition of ATP. If used alone, ATP considerably speeds up the closure of the neural tube in normal embryos. Sections show that this favorable effect on morphogenesis is linked to a marked increase in mitotic activity, especially in the nervous system. Another similarity between amphibian and avian embryos is that oxaloacetate and succinate (0.5 mg/ml) counteract the inhibitory effects of lipoic acid, but not those of mercaptoethanol.

Taken together, these biological experiments indicate that mercaptoethanol and lipoic acid exert comparable effects on amphibian and avian embryos; they suggest that lipoic acid interferes with carbohydrate metabolism, the importance of which, for morphogenesis in explanted chick embryos, is very well established.

The effects of lipoic acid (5—20 μg/ml) have also been studied on the alga *Acetabularia*. It was found that lipoic acid (20—10 μg/ml) inhibits morphogenesis (cap formation) in nucleate and anucleate halves. Nucleate fragments, however, can occasionally form a small cap. A striking effect of lipoic acid is that it produces a marked etiolation (yellowing) of the algae; but there is no direct relationship between this loss of chlorophyll synthesis and cap formation. Low concentrations of lipoic acid (5 μg/ml) have a slight inhibitory effect on cap formation in large algae (whole or anucleate fragments); on the other hand, they always *stimulate* cap formation in young algae and in regenerating nucleate halves.

As in the case of amphibian embryos, mercaptoethanol and lipoic acid, if added together, have a marked additive effect. Reversal is almost complete when the treated and completely blocked algae are placed in normal sea water, even after a 6 week treatment.

In summary, it can be said that morphogenesis, in many different systems, is strongly dependent on the thiol-disulfide content of the external medium. Both lipoic acid and mercaptoethanol appear to be very useful reagents for stopping morphogenesis without injuring the organisms.

4. Biochemical effects of mercaptoethanol on developing organisms

Our experiments have, so far, been limited to an analysis of the biochemical effects of mercaptoethanol on amphibian eggs and *Acetabularia.*

The main findings with *amphibian eggs* (Decroly et al., 1961) can be summarized as follows: the eggs were treated, usually at the gastrula stage, with M/100 mercaptoethanol, a concentration which quickly and completely inhibits neural plate closure. The morphogenetic block is reversible if the treated embryos are replaced in normal medium after a 15 to 20 hr. treatment; inhibition of development becomes irreversible if the mercaptoethanol treatment exceeds one day. The acid-soluble —SH groups, the oxygen consumption, the ATP content, the activity of cathepsin and nucleic acid and protein syntheses have been studied.

First of all, it was observed that mercaptoethanol (M/100) undergoes a fairly rapid autoxidation (about 60% are oxidized in 24 hrs.), which proceeds at the same rate whether or not embryos are present. That mercaptoethanol really penetrates into the eggs was demonstrated by comparing the *acid-soluble* —SH *content* of controls and mercaptoethanol-treated eggs: a moderate increase (30%) was found in treated eggs, indicating that the uptake of mercaptoethanol does not occur on a very large scale. Mercaptoethanol inhibits the *oxygen consumption* of the treated embryos; again, the inhibitory effect is shown to be a moderate one (25%) when suitable controls are used. In the next series of experiments, the *ATP content* of normal and mercaptoethanol-treated embryos was compared. It was found that there is no marked change in the ATP content during normal embryogenesis and that mercaptoethanol, if anything, slightly *increases* the ATP content. It can be concluded from these experiments that the overall energy production remains essentially normal after a one-day treatment with 0.01 M mercaptoethanol.

It was decided to study *cathepsin activity* in control and treated embryos for the following reason: cathepsin is a proteolytic enzyme which requires —SH groups for full activity. It is conceivable that mercaptoethanol might activate the enzyme and that enhanced proteolysis is responsible for the block in morphogenesis. But the experiments did not substantiate this hypothesis. Mercaptoethanol, under conditions which stop embryonic development, has no measurable effect on the cathepsin activity of gastrulae and neurulae; at later stages (hatching tadpoles), it reduces catheptic activity of 40%. It is worth mentioning that mercaptoethanol, in contrast to cysteine, does not stimulate the cathepsin activity of a homogenate of frog gastrulae.

The *total RNA content* remains constant during the period of the morphogenetic block induced by mercaptoethanol. This means that the RNA synthesis, which normally occurs during development, is arrested. But the same result can be obtained when embryogenesis is blocked by cold treatment. Thus, the experiments only confirm that RNA synthesis and morphogenesis are always closely linked (see BRACHET, 1960, for many other examples of this close relationship between the two processes).

Nucleic acid and protein synthesis have also been followed, using the methods of autoradiography (QUERTIER, 1962) after incorporation of specific precursors such as thymidine, uridine and leucine. The incorporation of these three precursors is unchanged after a 24 hr. treatment with mercaptoethanol, although such a treatment leads to a considerable delay in development.

Recently (J. QUERTIER, 1962) interesting observations have been made with embryos treated for *short* periods with mercaptoethanol (M/100), or with lower concentrations (M/300 — M/1000) of this substance.

Under these circumstances, mercaptoethanol strongly *stimulates* RNA and, to a lesser extent, DNA synthesis. No stimulatory effect has been observed, in the case of protein synthesis. Similar results have been obtained in our laboratory with *chick embryos* (V. POHL, unpublished): mercaptoethanol very strongly stimulates the incorporation of uridine into RNA (as much as 5—6 times) and it also increases the incorporation of thymidine into DNA. These observations might mean that mercaptoethanol treatment induces the rapid synthesis of some abnormal type of RNA, incapable of supporting normal protein synthesis.

A few negative findings should be mentioned: as observed earlier, one of the possible explanations for the favorable effects of ATP on mercaptoethanol-treated eggs is that mercaptoethanol might inhibit or destroy a contractile protein having ATPase activity. As described above, the independence of the ATP effect on the concentration of Mg^{++} ions speaks against this hypothesis. Moreover, our chemical studies have brought no support for the hypothesis. We were unable (BRACHET, 1962) to detect any *ecto-ATPase* (surface ATPase) in frog eggs; this means that they are unable to hydrolyze ATP added to the medium. *Endo-ATPase* is very active, but remains unchanged in mercaptoethanol-treated eggs. An attempt has also been made to isolate a fibrous protein with ATPase activity from amphibian eggs. The yield was the same for dorsal and ventral halves; mercaptoethanol treatment had no measurable effect on the activity. It seems that, as suggested by AMBELLAN (1958), ATP acts on amphibian eggs by stimulating nucleic acid synthesis rather than by producing changes in a contractile protein.

There is some evidence that one of the targets of mercaptoethanol is the *egg proteins*. For instance, Dr. E. McCONKEY, working in our laboratory, found that the paper electrophoresis diagrams for the soluble proteins of normal and mercaptoethanol-treated embryos are different.

Experiments with ^{35}S *labeled mercaptoethanol* (BRACHET, 1962; DECROLY et al., 1961) have yielded more precise results. They first showed that the increase in radioactivity in the acid-soluble fraction is in good agreement with chemical measurement of the —SH content of this fraction: there is a moderate increase, but no flooding, of mercaptoethanol in the treated eggs. More important is the fact that 25% of the total radioactivity can be recovered in the *protein* fraction, a fact which suggests that mercaptoethanol might form mixed disulfides with the egg proteins. When homogenates of treated eggs are submitted to differential centrifugation, it is found that the major part of the proteins which combine with labeled mercaptoethanol is in the yolk and pigment fractions. Of interest is the fact that 65% of the total radioactivity are present in the *dorsal* half, i.e. in the region of the embryos which is most susceptible to mercaptoethanol, when young neurulae treated with mercaptoethanol are dissected into dorsal and ventral fragments.

Labeled (^{35}S) mercaptoethanol can be detected in eggs by autoradiography, under conditions which preserve only proteins and nucleic acids: during early stages, a distinct animal-vegetal gradient can be observed, corresponding to the pigment granules gradient. In fact, most of the radioactivity is found in these granules, while the nuclei and the mitotic apparatus show very little, if any, radioactivity. At later stages (gastrulae), the incorporation becomes more ubiquitous, but with a maximum in the animal and dorsal regions.

The uptake and incorporation of labeled mercaptoethanol have also been studied in *Acetabularia*. Using a final concentration of M/300, it was found that the uptake of ^{35}S-mercaptoethanol increases during a one week period; however, the uptake is by far the greatest during the first 3 days of treatment and the algae are almost saturated with mercaptoethanol at that time. The proteins are quickly labeled, a maximum being reached after the end of the first day; the radioactivity of the proteins corresponds to 10% of the total. However, if the algae are very strongly illuminated, as much as 20% of the radioactivity is found in the protein fraction.

Further experiments have shown that the radioactivity of the rhizoid (which contains the nucleus) is some 50% higher than that of the non-nucleate stems. In a few experiments made on homogenates, it was observed that the radioactivity is rather uniformly distributed among the various fractions which can be recovered by centrifugation (starch granules, chloroplasts, mitochondria, cell walls and ribosomes). There is very little labeling of those proteins which remain in the supernatant after ultracentrifugation. In this respect *Acetabularia* behaves exactly like the amphibian eggs.

These biochemical findings have been substantiated by autoradiography studies of ^{35}S-mercaptoethanol-treated algae, which led to the interesting conclusion that there are two different sites for preferential binding of the labeled thiol to the protein. One is the *nucleus*, in which both the nucleolus and the nuclear sap are heavily labeled. The other is the very tip of the stem, i. e. the region where the cap should form. This distribution is of particular interest, since it is known that the morphogenetic substances, in *Acetabularia*, are produced by the nucleus and accumulated in the tip, which acts like a receptor site for these substances (HÄMMERLING, 1953). It is a striking fact that mercaptoethanol is preferentially bound, in insoluble form, in these two regions of greatest morphogenetic importance, and that, in its presence, cap formation (i.e. morphogenesis) is almost completely inhibited.

5. Conclusions and summary

There is no doubt that sulfur-containing compounds play a very important role in morphogenesis: both mercaptoethanol and lipoic acid inhibit morphogenesis in systems as different as amphibian and chick embryos, regenerating tadpoles, planarians, *Hydra* and *Acetabularia*. Since these substances, especially lipoic acid, have a relatively low toxicity, it is easy to find concentrations, in each of the biological systems we studied, which completely inhibit morphogenesis without killing the organisms before several days.

It is likely that the main target for mercaptoethanol is protein synthesis and protein structure. The biochemical mode of action of lipoic acid remains to be studied. But it is already clear that, in both cases, the action is on reacting rather than on inducing systems. Such a conclusion is in agreement with the view we recently presented (BRACHET et al., 1962; BRACHET, 1962) concerning the relative role of nucleic acids and proteins in differentiation; while DNA, messenger RNA and, to a lesser extent, ribosomal and transfer RNA's could account for the *production* of inducing agents and of reacting systems, the latter should be of a protein nature: their molecular *structure* should remain intact if a normal reaction to inducing stimuli is to be expected. In other words, in differentiating systems as elsewhere, genetic information would be found in nucleic acids only; but the phenotypic expression of genetic activity must lie in the fine structure of the proteins synthesized under nucleic acid control. We believe that it is this structure which, in one way or the other, can be modified by altering the —SH $\rightleftharpoons$ —SS— equilibrium of the surrounding medium. Substances like mercaptoethanol and lipoic acid might thus become very useful tools for a biochemical analysis of differentiation, at the molecular level.

The experiments summarized in the present review have been performed with the financial help of the E. O. A. R. D. C., U. S. A. F. (contract A F 61 (052—356). It is a pleasure to acknowledge gratefully this help.

Bibliography

AMBELLAN, E.: Proc. Natl. Acad. Sci. U. S. **41**, 428 (1955).
AMBELLAN, E.: J. Embryol. exp. Morphol. **6**, 86 (1958).
BÄCKSTRÖM, S.: Exptl. Cell Research **14**, 426 (1958).
BÄCKSTRÖM, S.: Exptl. Cell Research **16**, 165 (1959).
BARTH, L. J.: J. Embryol. exp. Morphol. **4**, 73 (1956).
BEATTY, R. A.: Nature **163**, 644 (1949).
BRACHET, J.: Embryologie chimique. Ed. Desoer. Liége et Masson, Paris 1944.
BRACHET, J.: Nature **181**, 1736 (1958a).
BRACHET, J.: Exptl. Cell Research, suppl. **6**, 78 (1958b).
BRACHET, J.: Nature **184**, 1074 (1959).
BRACHET, J.: The Biochemistry of Development. Pergamon Press, London 1960.
BRACHET, J.: Nature **189**, 156 (1961).
BRACHET, J.: Nature **193**, 87 (1962).
BRACHET, J.: J. Cellular Comp. Physiol. (in press).
BRACHET, J., N. BIELIAVSKY and R. TENCER: Bull. Acad. roy. Sci. Belg. **48**, 255 (1962).
BRACHET, J., M. CAPE, M. DECROLY, J. QUERTIER and N. SIX: Develop. Biol. **3**, 424 (1961).
BRACHET, J., and M. DELANGE-CORNIL: Develop. Biol. **1**, 79 (1959).
DECROLY, M., N. SIX and M. CAPE: Arch. intern. Physiol. et Biochim. **69**, 381 (1961).
DESCOTILS-HEERNU, F., J. QUERTIER and J. BRACHET: Developm. Biol. **3**, 277 (1961).
DEUCHAR, E. M.: Wilhelm Roux' Arch. Entwicklungsmech. Organ. **149**, 565 (1957).
EAKIN, R. E., and R. F. HENDERSON: J. Exptl. Zool. **141**, 175 (1959).
HAM R. G., and R. E. EAKIN: J. Exptl. Zool. **139**, 55 (1958).
HÄMMERLING, J.: Intern. Rev. Cytol. **2**, 475 (1953).
HENDERSON, R. F., and R. E. EAKIN: Biochem. Biophys. Research Commun. **3**, 169 (1960).
LALLIER, R.: Bull. Soc. Chim. biol. **33**, 439 (1951).
MAZIA, D.: Biol. Bull. **114**, 247 (1958a).
MAZIA, D.: Exptl. Cell Research **14**, 486 (1958b).
POHL, V., and J. BRACHET: Develop. Biol. (in press).
RAPKINE, L., and J. BRACHET: Bull. Soc. Chim. biol. **33**, 427 (1951).
RUNNSTRÖM, J., and G. KRISZAT: Arkiv Zool. ser. 2, **4**, 165 (1952).
SEILERN-ASPANG, F.: Wilhelm Roux' Arch. Entwicklungsmech. Organ. **151**, 159 (1959).
TEN CATE, G.: Compt. rend. assoc. anat. 44th. réunion (Leyde) (1957).
TUFT, P. H.: Nature **191**, 1072 (1961).

Diskussion zu den Vorträgen LEHMANN und BRACHET

Diskussionsleiter: ZILLIKEN, *Nijmegen*

ZILLIKEN: Wir danken Herrn Prof. LEHMANN und Prof. BRACHET für ihre interessanten Vorträge. Ich möchte die Audienz darauf hinweisen, daß unser Problem ja aus zwei Hauptproblemen besteht, nämlich aus einem morphologischen und einem biologisch-biochemischen Problem. Und diejenigen, die es nicht erwarten können, wie ich es in der Nachbarschaft schon hörte, die müssen sich noch etwas gedulden. Wir sind auf dem Wege zur Biochemie und zu den isolierten, zellfreien Enzymsystemen. Ich darf nun die Diskussion zu den beiden Vorträgen eröffnen, in Englisch sowie in Deutsch. Es scheinen einige Unklarheiten im Auditorium über Mitochondrien und Mikrosomen zu bestehen. Vielleicht können wir uns darüber unterhalten. Dann eine Frage: Was heißt 100% Kathepsin-Aktivität bei den organtypischen Mustern?

LEHMANN: Zunächst bin ich nur verbindlich gefragt worden wegen der Kathepsine. Wir haben als *Substrat Casein* gebraucht. Meine Mitarbeiter mögen mich korrigieren, wenn es nicht stimmt; erstens einmal haben wir Casein unbehandelt gebraucht, das gespalten wurde. Dann wird mit Hilfe des *Folinreagens* die Konzentration der Spaltstücke im Spektrophotometer bestimmt. Man darf hier mit Cystein aktivieren (Benz), wenn man konz. (38%) Formalin der Folinreaktion zusetzt [s. GENEVOIS u. CAYROL, Bull. soc. chim. de France **6**, 1224 (1939)]. Dann haben wir außerdem bei Ratten und Mäusen noch eine andere Methode benutzt; wir haben *Nitrocasein* verwendet und die freigesetzten nitrierten löslichen Bestandteile nachher photometriert. Außerdem haben wir immer als Bezugsbasis von unbehandelten Stücken, die wir gebraucht haben, den Totalstickstoff bestimmt. Das gibt, verglichen mit der Kathepsinaktivität von Gewebestücken, die mit Aminoketon vorbehandelt waren, die abweichenden Hemm- bzw. Förderungswerte. Welche Methode war es, Herr VON HAHN?

VON HAHN: Gesamtstickstoff nach KJELDAHL, und zum Teil haben wir bei den Ratten das Protein mit der Biuretmethode festgestellt.

LEHMANN: Wir haben reaktionskinetisch darauf geachtet bei den Ratten- und den Mäuseversuchen, daß die Umsatzkurven im linear ansteigenden Bereich waren: die Arbeiten (v. HAHNs u. a.) zeigen dies auch noch. Das war die faktische Grundlage.

ZAHN (Frankfurt): Weiß man denn etwas darüber, wie die gesteigerte Kathepsinaktivität die Aktivität anderer Enzyme in der Zelle beeinflußt? Es könnte doch sein, daß die gesteigerte Kathepsinaktivität z. B. die Aktivität der die Nucleinsäuren synthetisierenden Enzyme bremst und dadurch die Regeneration unmöglich macht.

LEHMANN: Ich glaube nicht, daß wir sehr viele Parallelbestimmungen für andere Enzyme gemacht haben. Wir haben das Kathepsin meist für sich allein bestimmt. Dann darf ich vielleicht noch sagen, beim Eiweißstoffwechsel ist die Synthese nicht parallel dem Abbau. Man weiß heute noch nicht, wenn ich recht orientiert bin, ob beim Säugetier regelmäßig alles Protein abgebaut werden muß in Aminosäuren, damit wieder synthetisiert werden kann, oder ob gewisse Polypeptide nachher wieder als ganze Fragmente eingebaut werden. Ich möchte nur einen Punkt hervorheben, der noch wichtig scheint: Amphibien sind wahrscheinlich nicht gleich wie Säugetiere, ich würde sogar vermuten, nicht gleich wie die Vögel. Das letztere ist noch nicht klar.

BRACHET: It is unlikely, judging from autoradiography studies, that the primary reason for the inhibition of regeneration is an inhibition of the nucleic acid synthesizing enzymes. Would Prof. LEHMANN comment on the possible role of lysosomes in the observations on cathepsin and acid phosphatase activity ?

LEHMANN: Herr BRACHET wollte vor allem von mir noch eine Antwort haben, was wir von den „berüchtigten" „Lysosomen" denken. Ich darf vielleicht noch erwähnen, daß es sich hier um kleine Partikel handelt, die u. a. elektronen-mikroskopisch gesehen wurden, wohl in erster Linie von den Herren HOLT und NOWIKOFF. Es sind Partikel von spezieller Größe; es sollen Fermentpakete sein oder "suicide bags", sagen die Amerikaner. Und diese suicide bags kommen vermutlich vor in Niere, Leber und Gehirn der Ratte. Aber bei Amphibien haben wir sie noch nie gesehen. Ich weiß nicht, ob sie Herr BRACHET gesehen hat ?

BRACHET: No, we tried it, but we did not find them.

STAUDINGER (Gießen): 1. Die Lysosomen sind von DE DUVE entdeckt worden. Es handelt sich um echte Zellorganellen. Sie sind sehr empfindlich; häufig gelingt es nicht, sie darzustellen. 2. Eine Frage an Herrn LEHMANN. Die organspezifischen Enzyme sind überwiegend in den Mikrosomen, d. h. im endoplasmatischen Reticulum lokalisiert. Wie weit ist bei Überlegungen zur Differenzierung von Organen darauf geachtet worden ? Experimentelle Untersuchungen zur Frage der Differenzierung sollten vielleicht typisch organspezifische mikrosomale Enzyme, wie Glucose-6-phosphatase u. a. m., einbeziehen.

WEBER (Bern): Zur Frage von Herrn ZAHN (Frankfurt), ob mit der Aktivierung des Kathepsins noch andere Fermente aktiviert bzw. inaktiviert werden, möchte ich auf biochemische Befunde über die Reduktion des Schwanzgewebes bei metamorphosierenden Amphibienlarven hinweisen. Hier beobachtet man eine Zunahme der Kathepsine, der sauren Phosphatasen und einer sauren Desoxyribonuclease, während z. B. die Mg^{++}-abhängige ATP-ase an Aktivität verliert. Unsere kinetischen Beobachtungen über die Aktivierung der erwähnten Fermente sprechen für die Annahme einer Synthese. Wir glauben nicht, daß es sich hier um die Freisetzung von präformierten Fermentmolekülen etwa im Sinne der von DE DUVE am Modell der Rattenleber postulierten „Lysosomen" handelt.

LEHMANN: Herr Kollege STAUDINGER hatte noch ganz spezielle terminologische Fragen aufgeworfen. Hierzu einige Einschränkungen: Es wurde von unseren sehr geschätzten amerikanischen Kollegen PORTER und PALADE in erster Linie über Pankreas-, Nieren- und Leberzellen der Säugetiere gearbeitet. Nun müssen wir als vergleichende Biologen sagen, daß es sich hier um sehr spezialisierte Zellen handelt: eine Pankreaszelle eines Säugetieres ist wohl das Maximum, was eine Zelle überhaupt an Proteinproduktion oder -export leisten kann. Damit im Zusammenhang besitzt sie auch einen sehr spezialisierten endoplasmatischen Apparat; das ist von PORTER und PALADE nachgewiesen worden. Aber man muß sehr davor warnen, ausgerechnet die Leber-, die Nieren- und die Pankreaszellen der Säuger als nicht evoluierte tierische Zellen zu deklarieren; das geht nicht. Wenn man z. B. gewöhnliche Ovocyten daraufhin untersucht, so findet man kein endoplasmatisches Reticulum. Hier erfolgt auch kein massiver „Proteinexport". Das sagt natürlich wiederum auch nichts gegen mögliche Mängel der Technik; trotzdem würde ich akzeptieren, daß es ein endoplasmatisches Reticulum gibt, besonders für Pankreas und für die Leber („Proteinproduktion"); aber ebenso bin ich überzeugt, daß die Ovocyten (ohne starke Produktion flüssiger Proteine) eine andere Struktur haben. So ist sehr davor zu warnen, daß man jetzt schon versucht, so schnell wie möglich die generellen Begriffe des endoplasmatischen Reticulums entweder schematisch einzuführen oder abzuschaffen. Wir hatten letztes Jahr im September in Bern ein internationales Symposium über Ultrastruktur. Gerade über diesen Punkt gab es ziemlich scharfe Kontroversen; immerhin ist es auch nicht bestritten worden, daß gerade die Pankreaszellen sehr spezialisiert sind; sie enthalten ein Reticulum. Abgesehen von diesem sehr spezialisierten Produktionstyp, enthält das Endoplasma zwei Partikeltypen. Wenn man sie nach dem Zentrifugieren sondert, so ist zweierlei Material zu sehen: granuläres Material (Ribosomen) und vesiculäre Typen. Beides wäre dem Mikrosomentyp zuzurechnen. Es könnten in ihnen bestimmte Fermente vermutet werden. Aber über diesen Punkt ist man meines Wissens noch nicht genügend informiert. Das Endoplasma ist sicher eine sehr komplexe Struktur. Ob es immer Schläuche sein müssen oder immer Mikrosomen, das können wir nicht sicher sagen.

BEERMANN (Tübingen): Hochdifferenzierte Zellen verschiedener Insektenorgane, selbst Zellen ein- und desselben Organs, unterscheiden sich spezifisch und deutlich in der Struktur des sogenannten endoplasmatischen Reticulums. Auch auf der subcellulären Ebene kann man deshalb bereits von „Morphogenese" sprechen (nach Befunden an den Sonderzellen und Normalzellen der Speicheldrüsen von Trichocladius, Chironomidae).

TIEDEMANN (Heiligenberg): Zu der Frage von Herrn Prof. STAUDINGER möchte ich noch sagen, daß die submikroskopische Differenzierung von Amphibienbeinen von KARASAKI elektronenoptisch eingehend untersucht wurde. Im Gastrula- und Neurulastadium fanden sie noch kein Reticulum, sondern nur ringförmige Membranstrukturen. Ein durchgehendes Reticulum ist in bestimmten Keimteilen erst in der Schwanzknospe vorhanden.

NAGEL (Heidelberg): Ich möchte Herrn Prof. LEHMANN bezüglich der Kathepsinbestimmungen fragen, ob er außer Casein auch andere Substrate verwendet hat. Ich frage dies deswegen, weil wir uns am Heidelberger

Physiologisch-Chemischen Institut seit einiger Zeit intensiv mit den Kathepsinen beschäftigen. Dabei fanden wir bestätigt, daß man von „Kathepsin" nicht sprechen kann, weil es sich um eine ganze Gruppe verschiedener Enzyme handelt, die sich auch physiologisch verschieden verhalten. Dies haben wir z. B. an der (kompensatorisch) hypertrophierenden Rattenniere gesehen, in der ein (dem von PORTER u. Mitarb. beschriebenen Kathepsin D-ähnliches) proteolytisches Enzym, das Hämoglobin bei p_H 3,5 spaltet, stark vermehrt auftritt, während andere Kathepsine, wie Kathepsin B und Leucinaminopeptidase ihre Aktivität nicht ändern. Dies ist ein Hinweis dafür, daß sich die einzelnen Kathepsine im Stoffwechsel durchaus verschieden verhalten können (Versuche mit F. WILLIG). Deshalb möchte ich Sie fragen, ob Sie auch mit anderen Enzymen aus dem Kathepsinkomplex irgendwelche Erfahrungen haben.

LEHMANN: In unseren Versuchen haben wir uns tatsächlich auf ganz bestimmte Substrate festgelegt, wissend, daß wir sonst Verwirrung stiften könnten; denn es ist zwischen Kathepsinen, die Hämoglobin spalten und denen, die unser Casein spalten, ein gewisser Unterschied zu vermuten. Man darf nur solche Kathepsine miteinander vergleichen, die genau auf die gleichen Substrate einwirken. Wenn man die Enzyme substratspezifisch und kinetisch definieren kann, so scheint mir dies das einzig Mögliche im heutigen Moment. Ich glaube im übrigen, daß die Untersuchungen von Herrn FRUTON (Yale University) über die Spezialität der Kathepsine im Moment zu einem gewissen Stillstand gekommen sind. Ich würde also sagen, die Kathepsine sind zunächst nur substratspezifisch zu verstehen. Von hier aus könnte man versuchen, neue Peptidasen heranzuziehen, die wir biochemisch definieren sollten.

KARLSON (München): Ich wollte eine Frage an Herrn LEHMANN stellen bezüglich der sauren Phosphatase, die ja von Histochemikern sehr gerne untersucht wird. Gibt es eigentlich irgendwelche Vorstellungen darüber, was diese saure Phosphatase bei der Morphogenese für eine Bedeutung hat, oder allgemein: Welche Bedeutung sie für die Zelle hat. Oder untersucht man sie nur im Rahmen der biochemischen Bestandsaufnahme, weil es eine schöne Methode dafür gibt?

LEHMANN: Herrn KARLSON muß ich recht geben, wenn er hier einen gewissen Skeptizismus bezüglich der biochemischen Systematik zeigt; aber das betrifft zunächst nur die alkalische Phosphatase. Diese ist ein Modeobjekt geworden; man kann sie nämlich sehr schön an Schnitten nachweisen. Bei der sauren Phosphatase, die wir heute immer wieder finden, im Zusammenhang vor allem mit dem Kathepsin (und ich glaube auch einer sauren Nuclease) besteht eine Korrelation mit embryonalen Prozessen. Darüber habe ich eine Rundfrage über die Rolle der sauren Phosphatase bei meinen Kollegen veranstaltet; ich habe auch Herrn BRACHET befragt. Dabei hat er mir erklärt, sehr viel Positives sei nicht bekannt. Hingegen haben verschiedene Biochemiker den Verdacht geäußert, daß mit dem Umsatz der vielen Nucleotide der Embryonalgewebe diese Phosphatase irgendwie im Zusammenhang stehe.

Hess (Heidelberg): Ich möchte den Hinweis von Herrn Zilliken nochmals aufnehmen und nach der Definition der Mitochondrien in den frühen Entwicklungsstadien fragen. Gibt es neben dem morphologischen Nachweis noch einen Nachweis enzymatischer Eigenschaften wie der Cytochrome, des Citronensäurecyclus und der oxydativen Phosphorylierung? Dieses Problem ist vor allem für die Mitochondrienentwicklung, ihren Ursprung und Differenzierung von Bedeutung.

Lehmann: Zur Frage der strukturellen und biochemischen Charakteristik der Mitochondrien kann man eine *positive Antwort* geben. Es sind erstens Körper, die in jeder Zelle vorkommen, die mit Osmiumtetroxyd meistens in einer sehr charakteristischen Struktur fixiert werden können und von denen man zweitens annimmt, daß sie die Träger des Energiestoffwechsels, insbesondere des Cyclophorasesystemes sind. Mitochondrien kann man aus Zellhomogenaten leicht isolieren und mit ihnen gut arbeiten. Es ist zu sagen: Es sind *Zellorganoide*, die man als Biochemiker fast am leichtesten in genügenden Mengen in die Hand bekommt. Die Mitochondrien sind also im Moment die biochemisch am besten definierten Zellorganoide. Nun, bezüglich der Herkunft der Mitochondrien, da stößt Ihre Frage in ein recht unbekanntes Gebiet vor. Wir wissen wenig Bestimmtes. Wir nehmen an (das ist aber eine reine Annahme), es bestehe für die Mitochondrien eine gewisse genetische Kontinuität dieser Biosomen durch ihre eigenartige Struktur und ihr Enzymmuster. Die Mitochondrien werden, soweit wir sehen, schon den Spermien mitgegeben. Sie gehen auch mit den Ovocyten. Sie gehen in alle Zellen weiter, sie teilen sich auch, jedoch nicht sehr genau, das ist ganz sicher. So kann man sagen: Eine minimale Kontinuität scheint da zu sein. Aber es gibt noch Zellbiologen, die behaupten, die Mitochondrien könnten auch de novo entstehen; dieser Streit ist nicht eindeutig entschieden.

Hess: Es ist nicht so in dem Sinne gemeint, ich wollte wissen, wieweit die Mitochondrien schon im Gastrulastadium entwickelt sind.

Lehmann: Das ist in der Tat eine biochemisch äußerst interessante Frage; sie gilt speziell für die Seeigeleier und auch etwa die Amphibien oder Tubifex. Alle diese Typen haben sehr viele Mitochondrien; aber man weiß noch nicht, ob sie voll aktiv sind. Monroy [Maggio und Monroy: Naturw. **184**, 68—69 (1939); **188**, 1195 (1960)] hat nachgewiesen, daß die Seeigeleier einen besonderen Stoff besitzen, der den Stoffwechsel dieser strukturell nachweisbaren Mitochondrien vor der Befruchtung zunächst blockiert. Vielleicht kann Herr Weber noch etwas dazu sagen.

Weber: Die Vorstellung, daß sich die Multienzymsysteme der Mitochondrien während der Embryonalentwicklung allmählich aus kleineren Vorstufen entwickeln, erscheint heute nicht mehr vertretbar. Zunächst zeigt die Elektronenmikroskopie, daß in allen Eizellen typisch strukturierte Mitochondrien vorkommen (R. Weber: In Symposium on the "Interpretation of Ultrastructure", Acad. Press, 1962). Biochemisch sind diese Gebilde ebenfalls untersucht worden. So konnte z. B. für das Ei der Auster nachgewiesen werden, daß die Mitochondrienfraktion sämtliche Fermente des Krebscyclus enthält [K. W. Cleland: Aust. J. biol. Sci. **29**, 35 (1951)]. Ferner konnten wir mit E. J. BOELL (Developmental Biol. 4, 1962) nachweisen, daß in frühen Entwicklungsstadien des Krallenfrosches in aus verschiedenen Organanlagen isolierten Mitochrondrien quantitative Unterschiede im Gehalt an ATP-ase, Cytrochrom-C-oxydase, saurer Phosphatase und Kathepsin vorkommen. Während der funktionellen Differenzierung zeigen diese mitochondrialen Fermentmuster organspezifische Veränderungen.

BÜCHER: (Marburg): Wirkt H_2O_2 — möglicherweise durch Autoxydation der SH-Gruppen entstanden — auf die Entwicklung der Embryonen?

BRACHET: We were of course very well aware of the problems of hydrogen peroxide formation during sulfhydryloxidation. One thing is that our eggs contain exceedingly large amounts of catalase, an extremely active enzyme. Another thing is that we tried to find out whether any hydrogen peroxide was produced in our preparations and we could not detect any. So I think that hydrogen peroxide is of course produced, but is destroyed as quickly as possible. There was a third observation: we added hydrogen peroxide to amphibian eggs to see what would happen. We found no great effects and very little specificity as regards the formation of the neural system. Finally, in last year experiments, substances which would catalyse the formation of hydrogen peroxide from thiols, such as iron and cobalt ions, were added to the several thiols we used and this addition did not make any difference. So I think that it is very unlikely that the effects produced by mercaptoethanol on morphogenesis can be explained by hydrogen peroxide formation by autoxidation of the thiols.

ZILLIKEN: Ich danke, wir müssen die Diskussion nun schließen.

Control of enzyme synthesis in microorganisms

By

H. O. Halvorson, A. Herman, H. Okada and J. Gorman

Department of Bacteriology, University of Wisconsin Madison, Wisconsin

With 10 Figures

A. Regulatory mechanisms in microorganisms

Studies with microorganisms, especially *Escherichia coli*, have led to the recognition of three types of regulatory mechanisms. These include end product inhibition, molecular conversion and specific control of enzyme synthesis.

1. In the first of these it has been observed that end products of a biosynthetic pathway inhibit the activity of initial enzymes in this pathway[1,2]. The end product inhibitors need not be strict analogs of the substrate of the initial enzyme and, in fact, separate binding sites for the end product inhibitors have been demonstrated[3]. In *E. coli* two β-aspartokinases have been demonstrated, one of which is inhibited by threonine and the other by lysine[4]. Also, mutants lacking feed-back inhibition have also been isolated[5]. Presumably, there are either two structural genes in the cell which are complementary, or the structural gene is composed of two cistrons, one governing the active site of the enzyme and the other the feed-back inhibition site.

2. A second type which only recently has re-emerged as a control mechanism is the alteration of the molecular structure of an enzyme from one form to another. A recent example of this is the hormone directed interconversion of glutamic and alanine dehydrogenase[6]. Similar phenomena appear to be operative in the activation of phosphorylase[7], tryptophane synthetase[8] and transhydrogenase[9].

3. The third group of controls is that involved in the specific enzyme synthesis. The principle features are illustrated in Fig. 1. The arguments for this model have been recently reviewed by

JACOB and MONOD[10]. The information for controlling the amino acid sequence of a specific protein is determined by the base composition of a specific deoxynucleotide sequence. These are called structural genes and together with regulatory genes determine the synthesis of a given enzyme. The information from the structural genes is translated by a messenger RNA which is complementary to a structural gene in base pairing. This RNA

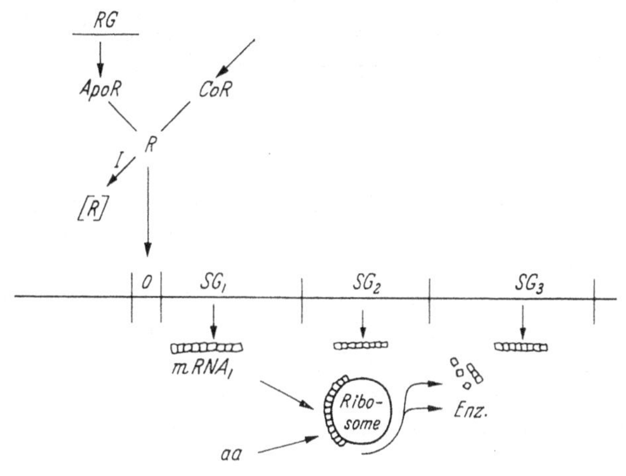

Fig. 1. Genetic control of enzyme synthesis

carries the information to the cytoplasmic protein forming system (non-specific ribosomes) where the specific polypeptide chain synthesis is directed by the labile messenger RNA.

The synthesis of messenger RNA is in turn controlled by two genes. The first of these is an operator which is adjacent to the structural gene and controls the coordinator synthesis of messenger RNA's for a group of genes called an operon. The initiation of messenger RNA formation by an operator gene is in turn controlled by unlinked regulatory genes. These produce a cytoplasmic apo-repressor which is probably an RNA species which base pairs with the DNA of the regulatory gene. The repressor, which is formed from the apo-repressor and a cytoplasmic co-repressor (metabolite), associates reversibly with the specific operator and blocks the initiation of messenger RNA synthesis. Inducers are thought to act by either inactivating the repressor or by forming a complex with the co-repressor which displaces the cytoplasmic repressor from the operator gene. Constitutive enzyme formation results either from mutations in the regulatory gene leading to ineffectual apo-repressor synthesis or by mutations in the operator gene leading to lack of pairing between the repressor and operator gene.

The evidence supporting this model has been reviewed recently[10] and shall not be covered in this paper. Although the details of the mechanism may be subject to change, the primary recognition of structural and regulatory genes seems established. Undoubtedly, aspects of these mechanisms probably exist in higher forms.

The one gene-one enzyme concept can therefore be reinterpreted as the one cistron-one polypeptide and one operon-one repressor theory. However, the control of gene expression, involving the dual function of regulator and structural genes, is largely based on experiments in bacteria which contain one functional linkage group. Thus, the demonstrations of operons has been restricted to bacteria where the cistrons controlling sequential enzyme reactions are clustered[11]. The question raised in translating this information to higher forms is whether similar phenomena occur in organisms in which multiple linkage groups exist. The existence of pseudoalleles in multi-chromosomal organisms suggests a similar clustering of genetic elements with related functions. In examples where the genes controlling sequential enzymes are scattered, linked operator genes may also be present.

B. Genetic controls in yeast

If we assume that the regulatory mechanisms demonstrated in bacteria are general to all biological systems, then one might expect variations or more complex controls may be superimposed on these in tissues of higher organisms. The difficulties arise in the facility of conducting genetic analyses. Yeasts are one of the simplest organisms containung multiple linkage groups (Fig. 2.) which are subject to the genetic analysis. Cytological studies suggest that it may be an organism of intermediate complexity[12] between bacteria and higher plants and animals which contain defined chromosomes.

Yeast appear to contain most if not all of the regulatory mechanisms which have been demonstrated in bacteria. Examples

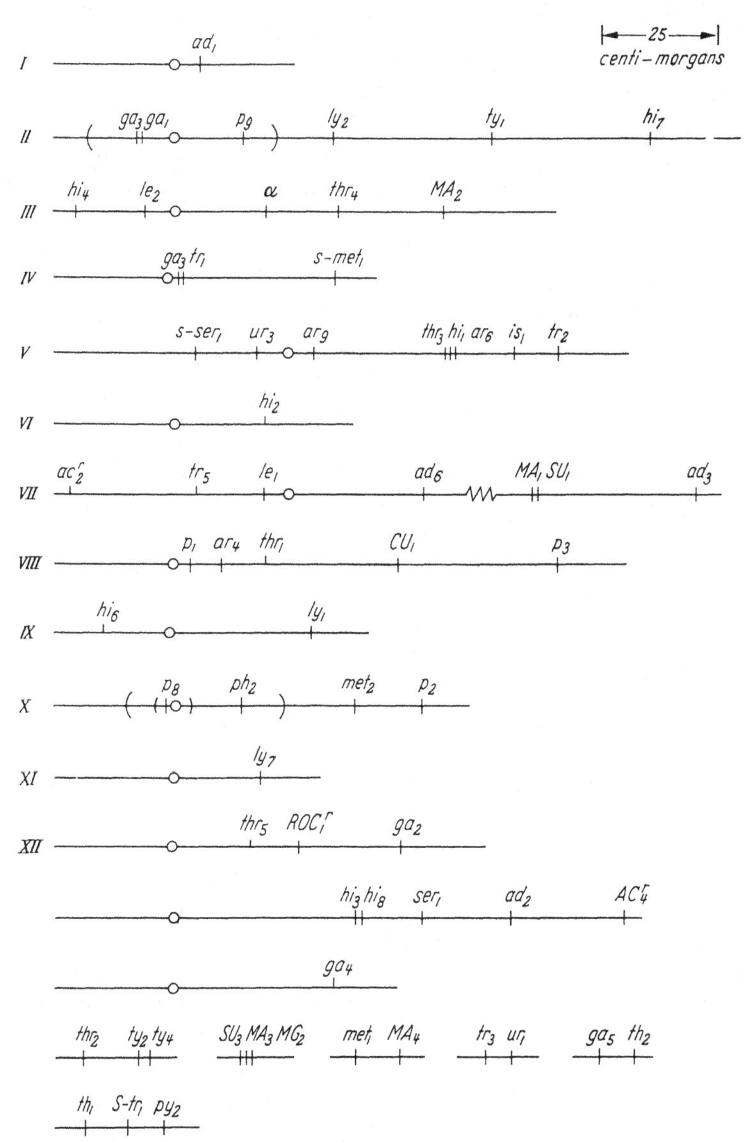

Fig. 2. Linkage groups in *Saccharomyces* (HAWTHORNE and MORTIMER, 1962, unpublished data)

of feedback inhibitions[13], induction and repression[14], possibly molecular conversion[15] and co-ordinate induction[16] have all been noted. Studies on the genes controlling α-glucosidase synthesis, detailed below, further suggest closely linked operator-type genes. In addition, YČAS and VINCENT[17] have isolated an RNA fraction which has the base ratio similar to DNA and which rapidly turns over *in vivo* and therefore has the characteristics of messenger RNA.

1. Structural genes for α-glucosidase synthesis. Two questions are posed by the data in Fig. 2. (1) Do multiple forms of the same gene exist in a given organism? (2) Do these genes differ in their control mechanisms? To provide answers for these questions an analysis was undertaken of the six unlinked polymeric genes for maltose fermentation[18]. The α-glucosidases produced in response to 5 of the M genes were isolated and compared for their specificities and physical-chemical properties. In a series of experiments in which either individual or mixtures of purified α-glucosidase preparations were compared (heat inactivation, zone electrophoresis and column chromatography) there was evidence of only a single homogeneous species[19]. This is illustrated by the kinetics of heat inactivation and antisera neutralization of a mixture of α-glucosidases shown in Fig. 3 and 4. Further similarities of the enzymes were (a) identical equivalence points in partial absorption studies, (b) identical affinities and substrate specificities to a wide variety of α-glucosides, and (c) identical pH optimums, sensitivities to sulfhydryl agents and molecular weights. All five M genes are probably structural genes since in every case recessive yeasts are totally lacking in α-glucosidase or of any cross reacting protein against anti α-glucosidase serum. Presence of any one of the M genes leads to the production of enzyme in uninduced cells and elevated levels in induced cells. Inasmuch as the methods employed were designed to detect differences both in structure and in function of the enzymes, these findings argue that the products of the five genes and, therefore, presumably the structural genes are identical.

Each of the α-glucosidases are inducible, thus permitting a comparison of the response of each of these genes to regulatory control. For this purpose the maximal rates of induced (derepressed) synthesis of four of the M genes were compared in homozygous and heterozygous diploids[20]. The results, shown in Table 1, demonstrate that the function of the M genes can differ by a factor of 7. These differences cannot be attributed to varying levels of repressors or of specific permeases since the differential rate of synthesis observed in heterozygous diploids is that expected on the basis of an additive gene dosage effect. These observations are consistent with the hypothe-

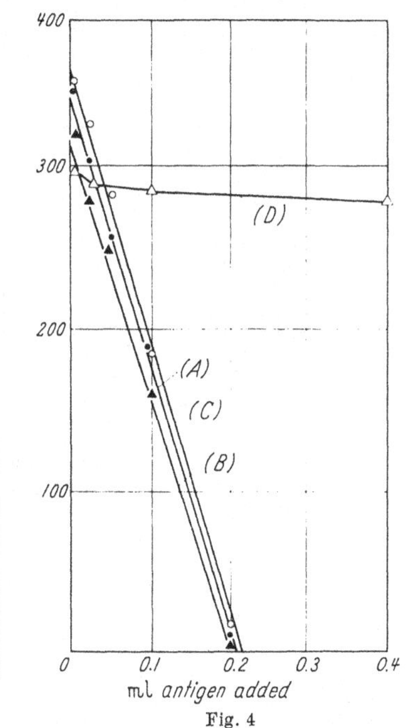

Fig. 3

Fig. 4

Fig. 3. Temperature inactivation of α-glucosidase mixture. Incubation mixture contained 680 units each of α-glucosidases from M_1—M_4 and M_6. Temperature of incubation, 54.0° C

Fig. 4. Neutralization curve of α-glucosidase activity by anti-M_6 α-glucosidase antibody. Varying quantities of antiserum were mixed with (A) 345 units of M_3 α-glucosidase, (B) 320 units of M_4 α-glucosidase of (C) 360 units of a mixture containing 72 units each of M_1—M_4 and M_6 α-glucosidase; (D) is a control containing normal serum and 300 units of M_4 α-glucosidase. After 15 hr incubation at 4° the precipitate was removed and the supernatant assayed for α-glucosidase activity

sis that each M gene is under a specific operator control. One might also expect that operator mutations might occur leading to isolates of the same allele differing in their rates of enzyme formation. A possible example of this is the Ma^1 gene[21], which is allelic with M^1 and produces lower quantities of enzyme than M^1 [20].

2. Regulatory genes for β-glucosidase synthesis. If multiple structural genes for a given enzyme could accumulate in a multichromosomal system, then one might expect a similar phenomenon would occur for regulatory genes. An example of this has been observed in the control of β-glucosidase synthesis in *Saccharomyces lactis*[22]. A single structural gene (B) appears to govern enzyme

Table 1. *Effect of gene dosage on α-glucosidase synthesis*

Genotype	Differential rate of enzyme synthesis*	
	Observed	Theoretical
$M_1M_1m_2m_2m_3m_3m_4m_4$	2090	—
$m_1m_1M_2M_2m_3m_3m_4m_4$	300	—
$m_1m_1m_2m_2M_3M_3m_4m_4$	1000	—
$m_1m_1m_2m_2m_3m_3M_4M_4$	1100	—
$M_1m_1M_2m_2M_3m_3m_4m_4$	1625	1700
$M_1m_1m_2m_2M_3m_3m_4m_4$	1450	1550
$M_1m_1M_2m_2m_3m_3m_4m_4$	1280	1200
$m_1m_1m_2m_2M_3m_3M_4m_4$	950	1050
$m_1m_1M_2m_2m_3m_3M_4m_4$	790	700

* Δ units of α-glucosidase/Δ mg protein (RUDERT, 1961).

Table 2. *Alterations in the properties of β-glucosidase by mutation in the B locus*

	Source of extract	
	B^h	B^m
1. Inhibition by citrate	0%	67%
2. Time required for 50% inactivation at 25°C	>12 hr	4 hr
3. Inhibition by mannose (5×10^{-2} M) . . .	competitive	none
4. E/OD	20	5
5. Ratio of Induced/paraconstitutive enzyme levels	4	5

Table 3. *Induction of β-glucosidase by β-methyl glucoside and glucose*

	Genotype	Glucose	β-methyl glucoside
Parent			
Y 123	B^h	NI	I
Y 14	B^m	I	NI
Ascospore Set			
1009 A	B^m	I	NI
B	B^h	NI	I
C	B^m	I	NI
D	B^h	I	I

I = induced, NI = non-induced.

synthesis. Mutants of B have been observed which have altered paraconstitutive levels of enzyme activity. The properties of the proteins produced in response to the various mutants also differ. This is summarized for two mutants in Table 2. Induction leads to a parallel increase in enzyme synthesis by both alleles and in diploids, containing alternate forms of the gene, the enzyme levels are those expected for independent function of both genes. The most likely explanation for these observations is that mutations in the B locus have led to altered forms of the enzyme.

The induction of β-glucosidase is under the control of two types of regulatory genes. These are illustrated in Table 3. β-Glucosidase synthesis can be induced by either glucose or β-methyl glucoside. In

Table 4. *Inducibility dominance*

Genotype	β-methyl glucoside (2×10^{-2} M) Inducibility factor	Glucose (1×10^{-3} M) Inducibility factor
$r^- ig^-$	4	1
$r^+ ig^+$	1	60
$r^-r^+ ig^- ig^+$.	1	1
$r^- ig^-$	5	1.3
$r^- ig^+$	4	4
$r^-r^- ig^+ ig^-$.	6	—

Inducibility factor = induced (ΔE/ΔOD)/para constitutive (ΔE/ΔOD).
r^- = β-methyl glucoside inducible
r^+ = β-methyl glucoside non-inducible
ig^- = glucose non-inducible
ig^+ = glucose inducible
— = not assayed

the latter case, the inducibility segregates as a single gene, whereas in the case of glucose inducibility, multiple genes are apparently involved. Inducibility both with regard to the β-methyl glucoside and with regard to glucose in recessive in the diploid (Table 4). In both cases non-inducibility is dominant. These observations can be understood if the non-inducible strains produce a repressor with such a high affinity that it cannot be displaced by the inducer. The second major feature of the controls is that inducibility by glucose and by β-methyl glucoside function independently of one another. For example, strains may be β-glucoside non-inducible but glucose inducible. These findings rule out complementary control of co-repressor or apo-repressor function, and indicate that alternate mechanisms may be present.

Two kinds of models could explain this dualism in controls (Fig. 5). The first would result if there are two operator genes, one on each end of the structural gene for β-glucosidase. One of these

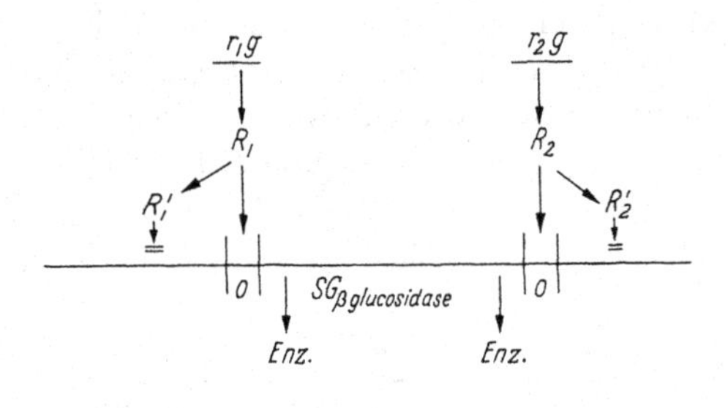

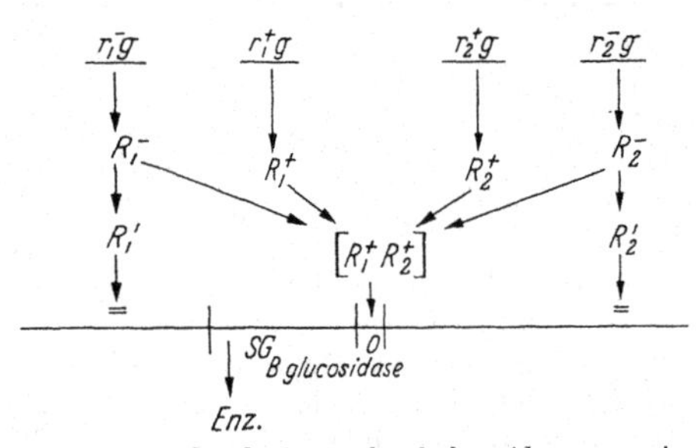

Fig. 5. Postulated schemes for β-glucosidase repression

would respond to β-glucoside induction and the other to glucose induction. Although polarity has been demonstrated in the expression of the Lac operon of *E. coli*[10], this is not observed in the arabinose operon[23]. A second model can be constructed if the repression of enzyme formation required the production of two kinds of repressors, one produced in response to the *i* gene and the second in response to the *r* gene. Mutations in either would lead to the formation of apo-repressors which now could combine with its homologous inducer. The combined apo-repressor inducer either inactivates the true repressor or competes with its function for the operator gene. Since both repressors must be present in functional form to inhibit enzyme formation, a mutation in either would lead to the dual effects observed.

3. Autocatalytic enzyme synthesis. Several examples of autocatalytic enzyme synthesis have been observed in yeast[24] which in principle pose an alternate mechanism for regulatory control. However, autocatalytic kinetics have also been reported in *E. coli*

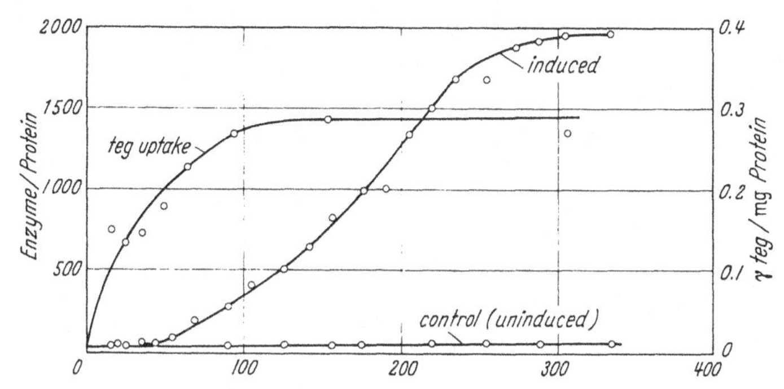

Fig. 6. Kinetics of inducer uptake and isomaltase induction in *S. cerevisiae*. Inducer employed was ethyl-S-^{35}-α-glucoside (10^{-3} M) in yeast containing the genotype MG_1 MG_2 mg_3

under conditions where an inducible permease controls the induction of β-galactosidase[25, 26]. These workers have suggested that similar explanations may also apply to autocatalytic synthesis in yeast.

A similar phenomenon has recently been observed in the induced synthesis of isomaltase in yeast[27]. Isomaltase synthesis is under the control of a regulatory gene and of an inducible permease. As shown in Fig. 6 the uptake of the inducer is maximal after 100 min. During this period the permease is induced and internal accumulation reaches a maximal level. The differential rate of enzyme synthesis, however, continues to rise for over a period of $3^1/_2$ hrs following which a constant rate is finally observed. As shown in Fig. 7, the increase in the differential rate of enzyme synthesis is autocatalytic during the period in which inducer accumulation is increasing as predicted by the permease model. Following this the differential rate of enzyme formation is proportional to the enzyme content until enzyme synthesis is at a maximum rate. Such a phenomenon is not neccessarily inconsistent with operator controlled synthesis. For example, MONOD and JACOB[28] described a feed-back model (Fig. 8) in which the enzyme acts upon the inducer or substrate converting it to a form in which it can block the repressor function at the operator locus. This model shows self-reproducing properties as well as possessing an inducer

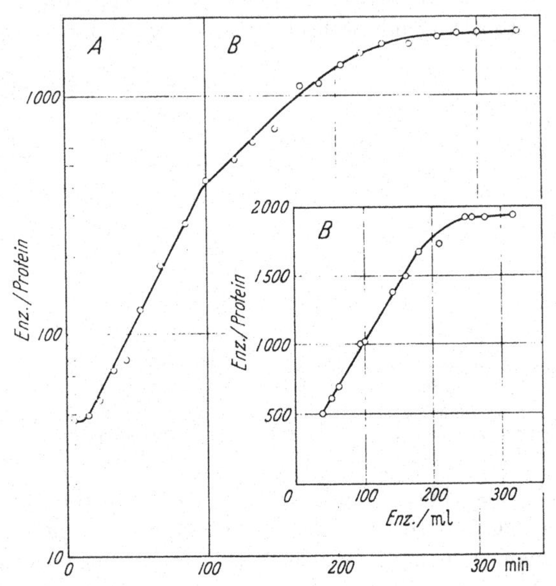

Fig. 7. Autocatalytic induction of isomaltase in *S. cerevisiae*. (A) The exponential kinetics of isomaltase induction during the period required for inducer saturation. (B) Induction of isomaltase as a function of enzyme level after inducer saturation

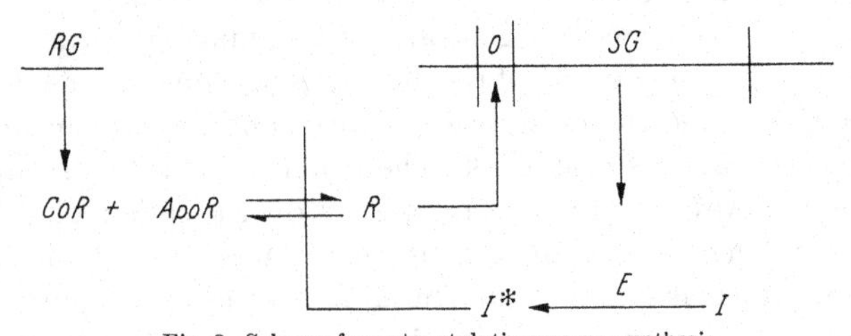

Fig. 8. Scheme for autocatalytic enzyme synthesis

specificity closely related to that of the enzyme itself. Alternate models could also be imagined.

4. Glucose effects (catabolic repression). The results thus far described in yeast are consistent with the assumption that regulation operates at the genetic level by controlling the synthesis of the primary gene product (messenger RNA). However, controls exist that have a lower degree of specificity and are independent of the specific apo-repressor-inducer interaction. Examples of these are seen in the phenomenon of glucose effects on metabolic repression. A wide variety of carbon sources may inhibit the synthesis of a group of enzymes, the degree of inhibition depending upon the metabolism of the compound. Although the glucose effects show some degree of specificity[29] examples are known in which the inhibition is indifferent to the presence or absence of specific apo-repressors as well as of the inducer[30]. A similar phenomenon is observed in the case of glucose inhibition of both inducible and constitutive

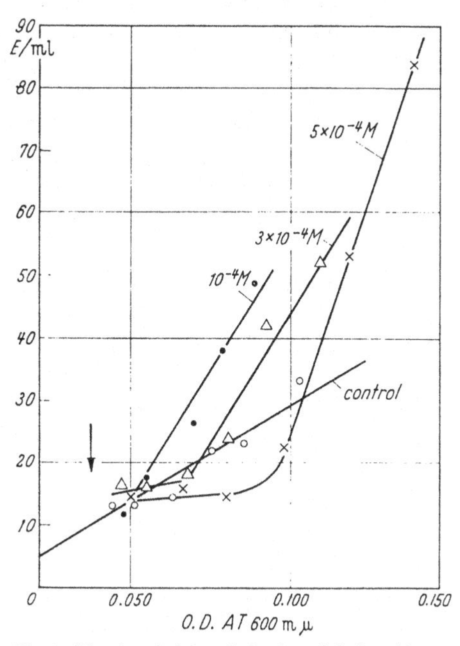

Fig. 9. Kinetics of glucose induction of β-glucosidase synthesis in yeast

β-glucosidase synthesis in yeast[31]. Numerous metabolites inhibit enzyme synthesis; this inhibition cannot be reversed by inducer. At low concentrations glucose is an inducing agent while at high concentrations it inhibits enzyme formation. Both the induction and repression of three carbohydrases by hexoses exhibit some degree of specificity[32].

Two sites of control by glucose are also indicated by examination of the kinetics of repression and derepression (Fig. 9). When yeasts are exposed to 10^{-4} M glucose a direct inductive effect is observed. At higher concentrations of glucose, there is an initial repression of constitutive synthesis followed by an increased rate of synthesis (derepression) which is greater than that found for direct induction. The similar findings for derepressed synthesis following lactate inhibition rules out the direct inductive effect by the repressing agent inasmuch as lactate, even at low concentrations, is not an inducer[32]. The accelerated rate of enzyme synthesis following repression could be understood if the catabolic repressor inhibited (a) a stereo specific enzyme which couples apo-repressor and co-repressor and (b) inhibits the function of the template. The latter effect would be overcome rapidly, but the former would require that the cytoplasmic levels of this enzyme be replenished. During the time required to accumulate the coupling enzyme a period of complete derepression would occur, perhaps sufficient to account for the elevated rate of β-glucosidase synthesis.

5. Control at the template level. The important feature to emerge from these studies is that the glucose effects, especially the inhibition of constitutive synthesis, cannot be easily explained at the operator level.

Although earlier models of the control of protein synthesis imagined a cytoplasmic (induced-fit) control of tertiary structure, in recent years most workers have rejected this in favor of a unique control by primary structure, or at least key amino acid residues in the primary structure (PERUTZ, see reference 28). However, cytoplasmic controls have already been demonstrated as previously discussed for molecular conversions. In addition, the observations of CITRI and GARBER[33] suggest that penicillin may influence the structural form of penicillinase.

Is the function of the template (messenger RNA attachment, chain completion, and release of finished protein) subjected to cytoplasmic control? It is already clear that stages exist in the assembly and release of finished protein from ribosomes. For example, amino acids can be incorporated into ribosomes without the concomitant release of labelled protein, chain elongation has been observed[34], newly synthesized proteins have been found bound to ribosomes[35, 36, 37], the release of enzyme from ribosomes can be catalyzed by soluble enzymes[38, 39], and in the case of hemoglobin synthesis *in vitro*, supernatant can alter the type of protein formed[40]. For cytoplasmic controls to operate at the template level without inhibiting vegetative multiplication, specific controls would have to be envisaged.

Table 5. *Release of soluble protein from yeast ribosomes*

Incubation Conditions	% Released
Phosphate buffer (complete disruption)	100
No additions	15
Cysteine	54
Dialyzed supernatant	44
Cysteine + dialyzed supernatant	68
Cysteine + boiled dialyzed supernatant	44

Ribosomes from 80 second $S^{35}O_4$ = labelled cells were suspended in a medium containing 4.4×10^{-3} M Mg^{++}, 1.3×10^{-2} M cacodylic buffer pH 7.3 and incubated for 15 min at 37° C. Where indicated, 9×10^{-3} M cysteine (with 9×10^{-3} M Mg^{++}), 6.6×10^{-2} M phosphate buffer, and 3 mg of supernatant protein were added. Released protein was collected following centrifugation on a sucrose density gradient to remove ribosomes.

In order to examine the question of controls at the template level, the properties of yeast ribosomes were further examined. A bound from of β-glucosidase[37], as well as a spectrum of nascent precursors of cytoplasmic proteins[41] have been demonstrated on yeast ribosomes whose synthesis is that expected for intermediates of soluble proteins[42].

The conditions were observed which allow release of nascent protein from ribosomes while maintaining ribosomal integrity (Hauge, Cline and Halvorson, unpublished results). The nascent proteins of S^{35} labelled ribosomes can be released by cysteine (as well as other sulfhydryl agents) and by a dialyzed, heat labile supernatant factor (Table 5). The stimulation by the supernatant is additive to that by the presence of cysteine. An amino acid incorporation release, probably by chain completion, is also suggested by a further stimulation of release by the addition of amino acids and an ATP generating system (Hauge, unpublished results).

In principle, one should be able to distinguish between controls at the operator and template levels *in vivo*. Any regulation of specific messenger RNA synthesis should be reflected in the number of ribosomes participating in the synthesis of a specific enzyme. Consistent with this hypothesis, induction of β-galactosidase leads to an increase in the ribosomal-bound enzyme[43] whereas repression of alkaline phosphatase leads to a decrease[44]. On the other hand, repression of a control operating at the level of enzyme completion

Table 6. *Effect of glucose on the level of ribosomal-bound β-Glucosidase*

Exp.	Succinate-grown		Glucose-grown		% Repressed	Rib. (gluc.) / Rib. (succ.)
	Soluble	Ribosomal	Soluble	Ribosomal		
1	1480	0.009	210	0.025	86	2.8
2		0.010	149	0.013	90	1.4
3		0.008	90	0.022	94	2.5
4		0.010	120	0.009	92	1.0

The soluble enzyme value for the succinate-grown cells is an average from 25 experiments (HAUGE et al., 1961).

or release (template function) should lead to increases in the level of ribosomal-bound enzyme. An example of this is shown in Table 6, where when β-glucosidase synthesis is inhibited by glucose, the level of enzyme attached to the ribosome increases in spite of a severe repression of soluble enzyme formation[45]. If these controls were specific, than one would expect that mutations in these should lead to physiological negative organisms which have normal levels of enzyme attached to the ribosome. One such mutant was isolated in *Saccharomyces dobzhanskii* which had normal ribosomal levels of β-glucosidase, but contained insufficient levels in the cytoplasm for the cell to grow on β-glucosides (HALVORSON, unpublished results).

Inhibition of either chain completion or release, without inhibiting messenger RNA synthesis should inhibit the growth of a cell by the accumulation of inactive messengers on the ribosome. Although examples of this occur, glucose effects are not coupled with declining growth rates. However, the possibility exists that the messenger may possess different stabilities depending on whether it is functional on the ribosome. Alternatively, messenger RNA may function *in vivo* primarily when the ribosomes are in association with the chromosome[46]. Such a mechanism would provide a feed-back control of specific enzyme synthesis on messenger RNA synthesis.

The mechanism of enzyme release from ribosomes may in fact be coupled with the last stages in protein synthesis, e.g., the addition of terminal amino acids, S—S bond formation, etc. The recent reports of a DNA-dependent β-galactosidase synthesis in

Table 7. *Amino acid stimulation of β-galactosidase formation by membrane fractions of Escherichia coli*

Type	System	Amino Acids Added	β-Galactosidase Units/ml
1	-Cr P, -nucleotides	None	460
2	Complete	H-amino acids	8.700
3	Complete	D-amino acids	8,700

The reaction mixture (1.2 ml) contained 50 μmoles of Tris-HCl buffer (pH 7.2), 2.5 μmoles $MgSO_4$, 1 μmole each of GTP, ATP, CTP, UTP, 10 μmoles isopropylthiogalactoside, 5μmoles creatine phosphate, 100 μg creatine phospho-kinase, 0.3 mg of DNA, 2 ml of crude supernatant from *E. coli* ML 30, and 0.3 ml of membrane preparation from *E. coli* ML 308. Amino acids were added as indicated either as a mixture of 20 unlabelled L-amino acids (0.2 μmoles each) or 8 mg of deuterated-amino acids (protein hydrolysate of algae) supplemented with 0.4 mg proline, 0.4 mg L-tryptophane and 0.06 mg L-cysteine. The amino acid content of the supernatant fraction was less than 5% of the added deuterated amino acid mixture. The mixture was incubated for 1 hr at 30° C, centrifuged at 16,000 × g for 20 min and supernatant assayed for β-galactosidase activity (from Hu, Bock and Halvorson, 1962).

reconstructed cell-free systems[46, 48] provide a methodology for examining this possibility.

The approach follows from the finding[49] that β-galactosidase which is labelled with deuterium, N^{15} or C^{13}, or a combination of these, can be separated from unlabelled enzyme by equilibrium centrifugation in a RbCl (32—37%) density gradient. This method is not only extremely sensitive for the detection of newly synthesized enzyme (synthesized in the presence of heavy amino acids) but also provides a measure for the extent of *de novo* synthesis. This procedure was applied to an amino acid-dependent synthesis of β-galactosidase in a reconstructed cell-free system from *E. coli* (Table 7). Although the enzyme activity increased from 46 units in the control to 870 units in the tubes incubated with amino acids, the equilibrium position of the newly synthesized β-galactosidase in the RbCl gradient indicated only light enzyme (Fig. 10). From the equilibrium position and reasonable symmetrical shape of the enzyme peak synthesized in the presence of heavy amino acids, the incorporation of these amino acids into the enzyme is extremely small. Similar results were observed when ribosomes were employed instead of membrane fractions. Since these systems actively incorporate amino acids, the present experiments suggest that the observed amino acid stimulation is probably due either to the completion of the polypeptide chain or to the release of the previously formed complex precursors of β-galactosidase. It does not necessarily follow that other DNA and messenger RNA dependent synthesizing systems do not permit chain initiation and competition, however, convincing evidence for this has not yet been

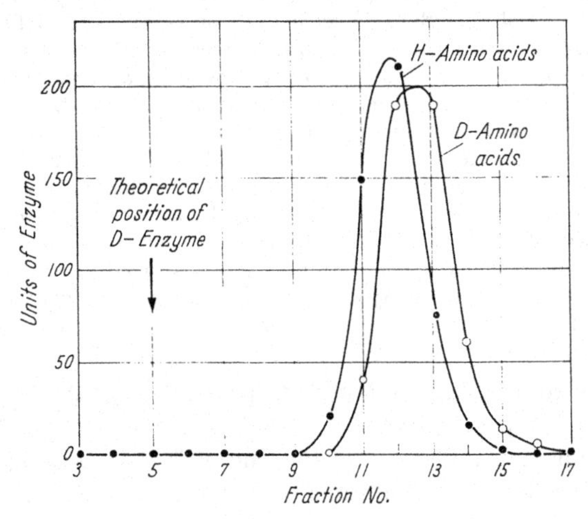

Fig. 10. Centrifugation of β-galactosidase synthesized by membrane fraction. Supernatant fractions (0.01 ml) from tubes 2 and 3 in Table 7 were centrifuged in a RbCl gradient. Duration of centrifugation was 45 hrs at 620 rps

provided. Finally, specific controls at the template level themselves may involve labile components which are in turn under DNA control.

C. Conclusions

The control of specific enzyme synthesis is regulated largely at the level of the function of the structural gene. In addition, there are suggestions that cytoplasmic controls may function at the level of the ribosome, although the specificity of this regulation is as yet uncertain. In multichromosomal organisms, such as yeast, accumulations of identical structural genes may occur which function independently and are presumably under separate operator controls. Multiple control genes have been observed which differ in their function, but which ultimately control the same structural gene. The latter two phenomenon may be more common in organisms in which the genes controlling related enzyme functions are scattered.

Acknowledgments

This investigation was supported in part by research grants from the U. S. Air Force Office of Scientific Research of the Air Research and Development Command (AF 49(638)-314), National Institutes of Health (E-1459), and the National Science Foundation (B-1750).

Literature

[1] NOVICK, A., and L. SZILARD: Dynamics of Growth Processes, Princetown: University Press 1954.
[2] UMBARGER, H. E.: Science **123**, 848 (1956).
[3] CHANGEUX, J. P.: Cold Spring Harbor Symposia Quant. Biol. **26**, 313 (1962).
[4] STADTMAN, E. R., G. N. COHEN, G. LE BRAS and H. DE ROBICHON-SZULMAJSTER: Cold Spring Harbor Symposia Quant. Biol. **26**, 319 (1962).
[5] MOYED, H. S.: J. Biol. Chem. **235**, 1098 (1960).
[6] TOMKINS, G. M., K. L. YIELDING and J. CURRAN: Proc. Natl. Acad. Sci. **47**, 270 (1961).
[7] RALL, T. W., and E. W. SUTHERLAND: Cold Spring Harbor Symposia Quant. Biol. **26**, 347 (1962).
[8] YANOFSKY, C.: Biochim. et Biophys. Acta **31**, 409 (1959).
[9] HAGERMAN, D.: Cold Spring Harbor Symposia Quant. Biol. **26**, 338 (1962).
[10] JACOB, F., and J. MONOD: Cold Spring Harbor Symposia Quant. Biol. **26**, 193 (1962).
[11] DEMERIC, M., and P. E. HARTMAN: Ann. Rev. Microbiol. **13**, 377 (1959).
[12] ROBINOW, C. F.: J. Biophys. Biochem. Cytol. **9**, 879 (1961).
[13] STADTMAN, E. R., G. N. COHEN, G. LE BRAS and H. DE ROBICHON-SZULMAJSTER: J. Biol. Chem. **236**, 2033 (1961).
[14] HALVORSON, H.: Advances Enzymol. **22**, 99 (1960).
[15] LABEYRIE, F., P. P. SLONIMSKY and N. NASLIN: Biochim. et Biophys. Acta **34**, 262 (1959).
[16] DE ROBICHON-SZULMAJSTER, H.: Science **127**, 28 (1958).
[17] YČAS, M., and W. S. VINCENT: Proc. Natl Acad. Sci. **46**, 804 (1960).
[18] WINGE, Ø., and C. ROBERTS: Compt. rend. lab. Carlsburg. Ser. physiol. **25**, 331 (1955).
[19] HALVORSON, H. O., S. WINDERMAN and J. GORMAN: Fed. Proc. **21**, 267 (1962).
[20] RUDERT, F.: M. S. Thesis, University of Wisconsin. 1961.
[21] ROMAN, H., M. M. PHILLIPS and S. M. SANDS: Genetics **40**, 546 (1955).
[22] HERMAN, A., and H. O. HALVORSON: Bacterial. Proc. **62**, 115 (1962).
[23] LEE, N., and E. ENGLESBERG: Proc. Natl Acad. Sci. **48**, 3 (1962).
[24] SPIEGELMAN, S.: Cold Spring Harbor Symposia Quant. Biol. **16**, 87 (1951).
[25] COHN, M., and K. HORIBATA: J. Bacteriol. **78**, 613 (1959).

[26] NOVICK, A., and M. WEINER: Symp. on Molecular Biology, page 78, University of Chicago Press. 1959.
[27] GORMAN, J., and H. OKADA: Bacteriol. Proc. **62**, 115, (1962).
[28] MONOD, J., and F. JACOB: Cold Spring Harbor Symp. Quant. Biol. **26**, 389 (1962).
[29] MAGASANIK, B.: Cold Spring Harbor Symp. Quant. Biol. **26**, 249 (1962).
[30] BROWN, D. D., and J. MONOD: Fed. Proc. **20**, 222 (1961).
[31] MAC QUILLAN, A. M., S. WINDERMAN and H. O. HALVORSON: Biochem. Biophys. Research Comm. **2**, 77 (1960).
[32] MACQUILLAN, A. M., and H. O. HALVORSON: J. Bacteriol (in press).
[33] CITRI, N., and N. GARBER: Biochim. Biophys. Acta **38**, 50 (1960).
[34] BISHOP, J., J. LEAHY and R. SCHWEET: Proc. Natl Acad. Sci. **46**, 1030 (1960).
[35] PETERS, T.: J. Biol. Chem. **229**, 659 (1957).
[36] SIEKEVITZ, P., and G. PALADE: J. Biophys. Biochem. Cytol. **7**, 619 (1960).
[37] KIHARA, H. K., A. S. L. HU and H. O. HALVORSON: Proc. Natl Acad. Sci. U. S. **47**, 489 (1961).
[38] SIMKIN, J.: Biochem. J. **70**, 305 (1958).
[39] MORRIS, A., and R. SCHWEET: Biochim. Biophys. Acta **47**, 415 (1961).
[40] MILLER, A., and H. LAMFROM: Fed. Proc. **21**, 413 (1962).
[41] KIHARA, H. K., and H. O. HALVORSON and R. M. BOCK: Biochim. Biophys. Acta **49**, 212 (1961).
[42] YOUNG, R. J., H. K. KIHARA and H. O. HALVORSON: Proc. Natl. Acad. Sci. **47**, 1415 (1961).
[43] COWIE, D. B., S. SPIEGELMAN, R. B. ROBERTS and J. D. DUERKSEN: Proc. Natl Acad. Sci.U. S. **47**, 114 (1961).
[44] WARREN, W., and D. GOLDTHWAIT: Fed. Proc. **20**, 144 (1961).
[45] HAUGE, J. G., A. M. MACQUILLAN, A. L. CLINE and H. O. HALVORSON: Biochem. Biophys. Research Commun. **5**, 267 (1961).
[46] BOEZI, J. A., and D. B. COWIE: Biophys. J. **1**, 639 (1961).
[47] KAMEYAMA, T., and G. D. NOVELLI: Biochem. Biophys. Research Comm. **2**, 393 (1960).
[48] NISMAN, B., and H. FUKUHARA: Compt. rend. **250**, 410 (1960).
[49] HU, A. S. L., R. M. BOCK and H. O. HALVORSON: (in preparation) 1962.

Diskussion

Diskussionsleiter: HOLZER, *Freiburg*

HOLZER: Herr HALVORSON, ich danke Ihnen, auch im Namen des gesamten Auditoriums, für diesen hochinteressanten Vortrag. Sie haben uns ein ausgezeichnetes, erfolgreiches Beispiel aus dem Arbeitsgebiet gegeben, das man heute "Molecular Biology" nennt, das in Amerika wächst und gedeiht und wie ich höre, speziell bei Ihnen in Madison, wo ein Institut für molekulare Biologie gegründet wird. Auch bei uns in Deutschland beginnt es zu wachsen; dieses Gebiet, das vor vielleicht 30 Jahren angefangen hat unter dem Titel: Biochemische Genetik, unter kräftiger Beteiligung damals auch von Deutschland, und das jetzt diese hochinteressanten Ergebnisse zeigt. Noch einmal herzlichen Dank. Ich darf den Vortrag zur Diskussion stellen.

KARLSON (München): I was very impressed by your beautiful presentation of the experiments of Monod concerning the pressor substance which is supposed to be formed under the control of the regulatory gene. This substance then is supposed to combine with the inducer to form an inactive complex. Is there any experiment, in which this substance has been demonstrated by chemical means or is it only concluded from genetic experiments ?

HALVORSON: No one has chemically isolated a repressor to my knowledge. This problem is complicated by the fact that to demonstrate the chemical identity of a repressor molecule, a *de novo* cell free system would be required to assay the function of a suspected compound. Thus far this has not been convincingly demonstrated. The main evidence is based on genetic studies. In the arginine pathway in *E. coli* the experiments of GORINI and also of WEINSTEIN and MAGASANIK, with derepressed mutants, strongly suggest that arginine is part of the repressor molecule for ornithine transcarbamylase synthesis.

ZILLIKEN: (Nijmegen): Speaking about enzymes and genetics there is a group of people who operate on the basis that the inducer is being incorporated into the incomplete complex rather than being a repressor. Could you comment on this possibility ?

HALVORSON: There have been numerous models proposed for induced enzyme synthesis in which the inducer either directly participates in the formation of the tertiary structure of the enzyme or in promoting the formation of the active site of the enzyme. The observations on β-galactosidase induction rule out the latter possibility at least for this system. The enzyme is synthesized *de novo* in response to gratituitous inducer. Also, in the penicillinase system, the inducer penicillin appears to act catalytically in the formation of penicillinase. The first possibility has not been eliminated, however, findings that with some enzymes (e.g. ribonuclease) the tertiary structure of the enzyme is determinated by the primary structure (amino acid sequence) makes it less attractive as a general mechanism of inducer action.

BÜCHER (Marburg): Welche Argumente gibt es gegen die Hypothese von SZILARD ? [Proc. Nat. Acad. Science **46**, 293 (1960)].

HALVORSON: The general features of the hypothesis of SZILARD are in agreement with the findings on induced enzyme synthesis in microorganisms. This hypothesis predicts that the repressor is formed from a corepressor and an aporepressor by a specific enzyme. The repressor should therefore be regulated by complementary genes, however, this has not as yet been demonstrated.

HOLZER: 1. Kann man generelle Angaben darüber machen, wann die Zelle zur Regulation des Stoffwechsels feed back Mechanismen (Endprodukthemmung nach UMBARGER) benützt und wann die Enzymsynthese kontrolliert wird?

2. Ist die Stoffwechselkontrolle durch Umwandlung eines Enzyms in ein anderes (molecular conversion) für die intakte, lebende Zelle bewiesen?

HALVORSON: In reference to your first question, end product inhibition and repression are not mutually exclusive and in some cases both function to regulate metabolism. Repression is effective only after a long delay, whereas, end product inhibition responds rapidly. End product inhibition is characteristic of the control of biosynthetic pathways.

As for your second question, molecular conversions have not been demonstrated *in vivo*. In some cases, such as the lactic dehydrogenases in yeast, the evidence is suggestive but further experiments will be necessary to determine the precursor of the enzymes involved.

BEERMANN (Tübingen): In yeast, as in other multichromosomal, higher organisms, there is the possibility to obtain trisomics or monosomics for a specific chromosome. The effects of aneuploidy have been known for a long time and have been interpreted as being due to "genic imbalance". They point to a direct involvement of the genome in the regulation of genic activity. The study of operator-controlled protein synthesis might profit from the use of aneuploid yeast strains. Have such strains already been investigated?

HALVORSON: No.

V. HAHN (Bern): What is known about the stability of messenger-RNA during protein synthesis? Does it always break down on the ribosome as the protein is synthesized or can it be re-utilized several times? What happens when, as you described, the enzyme protein is not released from the ribosome?

HALVORSON: The stability of messenger RNA must vary widely, from the examples of continued protein synthesis in enucleated cells to bacteria where protein synthesis continues for only a few minutes after RNA synthesis is blocked and in which messenger RNA is also degraded after a few minutes. Based on the amount of RNA and protein formed and the lability of messenger RNA, the latter must be reutilized a number of times. One interesting type of control mechanism would be the production of specific messenger RNA's with different stabilities.

We have no evidence on the fate of ribosomes with stuck enzymes. The phenomenon must have some degree of specificity, or the growth rate of the culture would decline as ribosomes gradually accumulated bound protein and enzymes.

BRACHET (Brüssel): In acetabularia also, messenger RNA's must have a long life in order to explain the considerable synthesis of a number of specific enzymes (during several weeks) in the absence of the nucleus. We recently found that the synthesis of one enzyme stops immediately after the removal of the nucleus: it is an acid phosphatase which is bound to the ribosomes. The behavior of this ribosomal enzyme is thus entirely different from that of chloroplastic and soluble enzymes.

FISCHER (Frankfurt): Ich bitte, mir zu helfen eine Brücke zu bilden, zwischen dem, was wir eben über Bakterien und Hefen gehört haben und der Morphogenese in höheren Organismen. Bei Bakterien und Hefen, deren Hauptaufgabe in der ständigen Autoreproduktion liegt, scheinen sehr viele Enzyme durch Permeasen bzw. Suppressoren kontrolliert. Trifft dies in gleichem Maße für die Gewebe in höheren Organismen zu, und wenn ja, für welche Enzyme.

HALVORSON: There is little evidence on the specific regulatory mechanisms in higher organisms. Although mechanisms such as I have described may exist, speculation on morphogenesis must await further studies in higher organisms. I would like to make one comment regarding permeases. Although these are themselves regulatory systems in microorganisms, permeases do not appear to effect the specificity of induction or repression.

KARLSON: Ich darf Herrn FISCHER fragen, ob ich ihn mißverstanden habe, denn ich sehe im Augenblick nicht, warum die schnelle Zellteilung bei Hefen und Mikroorganismen etwas zu tun haben soll mit der genetischen Kontrolle der Enzyme. Die Dinge, die wir hier haben, vollziehen sich doch im Interphasekern, nicht während der Zellteilung. Während der Zellteilung vermehrt sich die DNS. Im Interphasekern kontrolliert sie die Enzyme, und das ist natürlich bei einer langsamen Zellteilung genau so gut möglich wie bei einer schnell vor sich gehenden Zellteilung. Ich werde in meinem Vortrag heute nachmittag noch einige Beispiele dafür geben, daß wahrscheinlich auch bei höheren Organismen — jedenfalls bei Insekten, wenn diese bei Ihnen schon als höher gelten — solche Enzyme gebildet werden.

KATTERMANN (Freiburg): I would like to ask two questions concerning the inhibitory effect of glucose on enzyme induction:

1. Which concentrations of glucose were used during your experiments?
2. Do you have any idea by which mechanism this inhibition is brought about?

In experiments carried out with Dr. SLOWINSKI at Paris on the induction of cytochrome oxidase and other aerobic enzymes during aeration of anaerobically grown yeast we could also find an inhibitory effect of glucose (0.1 M) on the formation of respiratory enzymes.

HALVORSON: At concentrations above 10^{-3} M, glucose inhibits β-glucosidase synthesis in *Saccharomyces dobzanskii* whereas below 10^{-3} M it induces enzyme synthesis. The mechanism of the glucose effects is still not clear. Dr. MACQUILLEN observed in our laboratory that the inhibition of enzyme synthesis by glucose corresponded with an inhibition of succinate oxidation and a shift in metabolism from one predominently dependent upon the tricarboxylic acid cycle to one involving the glyoxylic acid cycle.

Cytologische Aspekte der Informationsübertragung von den Chromosomen in das Cytoplasma

Von

Wolfgang Beermann

Max-Planck-Institut für Biologie, Tübingen

Mit 12 Abbildungen

Die Embryonalentwicklung der höheren, vielzelligen Organismen zeigt besonders deutlich, daß die einzelne Zelle über Kontrollinstanzen verfügt, die in der Lage sind, die Realisierung bestimmter genetischer Potenzen zu fördern und die Realisierung anderer zu unterdrücken. In dieser selektiven Auswertung der genetischen Information durch Zellen, die primär als genetisch identisch angesehen werden müssen, liegt ja das Geheimnis der Differenzierung. Da Aufbau und Leistungen der differenzierten Zelle letzten Endes immer Funktionen ihrer Proteine sind, und da die strukturelle Information zur Synthese von Proteinen in den Chromosomen gespeichert ist, kann man den Vorgang der Differenzierung als Folge von Regulationsprozessen betrachten, die, indem sie in die Informations-Übertragung eingreifen, die Synthese bestimmter Proteine spezifisch induzieren und die Synthese anderer hemmen.

Die Vorgänge der Informationsübertragung umfassen nach unserer heutigen Kenntnis die Transskription der Nucleotidsequenzen der DNS in solche der RNS und deren weitere Transskription in die Aminosäure-Sequenzen der Proteine. Würden alle Chromosomenorte in gleichem Ausmaß und in gleichem Rhythmus Information produzieren, so ließen sich die Syntheseraten der Proteine nur verschieben (1) durch spezifische Blockierung, Zerstörung oder Aktivierung bestimmter Typen von informationsübertragenden RNS-Molekülen, oder (2) dadurch, daß bestimmte Arten von "messenger"-Molekülen selektiv zur Selbstvermehrung angeregt würden. Die erste Alternative führt zu absurden Konsequenzen — sie erfordert die fortdauernde Produktion spezifischer Hemm- oder Aktivierungssubstanzen, deren Entstehung ihrerseits wieder durch weitere derartige Substanzen kontrolliert sein müßte usw.; für die zweite Alternative — Selbstvermehrung von RNS — gibt es, außer bei Viren, kein Beispiel. Kernlose Zellen synthetisieren niemals hochmolekulare RNS (z. B. RICHTER, 1957; PRESCOTT, 1960). Die Möglichkeit, den Zellkern bzw. die Chromosomen von der Kontrolle der Proteinsynthese und damit von der Kontrolle der Differenzierung ganz auszuschließen, ist also, um das mindeste zu sagen, stark eingeschränkt. Deshalb bedeutet die Entdeckung eines Regulationsmechanismus, der die Proteinsynthese auf der Ebene des Genoms und unter seiner Mitwirkung kontrolliert, einen Fortschritt auch für die Entwicklungsphysiologie: In ihren Untersuchungen an *E. coli* haben JACOB und MONOD (1961) wahrscheinlich gemacht, daß die die Enzymsynthese regulierenden Prinzipien, Induktoren wie Repressoren, in den Vorgang der "messenger"-Produktion unmittelbar am Genom eingreifen. Soweit die Chromosomen- und Zellkernphysiologie mit der Abrufung, der Produktion und dem Transport der genetischen Information zu tun hat, gewinnt sie also für das Differenzierungsproblem zentrale Bedeutung.

I. Morphologische Differenzierungsvorgänge in Interphase-Chromosomen: Variable „Puff-Spektren" der Riesenchromosomen

Daß das Genom sich an der Zelldifferenzierung beteiligt, ist öfter erwogen worden. Dieser Gedanke ergibt sich fast zwangsläufig aus cytologischen und cytochemischen Beobachtungen an einem Modellsystem, mit dem wir uns seit mehreren Jahren beschäftigen, den polytänen Riesenchromosomen in den hochdifferenzierten Riesenzellen bestimmter Organe von Dipterenlarven (BEERMANN, 1952a, 1952b; MECHELKE, 1953; BREUER und PAVAN, 1955). Die Riesenchromosomen können mindestens die 10fache Länge und mehr als das 10000fache des Querschnitts normaler, einwertiger Ruhekernchromosomen erreichen. Nach der von KOLTZOFF (1934) begründeten und vor allem durch Untersuchungen von BAUER (1935) und BRIDGES (1935) gestützten Auffassung handelt es sich um „polytäne", nach Art eines Kabels innerlich vielwertige Gebilde, die durch schrittweise Verdoppelung von ursprünglich nur 2 Chromatiden entstanden zu denken sind (Abb. 1).

Ihrer Entstehungsweise nach sind also die Riesenchromosomen trotz ihrer ungewöhnlichen Dimensionen den gewöhnlichen Ruhekernchromosomen gleichwertig, insbesondere in ihrem Gehalt an genetischer Information, in der Anordnung des genetischen Materials und wahrscheinlich auch in bezug auf ihre genphysiologischen Funktionen. Sie sind wie gewöhnliche Interphase-Chromosomen in einen Kern

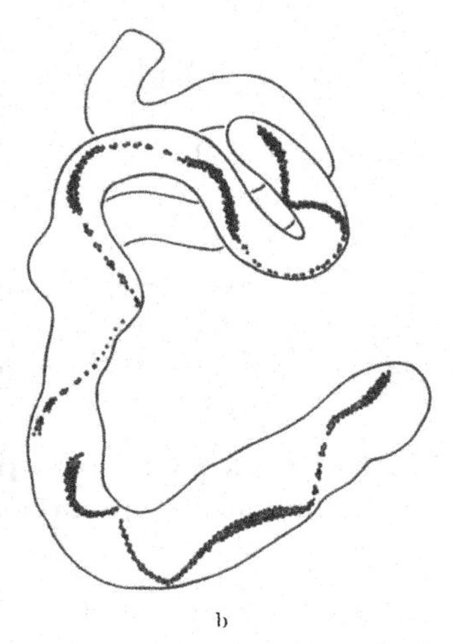

a b

Abb. 1 a u. b. Autoradiographie eines Speicheldrüsen-Chromosoms von *Chironomus*, in welchem nur ein einzelner Strang markiert erscheint. ^{3}H-Thymidin wurde in die mitotischen Chromosomen des Embryos eingebaut; die Embryonen wurden zu Larven herangezogen, deren polytäne Chromosomen dann präpariert wurden. Expositionszeit des Radiogramms: 2 Jahre. Beweis für die Identität der Fibrillen des Riesenchromosoms mit mitotischen Chromatiden

mit Nucleolen eingeschlossen. Daß die Riesenchromosomen in ihrem Chromomerenbau die Gliederung der mitotischen Chromosomen widerspiegeln, aus welchen sie hervorgegangen sind, schien seit langem ausreichend dadurch belegt zu sein, daß homologe Riesenchromosomen aus verschiedenen Zellkernen des gleichen Individuums bis in alle Einzelheiten identisch gemustert sind (Heitz u. Bauer, 1933). Allerdings bezog sich diese Feststellung immer nur auf Zellkerne eines und desselben Organs, meist der Speicheldrüse. An diesem Punkte setzte vor einigen Jahren, ausgelöst durch entwicklungsphysiologische Überlegungen, die Kritik ein: Wäre es nicht denkbar, daß jedes Organ und jeder Zelltyp in seinen Chromosomen ein anderes, für ihn charakteristisches Chromomeren-Muster ausbildet? Die Beobachtungen, die zur Stützung derartiger Gedankengänge zitiert wurden, und die schließlich in der Leugnung jeglicher Musterkonstanz gipfelten, konnten aus technischen Gründen freilich kaum ernst genommen werden (SENGÜN u. KOSSWIG, 1947). Die Aussagen bezogen sich auf die Chromosomen in verschiedenen Organen von *Chironomus*. Ich habe mich bemüht, diese prinzipiell wichtige Frage — bleibt das Chromomeren-Muster konstant, oder differenzieren sich verschiedene Muster heraus? — durch Untersuchungen am gleichen Objekt zu klären.

Bei *Chironomus*-Larven lassen sich die Riesenchromosomen aus mindestens 4 verschiedenen Organen, den Speicheldrüsen, den Malpighischen Gefäßen, dem Rectum und dem Mitteldarm, studieren. Die Chromosomen sind in allen Organen etwa gleich lang, aber den Zellgrößen entsprechend, verschieden dick. Das Ergebnis der vergleichenden Untersuchung war in zweierlei Hinsicht positiv. Zunächst einmal erwies sich die Querscheibengliederung, d. h. die spezifische Sequenz von dickeren und dünneren, DNS-reichen bzw. DNS-armen Musterelementen für jedes Chromosom als unveränderlich. Von ungefähr 300—400 Querscheiben pro Chromosom sind mindestens 70% ihrer Lage und ihrer Dicke nach in allen untersuchten Organen mühelos zu identifizieren. Den Rest bilden in erster Linie die feinsten Musterelemente, deren Erkennbarkeit natürlich variiert, oder aber, und damit wird das zweite Ergebnis der Untersuchung berührt, diejenigen Querscheiben, die in aufgelockerte und aufgeblähte Chromosomenbereiche einbezogen sind. Die Lage dieser aufgelockerten Bereiche, die als „puffs" bezeichnet werden, wechselt — das ist besonders bemerkenswert — von Organ zu Organ (Abb. 2). Daneben mögen ganz vereinzelt auch Umbauten in der Chromomerengliederung selbst vorkommen, doch bedürfen diese seltenen Fälle noch eingehender Untersuchung (BEERMANN, 1962).

Mit diesen Beobachtungen war die Möglichkeit aufgezeigt, daß Chromosomen sich differenzieren, und zwar ohne daß sich an ihrer genetisch festliegenden Chromomeren-Gliederung etwas ändert. Die Differenzierung scheint eine Funktion einzelner Musterelemente, der Chromomeren oder Querscheiben, zu sein. Normalerweise bildet die einzelne Querscheibe des Riesenchromosoms im optischen Schnitt einen scharf begrenzten Streifen hoher DNS-

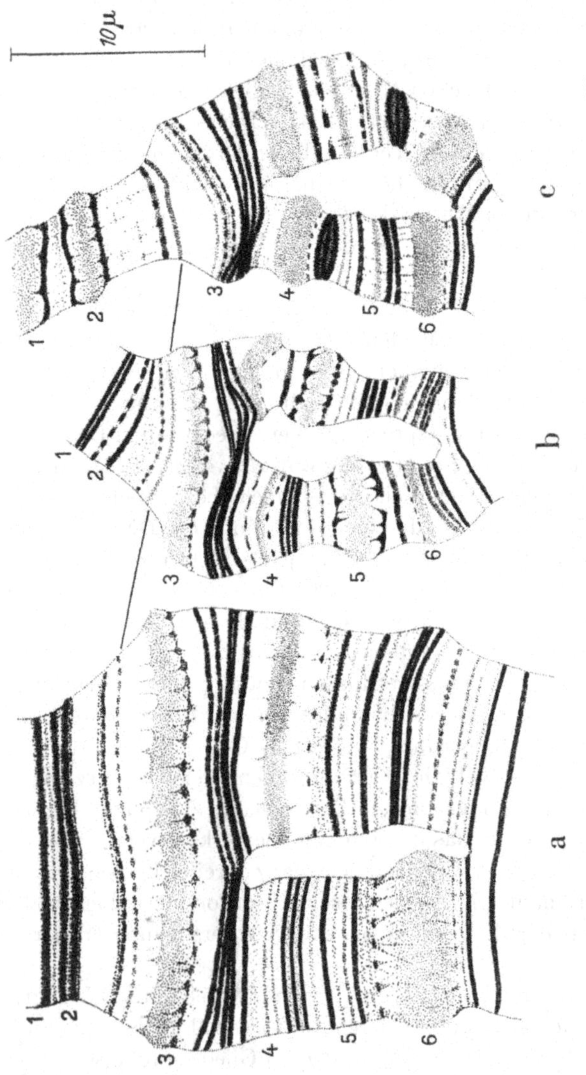

Abb. 2. Organspezifische Unterschiede in der Verteilung und Größe von „Puffs" (1—6) in Riesenchromosomen von *Chironomus* (vgl. Text). Dargestellt ist ein Chromosomen-Abschnitt, der durch einen genetischen Unterschied in der Chromomeren-Folge des väterlichen und des mütterlichen Partners (heterozygote Inversion) zusätzlich gekennzeichnet ist. Nach BEERMANN, 1952a

Konzentration. Im Zuge des "puffing" lockert sie sich auf und schwillt an; die DNS-Konzentration vermindert sich, und die scharfen Konturen gehen verloren. Es gibt alle Grade des puffing, angefangen von der nur leicht „diffusen“ Querscheibe bis hin zum riesigen „Balbiani-Ring“, der mehr als das Doppelte des normalen Chromosomen-Durchmessers erreichen kann (vgl. Abb. 7). Auch die größten Puffs lassen sich aber über morphologische Zwischenstufen letzten Endes immer auf die Anschwellung eng umgrenzter Chromosomenbereiche zurückführen, die sich ihrer Ausdehnung und Lage nach ungefähr mit einzelnen Chromomeren decken.

Strukturell wird das "puffing" als Entfaltungs- oder Entspiralisierungsvorgang verständlich, der sich in allen die Querscheibe zusammensetzenden Einzel-Chromomeren gleichzeitig vollzieht. Man kann sich vorstellen, daß das einzelne Chromomer einen eng zusammengefalteten oder -gerollten Faden von Desoxyribonucleo-Histon darstellt, der sich beim puffing mehr oder minder weit zu einer Schleife entfaltet. In den Balbiani-Ringen von *Chironomus* ist die Schleifenbildung direkt beobachtbar (BEERMANN u. BAHR, 1954); besonders schön zeigt sie sich bei einem ganz anderen Objekt, den Lampenbürsten-Chromosomen der Amphibien, bei wahrscheinlich dem puffing verwandten Phänomenen (GALL, 1954). MECHELKE (1959) führt Beobachtungen an, die dafür sprechen, daß zwischen der Dicke der Chromomeren, bzw. ihrem DNS-Gehalt, und der maximalen Größe der aus ihnen entstehenden Puffs eine Korrelation besteht. Die Dicke der Chromomeren in den Riesenchromosomen schwankt übrigens zwischen 0,1 μ und etwa 0,5 μ. Der DNS-Gehalt der dünnsten Chromomeren entspricht, auf das Einzelelement umgerechnet, gerade 50000 Nucleotidpaaren (RUDKIN et al., 1956); die dickeren Querscheiben enthalten wahrscheinlich geradzahlige Vielfache dieser DNS-Menge.

Mit den Änderungen in der Feinstruktur, die wir beim puffing der Chromomeren beobachten, verbinden sich regelmäßig auch Änderungen in ihrem Chemismus. Bei zunehmender Auflockerung sammelt sich in den Puffs ein nicht-basisches Protein an, das sich im Gegensatz zu den normalen Chromosomenproteinen, den Histonen, auch im schwach sauren p_H-Bereich mit sauren Farbstoffen, wie Lichtgrün, anfärbt (Abb. 3). Außerdem läßt sich in den Puffs, im Gegensatz zu normalen Querscheiben, immer Ribonucleinsäure nachweisen, oft sogar in großer Menge (vgl. Abb. 3)*.

* Bestimmte Puffs in den Speicheldrüsenchromosomen von Sciariden sind auch durch eine Vermehrung der DNS gekennzeichnet (RUDKIN u. CORLETTE, 1957). Hier handelt es sich aber eindeutig um Sonderfälle.

Hierin deutet sich der gen-physiologische Charakter des puffing bereits an. Die Beziehung zur Gen-Funktion drängt sich aber besonders dann auf, wenn man sich die Variabilität des puffing vor Augen führt. Diese Variabilität ist, wie schon erwähnt wurde, nicht zufällig, sondern hängt gesetzmäßig mit der Zelldifferenzierung zusammen.

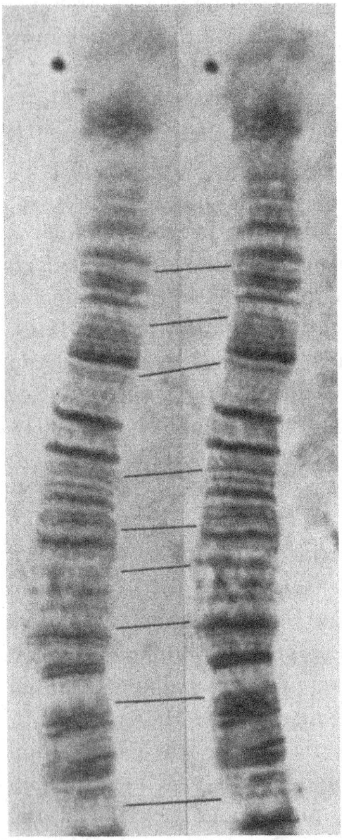

Abb. 3. Das Spektrum des puffing (Hinweislinien) in einem Speicheldrüsen-Chromosom von *Chironomus*, nach Anfärbung der Puffs mit Lichtgrün. Links im Grünlicht, rechts im Rotlicht photographiert

Jedes Organ, jedes Gewebe, oder jeder Zelltyp sind durch bestimmte Varianten in der Verteilung und in der Größe der Puffs ihrer Chromosomen gekennzeichnet: man spricht deshalb am besten von der Differenzierung verschiedener „Puff-Spektren“. Dabei gilt für den einzelnen Puff nicht unbedingt die ausschließliche Bindung an einen Zelltyp: dieselbe Querscheibe ist oft in mehreren Organen zum Puff umgewandelt (vgl. Abb. 2, Loci 3 und 6). Das folgt schon aus der relativ großen Anzahl von Querscheiben, die in den einzelnen Organen Puffs bilden (10—20%). Allerdings kann derselbe Puff, im Verhältnis zu den anderen Puffs und unabhängig von ihnen, in verschiedenen Organen eine verschiedene „typische“ Größe erreichen (vgl. Abb. 2, Loci 4, 5, 6). Völlig eindeutig wird die Beziehung des puffing zur Zelldifferenzierung dann, wenn man nicht einzelne Chromosomenorte, sondern den Chromosomensatz als Ganzen betrachtet. Selbst verschiedene Zellarten ein- und desselben Organs, z. B. die Zellen in verschiedenen Drüsenlappen der Speicheldrüsen (Abb. 4) oder in funktionell verschiedenen

Abschnitten der Malpighischen Gefäße, sind durch ihre Puffs unzweideutig charakterisiert (BEERMANN, 1952b, 1959; MECHELKE, 1953; BECKER, 1959). Dabei beschränkt sich gerade die Bildung von großen Puffs im einzelnen Chromosomen-Ort oft nur auf einen einzelnen Zelltyp.

Bei diesem Sachverhalt erscheint es fast selbstverständlich, daß auch phasenspezifische Änderungen des Puff-Spektrums beobachtet werden (Abbildung 5), so wie das Puffspektrum überhaupt

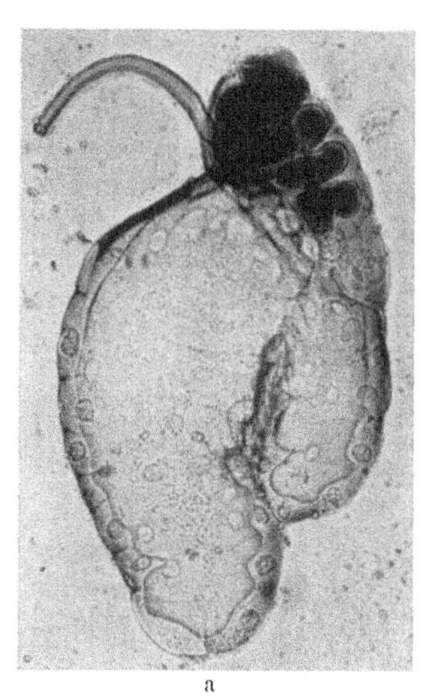

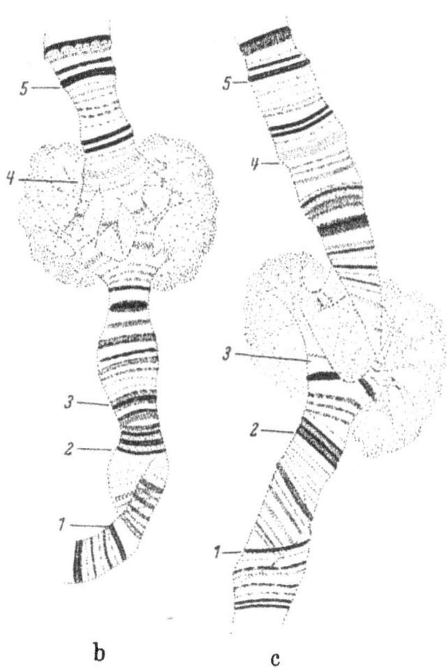

Abb. 4. Korrelation von funktioneller und chromosomaler Differenzierung innerhalb ein und desselben Organs. *a* Speicheldrüse von *Acricotopus* (Chironomidae) mit einem dunkelbraunen, Karotinoide enthaltenden Sekret, das allein im Vorderlappen der Drüse auftritt (nach MECHELKE, 1953). *b*, *c* ein Abschnitt des zweiten Speicheldrüsen-Chromosoms von *Trichocladius* (Chir.), *b* aus dem Hauptteil der Drüse und *c* aus dem Vorderlappen, mit für den jeweiligen Drüsenteil spezifischen Puffs (Balbianiringen) in verschiedener Lage (nach BEERMANN, 1952)

auf alle Umstellungen des Zellstoffwechsels empfindlich zu reagieren scheint. Das Studium dieser Veränderungen beweist, daß das puffing, selbst in den größten Puffs, völlig reversibel ist (MECHELKE, 1953); ferner vermittelt es einen Begriff von der Geschwindigkeit, mit welcher neue Puffs induziert werden (vgl. Abb. 10). Bei jeder Häutung, vor allem aber in der Metamorphose, beobachtet man

Rückbildungen neben Neubildungen von Puffs in gesetzmäßiger Abfolge, oft schon in stündlichen Intervallen; manche Puffs kommen überhaupt nur für kurze Zeit zum Vorschein, wie es Breuer und Pavan (1955) an *Rhynchosciara*, Becker (1959) an *Drosophila* und Clever (1961) für *Chironomus* demonstriert haben.

Die morphologischen Befunde führen in ihrer Gesamtheit also zu dem folgenden Schluß: Im Zusammenhang mit der Differenzierung der ganzen Zelle differenzieren sich auch die Chromosomen, zumindest im Interphasekern. Die Differenzierung ist reversibel und geht auf autonome Strukturmodifikationen einzelner Chromomeren zurück. Verschiedene Differenzierungszustände der Zelle sind durch verschiedene Puff-Spektren gekennzeichnet. Von dieser Regel macht nur ein Chromosomenort eine bezeichnende Ausnahme: der Bildungsort oder "organizer" des Nucleolus. Dieser ist in allen untersuchten Zelltypen stets der gleiche. Ich komme noch darauf zurück.

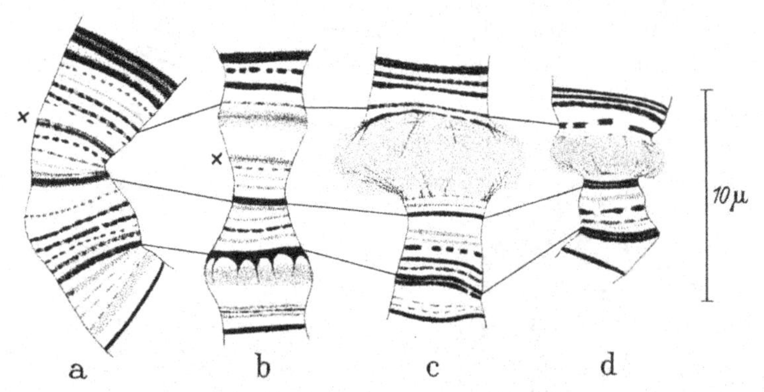

Abb. 5. Phasenspezifische Änderungen im Spektrum des puffing innerhalb eines kurzen Abschnitts im Chromosom 3 von *Chironomus*. *a*, *b* aus Rectum und Malpighischen Gefäßen der Larven-Stadien; *b*, *c* aus Rectum und Malpighischen Gefäßen der Vorpuppen. Der Entstehungsort des großen Puffs ist links durch ein × markiert

II. „Puff-Spektren" als Aktivitätsspektren der chromosomalen RNS-Synthese

Die chromosomale Differenzierung in der Form, wie wir sie in unserem Modellobjekt, den Riesenchromosomen, beobachten, fordert natürlich zu einer genetisch-physiologischen Deutung heraus. Es erscheint undenkbar, daß sie etwa lediglich ein vom Chemismus der Zelle gesteuertes Epiphänomen ohne physiologische Konsequenzen darstellt, denn dazu sind die morphologischen und chemischen Änderungen, die das puffing ausmachen, viel zu auffällig. Unabhängig von den modernen Erkenntnissen über die Regulation der Protein-Synthese und ohne den Mechanismus der Informations-Übertragung im einzelnen zu diskutieren, kann man etwa die folgende Hypothese formulieren (BEERMANN, 1952a, b): Das puffing bedeutet die „Aktivierung" von Genen, und Puff-Spektren sind der Ausdruck einer „differentiellen Aktivierung" des Genoms. Inzwischen sind wir in der Lage, für diese Ansicht einige biochemische und experimentell-genetische Argumente vorzubringen.

Wir haben zunächst ganz allgemein die Frage geprüft (vgl. PELLING, 1959), ob sich den Zellkernen der *Chironomus*-Speicheldrüsen, dem Nucleolus, und insbesondere den Riesenchromosomen und ihren Puffs synthetische Funktionen zuschreiben lassen, die man mit den Vorgängen der Informations-Abgabe und -Übermittlung in Verbindung bringen könnte. Als solche Prozesse kämen in Frage: (1) Neusynthese von hochmolekularer informationsübertragender "messenger"-RNS, (2) Neusynthese von hochmolekularer Ribosomen-RNS, (3) Neusynthese von „löslicher" Aminosäure-Transfer-RNS, und schließlich (4) Synthese von Proteinen, die u. U. als Vehikel für messenger-RNS oder für Ribosomen-RNS dienen könnte, evtl. (5) auch die Direktsynthese von Proteinen am Chromosom, ohne Vermittlung von RNS. Die Speicheldrüsen-Zelle ist als System für die Prüfung solcher Fragen besonders geeignet, weil sie stetig große Mengen von Sekretproteinen produziert (s. u.) und dazu wahrscheinlich, wie ich noch zeigen werde, des andauernden Nachschubs von spezifischer Information aus dem Zellkern bedarf.

Injiziert man den *Chironomus*-Larven als Protein-Vorstufen C^{14}- oder Tritium-Aminosäuren, so ist das Ergebnis, was den Kern und die Chromosomen betrifft, wenig ermutigend. Während die Aktivität des Cytoplasmas in den Autoradiographien schon wenige Minuten nach der Injektion ein Maximum erreicht, bleiben die Kerne noch nach 2 Std praktisch unmarkiert (Abb. 6). Erst wesentlich längere Inkubationszeiten führen bei unserem Objekt zu deutlicher Markierung von Chromosomen und Nucleolus.

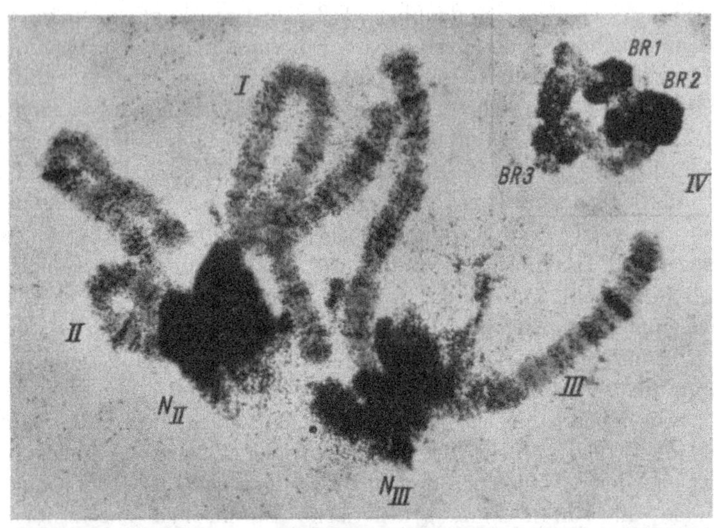

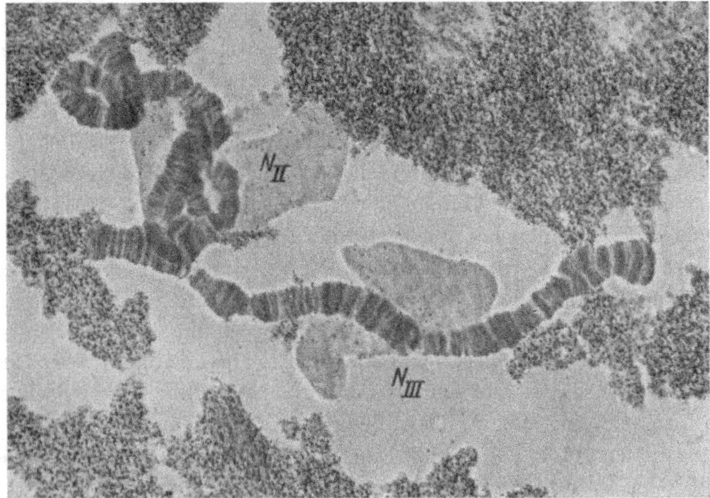

Abb. 6. Autoradiographien von Alkohol-Eisessig-fixierten und in 50%iger Essigsäure zerquetschten Speicheldrüsen-Zellen von *Chironomus*. Oben: Nach Injektion von ^{3}H-Uridin (spez. Akt. 0,6 C/mM; etwa 1 μC pro Larve); Inkubationszeit 1 Std. Das Einbau-Spektrum in den Chromosomen (I—IV) entspricht dem Spektrum des puffing. Stärkster Einbau in den größten Puffs (BR1—BR3); daneben auch Einbau in den Nucleolen (N II u. N III). Wenig Einbau im Cytoplasma. Unten: Nach Injektion von ^{3}H-Leucin (spez. Akt. 0,1 C/mM; etwa 3 μC pro Larve); Inkubationszeit 2 Std. Kein Einbau in Chromosomen und Nucleolen; starker Einbau im Plasma

Damit bestätigen sich die Angaben von anderen Autoren (z. B. FICQ, 1955; ZALOKAR, 1960a; SIRLIN, 1960), die einen Einbau von Aminosäuren in den Zellkern ebenfalls mit deutlicher Verspätung gegenüber dem Cytoplasma gefunden haben. Die absoluten Zeiten sind natürlich je nach dem Objekt, der Inkubationsmethode und der spezifischen Aktivität der Aminosäuren, verschieden. Ob es sich bei diesem zögernden Einbau um die Neusynthese von Proteinen handelt, wie MIRSKY et al. (1956) auf Grund ihrer Einbauversuche an isolierten Thymus-Zellkernen annehmen, oder ob hier lediglich ein Austausch von Aminosäuren oder, noch einfacher, der Transport von cytoplasmatischem Protein in den Zellkern zugrundeliegt, können wir nicht entscheiden und haben wir nicht untersucht. ZALOKAR (1960b) hält einen Protein-Transport in den Kern durch Diffusion für unwahrscheinlich, weil bei *Neurospora* nach 15 sec Einbau Kern und Ergastoplasma eine höhere Protein-Markierung aufweisen als das Hyaloplasma. Auf der anderen Seite hat GOLDSTEIN (1958) den Transport von markiertem Protein von einem Kern in den anderen direkt beobachtet. Wie unsere Bilder zeigen, würde die eventuelle intranucleäre Proteinsynthese jedenfalls keine Beziehungen zum Spektrum der Puffs oder zum Nucleolus aufweisen; sie ist statistisch über die Chromosomen und den Nucleolus verteilt. Entgegengesetzte Angaben von SIRLIN und KNIGHT (1960) können wir nicht bestätigen. Dem intranucleären Protein können also höchstens Hilfsfunktionen bei der Informationsübertragung zugesprochen werden.

Ganz anders verhält es sich mit der RNS-Synthese. Die Injektion von Tritium-Uridin oder Tritium-Cytidin hoher spezifischer Aktivität (~ 1 C/mMol) kann schon nach wenigen Minuten zu einem Einbau in den Zellkern der Speicheldrüsenzellen führen (Abb. 6). Die Aktivität verstärkt sich im Lauf der ersten beiden Stunden noch beträchtlich, besonders im Nucleolus, während sie im Cytoplasma nur ganz langsam ansteigt: Man erhält gewissermaßen ein komplementäres Bild zum Aminosäure-Einbau. Die Speicheldrüsen-Präparate werden im Zuge der Präparation mit Wasser und mit verdünnten Säuren (Essigsäure, zur Kontrolle auch mit kalter TCA) behandelt. Auf der anderen Seite zeigen mit Ribonuclease behandelte Präparate keine Aktivität. Es muß sich also um den Einbau in hochmolekulare RNS handeln. Einbau in die DNS nach Injektion von Tritium-Uridin haben wir in Speicheldrüsen nicht festgestellt.

Dies allgemeine Resultat hat sich unabhängig von unserem Befund auch bei der Untersuchung anderer Systeme und bei Verwendung anderer Methoden immer wieder bestätigt; ich erinnere nur an die älteren Arbeiten von McMASTER und TAYLOR (z. B. 1958) mit P^{32} und C^{14}-Adenin, und die neueren von WOODS und TAYLOR (1959) mit H^3-Cytidin an Speicheldrüsenzellen von

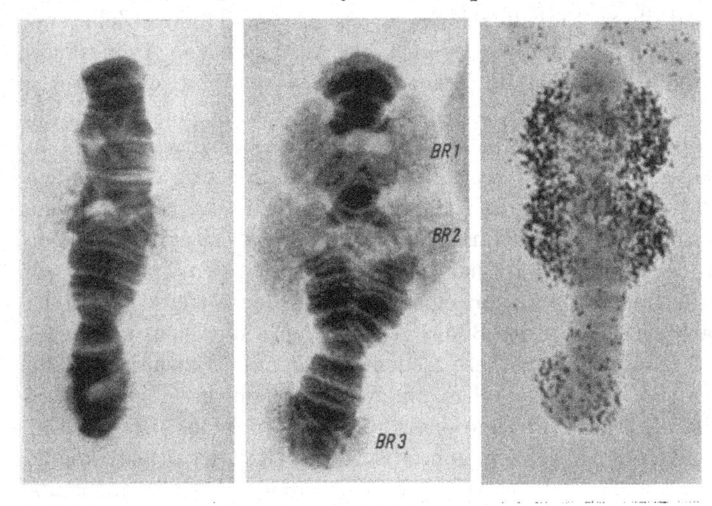

Abb. 7. Die 3 Balbiani-Ringe (BR1—BR3) im kurzen Speicheldrüsen-Chromosom von *Chironomus tentans*. Links: Feulgen-Reaktion zur Darstellung der DNS; Mitte: Karminessigsäure, zusätzliche Darstellung der RNS; rechts: Einbau von ^{3}H-Uridin, Autoradiogramm

Drosophila und an pflanzlichem Material, oder an die hübschen Befunde von ZALOKAR (1960a, b) an *Drosophila*-Nährzellen und an zentrifugierten Neurospora-Hyphen, oder auch an die Experimente von GOLDSTEIN und PLAUT (1955), sowie von PRESCOTT (1960) an Amöben. Immer ist es der Zellkern und besonders der Nucleolus, der zuerst die RNS-Vorstufen einbaut und der sich damit, ebenso wie in Amputations- oder -Transplantationsversuchen (GOLDSTEIN und PLAUT, PRESCOTT) als der ausschließliche Syntheseort von hochmolekularer RNS erweist.

Das entscheidende Resultat unserer autoradiographischen Arbeit ist aber nicht der Nachweis der chromosomalen RNS-Synthese an sich, sondern die Topographie dieses Einbaues innerhalb der Chromosomen. Das RNS-Synthese-Spektrum in den Riesenchromosomen stellt nämlich ein getreues Abbild des Puff-Spektrums dar: Am stärksten und am schnellsten bauen die Balbiani-Ringe ein (Abb. 7), dann die Puffs der verschiedenen Größenklassen; dagegen lassen normale Querscheiben oft überhaupt keinen Einbau erkennen. Diese Befunde werden durch die Untersuchungen von SIRLIN (1960) an *Smittia* bestätigt. Die Autoradiographie ist selbstverständlich kein verläßliches Werkzeug für quantitative Untersuchungen (vgl. PERRY et al. 1961); doch soviel sieht man auf jeden Fall: Die RNS-Synthese ist innerhalb der Chromosomen auf bestimmte Orte, die Puffs, konzentriert, wobei die relative Größe der einzelnen Puffs ungefähr die relativen Syntheseraten anzeigt. Die Frage, ob die Aktivität einzelner Genorte bis auf Null absinken kann, oder ob eine Minimum-Aktivität stets eingehalten wird, wie es das Studium der Lampenbürsten-Chromosomen von Amphibien nahelegt (GALL und CALLAN, 1962), bleibe hier unerörtert. In jedem Falle tragen verhältnismäßig wenige (10—30%), und in jedem Zelltyp andere Chromosomenorte, die Hauptlast der chromosomalen RNS-Synthese. Eine Ausnahme macht hier wieder der Nucleolus, bzw. sein chromosomaler Bildungsort; er produziert in allen Organen RNS. Hierauf komme ich gleich zurück.

III. Die Natur der chromosomalen RNS

Die These der differentiellen Gen-Aktivierung wäre bewiesen, wenn gezeigt würde, daß die in den Puffs produzierte hochmolekulare RNS als Information-Übermittler, als "messenger" wirkt. Dafür gibt es vorläufig nur Indizien. EDSTRÖM in Göteborg hat eine Ultra-Mikromethode zur Bestimmung der Basen-Zusammensetzung von Nucleinsäuren entwickelt, die es erlaubt, von 10^{-10} bis 10^{-9} g RNS verläßliche Basen-Analysen zu machen (EDSTRÖM, 1960a, b). Auf *Chironomus*-Speicheldrüsen umgerechnet, bedeuten 10^{-9} g RNS etwa 5 Nucleolen, bzw. 20 lange Chromosomen, bzw. 50 der größten Puffs (Balbianiringe) pro Analyse. Für die cytoplasmatische RNS reicht bereits eine halbe Zelle. Wir haben in Zusammenarbeit mit EDSTRÖM (EDSTRÖM u. BEERMANN, im Druck) die Basenzusammensetzung der RNS des Cytoplasmas und der folgenden Kernbestandteile von fixierten Speicheldrüsenzellen von *Chironomus* ermittelt: Nucleolen, ganze

Tabelle 1. *Basenzusammensetzung der RNS aus verschiedenen Zellbestandteilen von Chironomus-Speicheldrüsenzellen*
Mittelwerte der molaren Proportionen, ausgedrückt als % der Summe (± einf. mittl. Fehler des Mittels)

	Adenin	Guanin	Cytosin	Uracil	A/U	G + C %	n
Chromosom I	29,4 ±0,5	19,8 ±1,0	27,7 ±0,8	23,1 ±0,6	1,27	47,5	4
Chromosom IV							
oberes Drittel (BR 1)	35,7 ±0,6	20,6 ±1,7	23,2 ±1,2	20,8 ±0,8	1,72	43,8	5
mittleres Drittel (BR 2)	38,0 ±0,6	20,5 ±0,6	24,5 ±0,6	17,1 ±0,6	2,22	45,0	6
unteres Drittel (BR 3)	31,2 ±2,2	22,0 ±2,0	26,4 ±1,9	20,2 ±1,4	1,54	48,4	3
Nucleolen	30,6 ±0,8	20,1 ±0,5	22,1 ±0,6	27,1 ±0,6	1,13	42,2	13
Cytoplasma	29,4 ±0,4	22,9 ±0,3	22,1 ±0,4	25,7 ±0,3	1,14	45,0	7
DNS Chromosom I	37,8	12,2				24,4	
Chromosom IV	35,9	14,1				28,2	

Chromosomen 1, sowie 3 Abschnitte des kurzen Chromosoms 4, die jeweils einen großen Balbianiring BR 1, BR 2 oder BR 3, enthalten (vgl. Abbildung 7). Außerdem wurde noch das Verhältnis der Purin-Basen in der DNS bestimmt. Das Ergebnis zeigt Tab. 1. Die RNS von *Chironomus* ist ebenso wie die DNS ausgesprochen reich an Adenin und (wenigstens im Cytoplasma und Nucleolus) auch an Uracil (das dem Thymin der DNS entspricht). Zwischen den verschiedenen RNS-Arten aber bestehen ausgeprägte Unterschiede: Während die cytoplasmatische RNS und die Nucleolen-RNS nahezu symmetrisch aufgebaut erscheinen und außerdem sehr ähnlich zusammengesetzt sind, weist die chromosomale RNS erhebliche Asymmetrien auf, vor allem im A/U-Verhältnis, aber auch im Verhältnis G/C, letzteres besonders im Chromosom 1. Außerdem ergeben sich noch Unterschiede zwischen den einzelnen Chromosomenteilen mit verschiedenen Puffs. Das allgemeine Resultat stimmt mit früheren Befunden von EDSTRÖM (EDSTRÖM 1960b, EDSTRÖM et al. 1961) an Spinnen- und an Seestern-Oocyten überein: Cytoplasma- und Nucleolen-RNS gleichen sich in der

Zusammensetzung, die chromosomale RNS weicht deutlich ab. Auch in Spinnen-Oocyten zeigt die Chromosomen-RNS die größte Asymmetrie (Pu/Py = 1,32).

Die in den Chromosomen und insbesondere in den Puffs synthetisierte RNS ist also zweifellos etwas Besonderes. Sie ist in jedem Puff eine andere, aber in allen Fällen durch starke Abweichungen vom 1:1-Verhältnis der Purine und Pyrimidine (besonders im A/U-Quotienten) ausgezeichnet; sie unterscheidet sich in jedem Fall — wie die "messenger"-RNS der Mikroorganismen (s. u.) — deutlich von der Hauptmasse der Zell-RNS (Ribosomen-RNS). Wenn diese chromosomale RNS den Informationsüberträger darstellt, so müßte sie, definitionsgemäß, in ihren Nucleotidsequenzen ein identisches oder ein komplementäres Abbild der DNS darstellen. Die Asymmetrie spräche dann eindeutig gegen die Möglichkeit, daß beide Stränge der DNS-Doppelhelix gleichmäßig zu der Entstehung der "messenger"-Moleküle beitragen. Es könnte sich nur um Einzelstrang-Kopien, und zwar immer um Kopien eines und desselben DNS-Einzelstranges, handeln. Dreisträngige DNS-RNS-Hybriden, in welchen sich ein RNS-Einzelstrang um die DNS-Doppelhelix herumwindet, sind stereochemisch möglich (z. B. Rich, 1959; Zubay, 1962) und bilden sich wahrscheinlich bei der Synthese von RNS in zellfreien Systemen mit doppelsträngiger DNS als *"primer"* (z. B. Chamberlin u. Berg, 1962) oder auch in der intakten Zelle (Schulman und Bonner, 1962). Der Möglichkeit, daß die informatorische RNS als spezifische Einstrang-Kopie entsteht, scheinen aber auf der anderen Seite fast alle bisherigen Analysen-Daten für sog. "messenger"-RNS zu widersprechen. Die phagen-spezifische messenger-RNS (Astrachan u. Volkin, 1958; Brenner et al., 1961) und die bakterien-eigene "informational"-RNS der verschiedensten Bakterienspecies (Hayashi and Spiegelman, 1961), die alle jeweils mit der zugehörigen DNS spezifische Komplexe bilden (Hall and Spiegelman, 1961; Hayashi and Spiegelman, 1961), sowie die vermutliche messenger-RNS der Hefe (Yças u. Vincent, 1960) besitzen sämtlich eine Basenzusammensetzung, die quantitativ ziemlich genau der zugehörigen DNS entspricht, d. h. sie sind symmetrisch und scheinen daher ein Gemisch von 2 komplementären RNS-Sorten darzustellen. Auch in isolierten Kalbs-Thymus-Zellkernen finden Sibatani, de Kloet, Allfrey und Mirsky

(1962) eine sehr schnell und intensiv einbauende RNS-Fraktion, die in ihrer Basenzusammensetzung derjenigen der Kalbs-Thymus-DNS entspricht und die deshalb ebenfalls als „Zweistrang-Kopie“ angesehen werden könnte. Die Entstehung von anscheinend „doppelten“ messengers mit komplementären Nucleotidsequenzen ist jedenfalls nicht auf Mikroorganismen beschränkt, und man muß sich fragen, wie dies mit der Asymmetrie der RNS der Puffs und Riesenchromosomen zusammenstimmt, die ja ebenso wie die "messenger"-RNS der anderen Systeme besonders schnell und intensiv einbaut.

Gegen eine artefizielle Verschiebung der Basen-Verhältnisse durch die angewandte Methode (Extraktion der in Alkohol-Essigsäure fixierten Zellteile mit Ribonuclease, Hydrolyse mit 4n-HCl, Elektrophorese, UV-Absorption) sprechen zahlreiche Kontrollen (vgl. EDSTRÖM, 1960a). Der andere Einwand, daß der Einbau keine Neusynthese, sondern die terminale Addition von Nucleotiden an eine stationäre Chromosomen-RNS repräsentieren könnte, und daß diese in unseren Analysen allein erfaßt würde, ist vorläufig durch nichts begründet und schafft nur neue Probleme. SCHOLTISSEK (1960) hat überdies gezeigt, daß in Rattenleber-Kernen neusynthetisierte RNS nicht bloß terminal, sondern durch und durch markiert ist. Als Möglichkeit sagt uns deshalb mehr die Annahme zu, daß die RNS der Puffs und Riesenchromosomen entweder primär als Einstrang-Kopie entsteht oder aber nachträglich aus einem Gemisch von komplementären RNS-Molekülen hervorgeht, etwa durch selektiven Abbau einer der beiden Polynucleotid-Sequenzen. Im ersten Fall wäre sie immer zugleich auch "messenger"; im zweiten könnte sie ebenso eine Art von „antimessenger“ darstellen, der nach dem Abtransport und Abbau der komplementären, eigentlichen messenger-Moleküle zurückbliebe. Vielleicht sind diese Spekulationen unnötig, denn die gute Übereinstimmung der Analysendaten von messenger-RNS und zugehöriger DNS kann in den bisher untersuchten Fällen auch auf einer zufälligen Übereinstimmung der Basen-Zusammensetzung des einzelnen DNS-Stranges mit derjenigen des Doppelmoleküls beruhen. BAUTZ und HALL (1962) finden in der für T_4-Phagen spezifischen RNS eine kleine, aber gut gesicherte Abweichung von der Symmetrie im G/C-Quotienten, während der G + C-Gehalt genau dem der T_4-DNS entspricht, so wie dies von einer Einstrang-Kopie zu erwarten wäre.

Daß die Puff-RNS von *Chironomus* im Gehalt an Guanin und Cytosin (G + C%) nicht mit dem der DNS übereinstimmt, braucht nicht gegen ihre messenger-Rolle zu sprechen. Die DNS-Daten gelten für ganze Chromosomen oder für den ganzen Kern, und wir wissen nicht, ob diese Daten für die einzelnen informatorisch wirksamen Chromosomen-Orte allgemein durch einen höheren G + C-Gehalt gekennzeichnet wären. ROLFE und EPHRUSSI (1961) finden eine ähnliche Relation bei Pneumococcus: Genetisch markierte transformierende DNS hat einen gegenüber dem Durchschnittswert etwas erhöhten G + C-Gehalt.

IV. Weg und Transport der chromosomalen RNS

Die chromosomale RNS-Synthese ist durch autoradiographische Untersuchungen auch an anderen Tieren und Pflanzen ohne Riesenchromosomen hinreichend belegt (TAYLOR, MCMASTER and CALUYA, 1955; FICQ, PAVAN and BRACHET, 1958; GOLDSTEIN und MICOU, 1959; PERRY et al., 1961 etc.). Ob es sich hierbei ausschließlich um informations-übertragende RNS handelt, wird, wie bei *Chironomus*, noch zu prüfen sein. Die Produktion von regulatorisch wirksamen RNS-Typen oder solchen mit Hilfsfunktionen in der Informationsübertragung könnte ebenfalls ihren Sitz in den Chromosomen haben. Die lösliche transfer-RNS wird allerdings nach WOODS (1961) möglicherweise im Plasma gebildet. Auf jeden Fall muß zumindest die informatorische RNS in den Chromosomen entstehen, und damit wird für alle weiteren Überlegungen, soweit es sich um höhere Organismen handelt, die Frage des Abtransports dieser RNS in das Cytoplasma interessant. Das genetische Material der höheren Organismen ist im aktiven Zustand stets in einen Zellkern eingeschlossen; mitotische Chromosomen produzieren keine RNS (PRESCOTT u. BENDER, 1962).

In der Diskussion des Transportweges und des Transport-Mechanismus der Chromosomen-RNS pflegt merkwürdigerweise meist nicht die Kernmembran, sondern der Nucleolus im Mittelpunkt zu stehen. Die Kinetik des Einbaues von radioaktiven Nucleosiden in die RNS der Chromosomen, des Nucleolus und des Cytoplasma hat manche Autoren dazu geführt, den Nucleolus als notwendige oder fakultative Zwischenstation auf dem Transport der chromosomalen RNS zu betrachten (z. B. GOLDSTEIN u.

Micou, 1959; Rho u. Bonner, 1961). Rho und Bonner finden beispielsweise, daß isolierte Erbsenzellkerne, die 5 min mit Tritium-Cytidin inkubiert worden waren, nach der „Abschreckung" in einem Überschuß von „kaltem" CTP noch für weitere 20 min in die nucleoläre Fraktion einbauen, während der Einbau in die Chromatin-Fraktion sofort sistiert wird. Folgende Tatsachen sprechen aber gegen den Nucleolus als Speicher, Zwischenstation, oder — was auch diskutiert wurde (Vincent, 1957; Woods u. Taylor, 1959) — als Ort einer selektiven Selbstvermehrung der chromosomalen RNS: (1) In unseren Analysen weicht die Basenzusammensetzung der nucleolären RNS erheblich von derjenigen der chromosomalen RNS ab (vgl. Tab. 1) — dieser Unterschied spiegelt sich auch in unterschiedlichen Einbauraten verschiedener Nucleoside in Nucleolus und Chromosomen (Perry et al. 1961) —; (2) in unseren autoradiographischen Bildern ist keine bestimmte Korrelation zwischen dem Einbau des Uridins in die Chromosomen oder die Puffs einerseits und die Nucleolen andererseits gegeben (auch Perry et al. finden keine Korrelation in He-La-Gewebekulturen); zudem setzt (3) der Einbau immer am chromosomalen Bildungsort des Nucleolus ein, von wo sich die markierte RNS sekundär in den Nucleolus ausbreitet (Pelling, 1959, vgl. Abb. 6; Sirlin, 1960); dies spricht für die direkte Synthese der Nucleolen-RNS am Bildungsort; (4) Embryonen ohne jeden Nucleolen-Bildungsort und damit ohne echte Nucleolen (Beermann, 1960) sterben zwar schließlich ab, ihre Zellen sind aber vorher zu komplizierten Differenzierungs- und Syntheseleistungen befähigt (Pigment-Synthese, Hämoglobinsynthese usw.); genetische Information kann also ohne Mitwirkung des Nucleolus ins Cytoplasma gelangen. Die Bedeutung des Nucleolus bzw. seines chromosomalen Bildungsortes ist daher in anderen allgemeineren Funktionen zu suchen, beispielsweise in der Synthese der ribosomalen RNS, die ja in den bisher untersuchten Fällen die gleiche Zusammensetzung hat wie die nucleoläre RNS. Dafür spricht auch die universelle Aktivität des Nucleolenbildungsortes in allen Zelltypen.

Die Puff-RNS gelangt nach unserer Anschauung unmittelbar zur Kernmembran und wird von dort ins Plasma transportiert. Für diesen Transportweg und für die Beteiligung von Proteinen am Transport haben wir einen elektronenoptischen Hinweis. In den Dipteren-Speicheldrüsenkernen sind die Chromosomen und mit ihnen auch die Puffs zwar gewöhnlich ganz frei von irgendwelchen Partikeln, die auf die Bildung von freiem Ribonucleoprotein hindeuten könnten; nur der Nucleolus ist in seinen RNS-reichen Zonen regelmäßig von ribosomen-artigen Partikeln erfüllt (z. B. SWIFT, 1959). Doch gibt es eine Ausnahme. Die zwei größten Puffs des 4. Speicheldrüsen-Chromosoms von *Chironomus*, BR 1 und BR 2 (vgl. Abb. 7), sind im elektronenoptischen Bilde stets voll von Granula, die etwa den doppelten Durchmesser von Ribosomen (300 A) besitzen. Diese 300 A-Granula, die RNS enthalten, flottieren auch im Kernsaft und werden, besonders in der Nachbarschaft der Balbianiringe, in den Poren der Kernmembran gefunden (Abb. 8). Einen Durchtritt durch die Kernmembran haben wir dagegen niemals beobachtet: Auf der cytoplasmatischen Seite der Kernmembran sieht man stets nur gewöhnliche Ribosomen. Möglicherweise ist die Passage der Kernmembran, die man wohl als aktiven Transport auffassen muß (vgl. ALLFREY et al., 1961), mit der Freisetzung der messenger-RNS verbunden, möglicherweise zerfallen die größeren Partikel auch einfach in kleinere, elektronenoptisch nicht erkennbare Untereinheiten. Daß überhaupt RNS in das Plasma übertritt, zeigen die autoradiographischen Bilder eindeutig (z. B. GOLDSTEIN u. PLAUT l. c.); daß neben der RNS auch Protein die Kerne verläßt, hat GOLDSTEIN (1958) durch die Transplantation von markierten Amöbenzellkernen nachgewiesen.

Den letzten Schritt der Information-Übertragung, die Transskription der Nucleotidsequenzen der RNS in die Aminosäure-Sequenzen der Proteine, können wir mit gewöhnlichen cytologischen Methoden vorläufig nicht weiter verfolgen. Es ist bekannt, daß dieser Vorgang an Ribosomen als strukturelles Substrat gebunden ist, wir kennen die Rolle der Transfer-RNS, die den Aminosäuren ihren Platz auf den "templates" anweist (HOAGLAND, ZAMECNIK and STEPHENSON, 1959), wir kennen die notwendigen Enzyme und Cofaktoren, und es scheint, daß sich der Prozeß im zellfreien System mit künstlichen RNS-templates kopieren läßt (NIRENBERG u. MATTHAEI, 1961). Für die differentielle Regulation der Proteinsynthese ist im Rahmen der genannten Vorgänge nur noch ein Aspekt von Bedeutung: das ist die Reaktionskinetik des Transskriptions-Vorganges. Ist dieser Vorgang als stöchiometrische Reaktion oder als Katalyse aufzufassen? Wird der "messenger", bei der Proteinsynthese verbraucht oder bleibt er stabil? Zwar schließt beides den quantitativen Zusammenhang zwischen der Synthese von messenger-RNS im Genom und der Synthese von

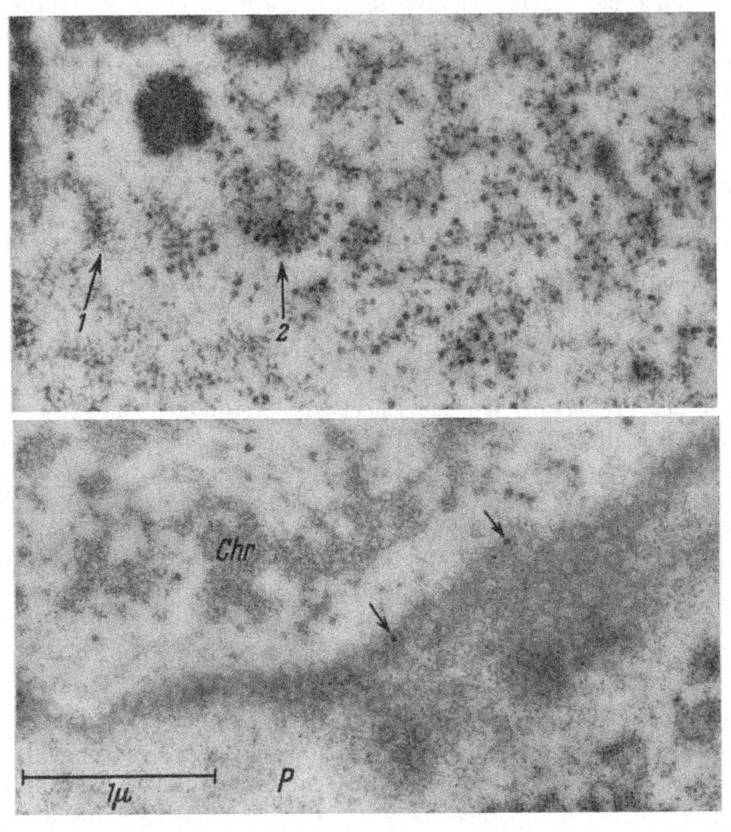

Abb. 8. Entstehung von RNS-haltigen großen Granula im Innern eines Balbianiringes (oben) und Einlagerung dieser Granula in die Poren der Kernmembran (unten, Pfeile). Zeichenerklärung: *1*, *2* = flaschenbürsten-ähnliche Abschnitte der aus den Chromomeren beim puffing entstehenden Schleifen, *1* ohne und *2* mit Granula. *Chr* = Chromosomen, *P* = Cytoplasma mit Ribosomen. Methacrylat-Dünnschnitt von OsO_4-fixiertem Material

zugehörigen Proteinen im Plasma, den die These der differentiellen Aktivierung des Genoms voraussetzt, nicht aus. Aber nur, wenn die erste Möglichkeit verwirklicht wäre, erhielte man eine genaue und nahezu trägheitslose Koppelung der beiden Syntheseraten, so wie sie die oft in wenigen Minuten anlaufenden Differenzierungsvorgänge in höheren Organismen wahrscheinlich erfordern. Deshalb können wir wohl in Analogie zu den Verhältnissen bei Mikroorganismen, wo die trägheitslose Koppelung der beiden Syntheseprozesse für einzelne Fälle experimentell bewiesen ist (z. B. GROS et al., 1961), auch für die höheren Organismen in der Regel mit dem stöchiometrischen Verbrauch der messenger-Moleküle rechnen. Unsere Analysen-Daten zeigen ja, daß zwischen der Zusammensetzung der chromosomalen RNS und der cytoplasmatischen RNS keine Verwandtschaft besteht.

V. Beziehungen zwischen bestimmten „puffs" und bestimmten Syntheseleistungen der Zelle

Die Frage, ob die Syntheseraten der Proteine mittelbar oder unmittelbar von den Syntheseraten der zugehörigen messenger-Moleküle abhängen, läßt sich in unserem System, den *Chironomus*-Speicheldrüsenzellen, direkt prüfen. Die Speicheldrüsen produzieren große Mengen eines mucoproteid-artigen Sekrets, dessen Syntheserate wahrscheinlich die Syntheserate aller anderen von der Speicheldrüsenzelle sonst produzierten spezifischen Proteine und Enzyme um ein Vielfaches übertrifft. Die zugehörigen Gen-Orte müßten sich also durch besonders hohe Syntheseleistungen und gleichzeitig dadurch auszeichnen, daß sie ausschließlich in Speicheldrüsen-Kernen aktiv sind, weil es sich bei der Sekretproduktion ja um eine spezielle Leistung der Speicheldrüsen handelt. Nun zeigen die Chromosomen der Speicheldrüsenkerne tatsächlich einige besonders große und für den Zelltyp besonders spezifische Puffs, die Balbianiringe (vgl. Abb. 4). Für einen von den Chromosomenorten ließ sich die geforderte Beziehung zur Sekretproduktion demonstrieren (Abb. 9, BEERMANN, 1961).

Die Speicheldrüse von *Chironomus* setzt sich aus zwei funktionellen Bereichen zusammen, von welchen der kleinere bei den meisten *Chironomus*-Arten ein besonderes, morphologisch und chemisch gut charakterisierbares granuläres Sekret produziert. Gleichzeitig sind die Zellen dieses Bereiches („Sonderzellen") in ihrem Chromosom 4 durch einen besonderen Balbianiring gekennzeichnet. Es liegt nahe, in diesem Puff den Gen-Ort zu sehen, der die Information zum Aufbau einer Proteinkomponente des granulären Sekretes liefert. Der Puff ist relativ groß und ist für die

Sonderzellen absolut spezifisch. Durch Kreuzungs- und Rekombinations-Versuche mit einer *Chironomus*-Species (*C. tentans*), deren Sonderzellen die Fähigkeit zur Produktion der Sekret-Granula nicht besitzen, hat sich diese Vermutung bestätigt. Der verantwortliche Gen-Ort ist mit dem Orte des Balbianiringes identisch.

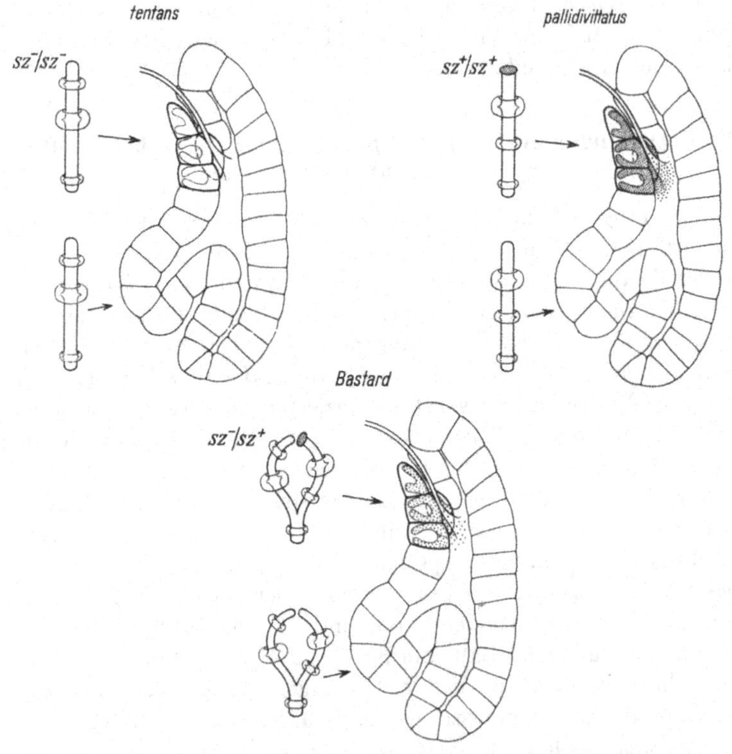

Abb. 9 Cytologie und Genetik eines Species-Unterschiedes in der Sekret-Zusammensetzung der Speicheldrüsen von *Chironomus*. Die Sonderzellen von *C. pallidivittatus* bilden bestimmte Sekretgranula, diejenigen von *C. tentans* nicht. Zugleich fehlt den Sonderzellen von *C. tentans* der sonst für die Sonderzellen charakteristische Balbianiring. Dieser genetische Unterschied ist im Balbiani-Ring selbst lokalisiert (sz^- gegenüber sz^+). Im Bastard ist auch der Balbiani-Ring heterozygot (nach BEERMANN, 1961)

Mehr noch, der gleiche Gen-Ort, der in den Sonderzellen der Arten mit granulärem Sonderzellen-Sekret stets einen Puff bildet, tut dies nicht bei *Chironomus tentans*, wo die Sonderzellen keine Granula produzieren. Im Bastard schließlich bildet sich der Puff

„heterozygot", was mit einer deutlichen Verringerung der Produktion von Sekret-Granula einhergeht. Dies Ergebnis ist in mehr als einer Hinsicht interessant. Es zeigt, daß zellspezifisch aktivierte Chromosomen-Orte tatsächlich auch zellspezifische Syntheseprozesse steuern. Es zeigt weiter, daß zwischen der Größe der Puffs und der Höhe der gesteuerten Syntheseleistung ein Zusammenhang besteht. Wie bei den Mikroorganismen scheint also die Syntheserate bestimmter Proteine oder zumindest ihre Synthesekapazität, durch die Syntheserate der zugehörigen messenger-RNS im Genom gesteuert zu werden; die Zelldifferenzierung ist nicht nur qualitativ, sondern auch quantitativ als differentielle Auswertung der genetischen Information zu verstehen. Auf eine Möglichkeit, wie diese differentielle Aktivität des Genoms zustande kommen kann, deutet das vorstehende Experiment ebenfalls bereits hin: Der Verlust der Fähigkeit, Sekretgranula zu produzieren, geht, wie die Chromosomen der Heterozygoten direkt zeigen, darauf zurück, daß der zugehörige Genort keinen Puff bildet, d. h., dieser Genort ist nicht mehr induzierbar.

VI. Das „puffing" als Ausdruck einer operativen Gliederung der Chromosomen

In der klassischen Cytogenetik der höheren Organismen ist der Fall, daß informatorische Gene nur deshalb nicht manifest werden, weil ihre Aktivierung gestört ist, durchaus bekannt. Diese Erscheinung läuft gewöhnlich unter der Bezeichnung „Positions-Effekt", weil sie nicht anders entdeckt werden kann (Zusammenfassung bei Lewis, 1950). Der Positionseffekt macht zugleich deutlich, daß die informatorischen und die regulatorischen Komponenten des Genoms nicht identisch zu sein brauchen, auch nicht ihrer Lage nach. Eine Defizienz der Querscheibe 3C1 des X-Chromosoms von *Drosophila melanogaster* führt beispielsweise zu völliger Inaktivität des *white*-Locus, obwohl die gesamte strukturelle Information dieses Locus in den benachbarten Querscheiben 3C2 und 3C3 lokalisiert ist (Green, 1959). Schon von dieser Seite her gelangt man also zu einer rein informatorischen Unterscheidung von Einheiten „operativen" Charakters im Genom. Analoge Ergebnisse mit einem nicht auf Komplementation beruhenden cis-trans-Effekt in der Genetik der Enzym-Induktion haben Jacob und Monod (1961) in den Stand gesetzt, das Konzept der operativen

Einheit, des „Operon", konkret zu formulieren. Das Operon besteht nach den Befunden an *E. coli* jeweils aus dem „Operator", einem Steuerungs-Gen, und einem oder mehreren ihm unmittelbar benachbarten informatorischen Genen, die durch die strukturelle Bindung an den Operator operativ alle gleichgeschaltet sind; sie werden durch spezifische Repressoren und Induktoren gemeinsam gehemmt bzw. gemeinsam aktiviert, und zwar, wie sich zeigen läßt, vermittels des Operators. Der Operator wirkt nur im eigenen Chromosom; daher der cis-trans-Effekt*.

Das Konzept des Operon erweist sich für die Analyse des puffing Phänomens und damit der differentiellen Gen-Aktivierung als außerordentlich nützlich. Eine Mutation, die wie in dem geschilderten Fall bei *Chironomus* dazu führt, daß ein Chromosomen-Ort keinen Puff mehr bildet, entspricht beispielsweise in ihrer Wirkung einer „0°"-Mutation bei *E. coli*: Sie ist rezessiv, weil sie nur auf das eigene Chromosom wirkt, und weil sie auf den (unbekannten) inducer nicht mehr anspricht. Vielleicht werden sich auch Mutanten finden lassen, die wie die "0^{c}"-Mutanten von *E. coli* dauernd aktiv sind, also auf Repressoren nicht mehr ansprechen.

Mit der neugewonnenen Einsicht, daß sich das Chromosom nicht bloß in informatorische und Rekombinations-Einheiten, sondern auch in operative Einheiten gliedert, die sich ihrer Ausdehnung und Lage nach mit keiner der anderen genau decken müssen, können wir nun auch unsere anfänglich mit Absicht etwas vereinfachte Darstellung revidieren, wonach jeder Puff in den Riesenchromosomen nur ein einziges aktiviertes Chromomer repräsentiert. Zwar sind die Chromomeren als morphologische Einheiten sicher auch mit bestimmten genetischen Einheiten identisch — die Lokalisation zahlreicher „klassischer" Mutationen bei *Drosophila* hat das gezeigt (vgl. BRIDGES u. BREHME, 1944) —, doch führt die angewandte Lokalisationsmethode dazu, daß ausschließlich Einheiten informatorischen Charakters definiert werden. Die Puffs müssen demgegenüber von vornherein Einheiten operativen Charakters darstellen, und diese brauchen sich, nach den Er-

* Daß die Kontrolle der Aktivität der in einem Operon zusammengefaßten Gene auf der Ebene des Chromosoms erfolgt, war bislang noch nicht strikt bewiesen. Unveröffentlichte Versuche von F. GROS (pers. Mitt.) scheinen aber darauf hinzudeuten, daß Repressoren und Induktoren tatsächlich die Produktion der messenger-RNS kontrollieren.

fahrungen an Mikroorganismen, ihrer Anzahl und damit auch ihrer Ausdehnung nach nicht mit den informatorischen zu decken. In einigen Fällen läßt sich nun das cytologische Bild tatsächlich so interpretieren — besonders bei Balbianiringen —, daß an der Entstehung des Puffs 2 oder mehr Querscheiben beteiligt sind (MECHELKE, 1953). MECHELKE (1961) findet sogar, daß sich das „Aktivitätsmaximum" eines Balbianiringes im Laufe der Metamorphose um etwa 20 Querscheiben verschiebt. Es wird auch öfter beobachtet, daß bestimmte Puffs regelmäßig zuerst nicht innerhalb, sondern neben dem betroffenen Chromomer auftauchen. In diesen Fällen scheint sich also die strukturelle Auflockerung von einem „Operator" aus nach und nach über ein oder mehrere Chromomeren auszubreiten.

VII. Puff-Bildung und -Rückbildung: Induktion und Repression?

Die differentielle Aktivität verschiedener operativer Einheiten des Genoms macht die Differenzierung der Zelle als Zustand verständlich. Wir kommen nun auf die Frage zurück, die den Entwicklungsphysiologen am meisten interessieren muß: Wie kommt es zu der differentiellen Aktivierung bzw. zur Ausbildung verschiedener Puff-Spektren, welches ist der Aktivierungs-Mechanismus und was ist die Natur der aktivierenden oder reprimierenden Signale? In der Embryonalentwicklung setzen die Differenzierungsprozesse ungefähr mit dem Beginn der Gastrulation ein. Vorher sind Zellen und Kerne mit Sicherheit omnipotent. BLOCH und HEW (1960) haben im Zusammenhang mit der Gastrulation charakteristische Änderungen in der Zusammensetzung der Chromosomenproteine beobachtet: Das stark basische Protamin der Spermien-Chromosomen wird nach der Besamung zunächst durch ein schwach basisches „Furchungshiston" ersetzt; erst in der Gastrulation taucht in den Chromosomen das stark basische, argininreiche Histon auf, das die Kerne des adulten Vielzellers kennzeichnet. Zum gleichen Zeitpunkt differenzieren sich, nach Beobachtungen an *Cyclops*-Embryonen (S. BEERMANN, 1959), zum ersten Male das Eu- und das Heterochromatin, und die Nucleolen treten in Erscheinung (vgl. BEERMANN, 1960). Zum gleichen Zeitpunkt beginnt auch frühestens die Wirkung der meisten Letalfaktoren. Wir vermuten deshalb, daß die Besetzung der DNS mit dem

„adulten" Histon gleichbedeutend ist mit der Herstellung der Reaktionsbereitschaft und Regulationsfähigkeit des Genoms. Die operative Gliederung des Genoms wird manifest, vielleicht, indem verschiedene Operons mit verschiedenen Histonsequenzen besetzt und markiert werden, die den verschiedenen spezifischen Repressoren oder Induktoren als Erkennungsmerkmal dienen. Es ist auch möglich, daß in der Besetzung der Chromosomen mit Histonen bereits ein Teil der Differenzierung selbst vollzogen wird: Die in den Transplantationsversuchen von King und Briggs (1956) aufgedeckte Möglichkeit der irreversiblen Differenzierung von Zellkernen scheint dafür zu sprechen, ebenso wie die Tatsache, daß die Histon-Zusammensetzung von Organ zu Organ schwankt (vgl. Bloch, 1962). Unsere Beobachtung, daß das Puffing stets mit der Ansammlung eines höheren Proteins verbunden ist, zeigt die Bedeutung der Chromosomenproteine für den Aktivierungsmechanismus.

Worin auf der Acceptor-Seite, d. h. im Chromosom, die Aktivierung biochemisch besteht, wissen wir nicht; strukturell manifestiert sie sich, wie das puffing zeigt, als Entfaltung der DNS-Moleküle in den aktivierten Chromomeren. Daß für diesen Vorgang und für seine Locus-Spezifität die Chromosomen-Proteine verantwortlich sind, können wir nur vermuten. Wie weit die Spezifität gehen kann — ob z. B. im Prinzip jedes einzelne Operon selektiv kontrollierbar ist —, bleibt jedenfalls noch offen. Etwas mehr läßt sich über die Natur der kontrollierenden Faktoren und damit über die vermutliche funktionale Struktur des Kontrollmechanismus aussagen. Für die Veränderungen, die wir besonders während der Metamorphose im Puff-Spektrum der Riesenchromosomen beobachten, ist neben ihrer Locus-Spezifität auch ihr zeitlicher Verlauf kennzeichnend: Die Rückbildung der Puffs ist nicht nur ebenso spezifisch wie ihre Neubildung, sie vollzieht sich auch gleich schnell, d. h. im Maximum etwa innerhalb einer Stunde (Abb. 10). Ein Kontrollmechanismus, der derartiges leistet, kann kaum allein mit Aktivatoren oder allein mit Inhibitoren auskommen. Ein Antagonismus nach der Art des von Jacob und Monod (1961) geforderten Gegeneinanders von "repressor" und "inducer" paßt hier wesentlich besser ins Bild, schon deshalb, weil sich durch ihn die Einregulierung und Einhaltung bestimmter Puff-Größen leicht bewerkstelligen ließe. Für die Beteiligung von Repressoren

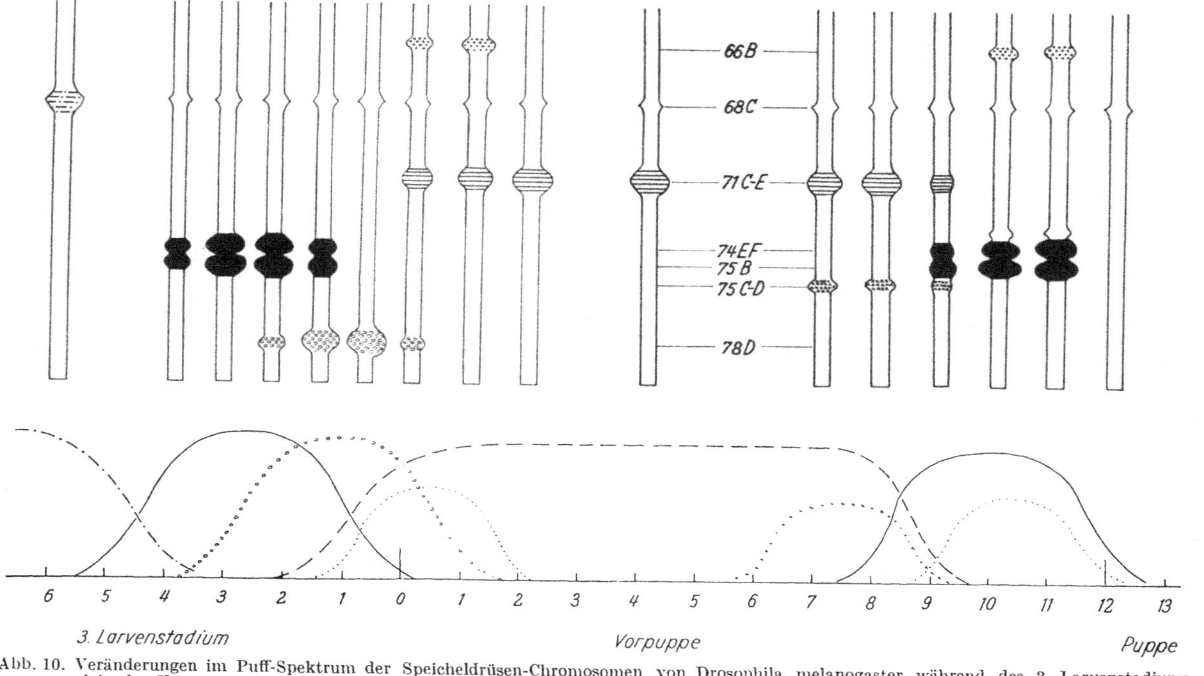

Abb. 10. Veränderungen im Puff-Spektrum der Speicheldrüsen-Chromosomen von Drosophila melanogaster während des 3. Larvenstadiums und in der Vorpuppe, dargestellt am linken Arm des Chromosoms 3 (nach BECKER, 1959). Die Zahlen bezeichnen Stunden vor und nach der Puparium-Bildung

an der Kontrolle des puffing sprechen auch Beobachtungen von Mechelke (1953) und Becker (1959). Mechelke fand, daß in den Speicheldrüsen von *Acricotopus* zu Beginn der Metamorphose zwei bestimmte Balbianiringe genau in dem Maße zurückgebildet werden, wie sich in den Sekreträumen der Zellen ein braunes, β-Karotin enthaltendes Sekret (Baudisch, 1960) anhäuft (vgl. Abb. 4). Becker hat gezeigt, daß die Inkubation von *Drosophila*-Speicheldrüsen mit gewöhnlicher Insekten-Ringerlösung regelmäßig einen bestimmten Puff zum Vorschein bringt, der unter normalen Umständen im 3. Larvenstadium oder in der Vorpuppe niemals auftritt. Vielleicht wird durch die Behandlung mit Salzlösung lediglich ein spezifischer Repressor aus den Drüsen ausgewaschen. Sicher nachgewiesen sind Repressorwirkungen im Zusammenhang mit dem puffing allerdings bisher nicht. Auch wurde noch keine vermutliche Repressorsubstanz isoliert. In diesem Punkte sind wir mit der Untersuchung der induzierenden Faktoren schon etwas weiter.

An sich läßt sich das puffing mit vielen Mitteln induzieren, auch als locus-spezifischer Effekt. Es ist klar, daß der Regulationsmechanismus im Genom empfindlich und spezifisch auf alle Faktoren reagieren muß, die die Reaktionsgeschwindigkeiten, den Energiehaushalt usw. einschneidend ändern. So haben Panitz (Mitt. von Herrn Dr. Mechelke, Köln) und Ritossa (Ist. Genet. Pavia, pers. Mitt.) bei *Acricotopus* bzw. bei *Drosophila* bestimmte Puffs einfach durch eine Erhöhung und andere Puffs durch eine Erniedrigung der Temperatur induziert. Kroeger (1960) hat bei *Drosophila* gesetzmäßige Abwandlungen des Puffspektrums mit einer Inkubation isolierter Speicheldrüsen-Kerne in homogenisiertem Ei-Cytoplasma erzielt, wobei Eier verschiedener Entwicklungsstadien auch verschiedene Puffspektren induzierten. Panitz (1960) hat festgestellt, daß die endokrinen Ringdrüsen-Organe von *Acricotopus* in den larvalen Speicheldrüsen der gleichen Species die Rückbildung bestimmter Puffs induzieren.

In den genannten Beispielen verhält sich zwar das reagierende System spezifisch, der induzierende Faktor selbst aber ist seiner Natur nach entweder unspezifisch oder unbekannt. Auf der Suche nach einem definierten und biologisch spezifischeren Aktivator sind wir auf das von Karlson rein dargestellte Häutungshormon der Insekten, das *Ecdyson*, gestoßen. Dieses Hormon setzt wie bei anderen Insekten auch bei *Chironomus* die Häutungen in Gang (CLEVER, 1961). Lange bevor jedoch die Häutung biochemisch und morphologisch manifest wird, induziert dieses Hormon in den Riesenchromosomen die Entstehung von 2 bestimmten Puffs (CLEVER u. KARLSON, 1960). Der eine tritt schon 15—30 min nach der Injektion in Erscheinung, der andere folgt 15—30 min später.

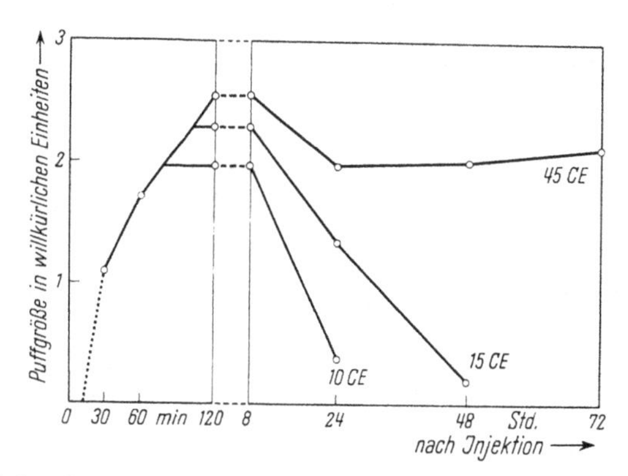

Abb. 11. Verhalten des einen der beiden durch Ecdyson induzierbaren Puffs in den Chromosomen von *Chironomus* nach Injektion verschiedener Dosen des Hormons (nach CLEVER, 1961)

Beide haben nach 1 Std ihre Maximalgröße erreicht. Die Größe der beiden Puffs und die Dauer des puffing sind zunächst abhängig von der Konzentration des Ecdysons (Abb. 11). Das weitere Verhalten der beiden Puffs ist verschieden: Der erste bleibt bis zum Abschluß der Häutung bestehen — also so lange wie Ecdyson im Blut vorhanden ist —, der zweite bildet sich auch bei hohen Ecdyson-Konzentrationen spätestens nach 72 Std zurück (Abb. 12). Alle anderen durch die experimentelle Auslösung der Häutung eingeleiteten Änderungen im Puff-Spektrum spielen sich wesentlich später ab (6 Std bis 2 Tage nach der Injektion) und zeigen die direkte Abhängigkeit von der Konzentration des Ecdysons nicht. Sie sind zeitlich gut korreliert mit den bekannten Umstellungen des Zellstoffwechsels im Häutungsverlauf (z. B. Cytochrom-C-Synthese, vgl. CLEVER, 1961). Die Verlockung ist groß, im Ecdyson einen "inducer" zu sehen, der im Zusammenspiel mit unbekannten Repressoren direkt am Genom angreift und dort einzelne wenige „Operons" aktiviert; insbesondere deshalb, weil diese Wirkung nicht auf die Speicheldrüsen beschränkt ist: Derselbe Primär-Puff wird durch das Ecdyson auch in den Malpighischen Gefäßen induziert (Clever, unveröff.).

Die Tatsache, daß ein Hormon als spezifischer Aktivator von Genen wirkt, darf selbstverständlich nicht ohne weitere Untersuchungen verallgemeinert werden. Nicht alle Hormone müssen als Induktoren oder Repressoren wirken, und sicherlich sind auch

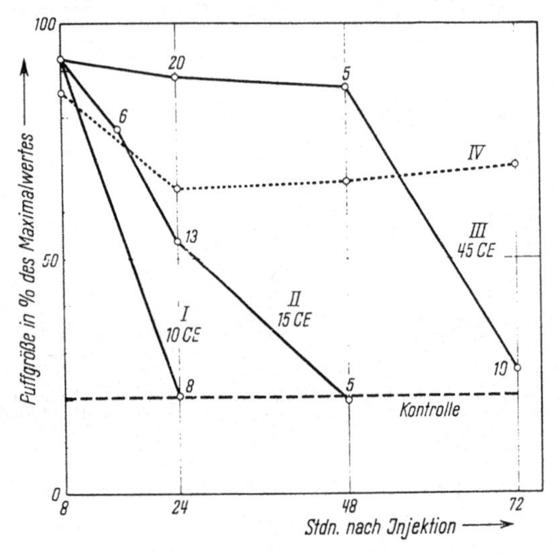

Abb. 12. Reaktion des zweiten durch Ecdyson induzierbaren Puffs in den Chromosomen von *Chironomus* nach Injektion verschiedener Dosen des Hormons. Zum Vergleich ist die Reaktionsweise des „ersten" Ecdyson-Puffs bei 45 CE (Calliphora-Einheiten) mit eingezeichnet (punktierte Kurve). Nach Clever, 1961

weitaus die meisten Induktoren und Repressoren, die direkt am Genom angreifen, keine Hormone. In der Differenzierung werden vielmehr gerade solche induzierenden oder Repressor-Substanzen die größte Rolle spielen, die in ihrer Wirkung auf die einzelne Zelle beschränkt bleiben und die damit bereits zum reagierenden System selber gerechnet werden müssen. Von der Suche nach diesen Stoffen wird man sich deshalb letzten Endes einen tieferen Einblick in das reagierende System versprechen können als von der Isolierung bloßer Auslöser. In den hochspezialisierten Riesenzellen der Dipteren mit ihren Riesenchromosomen glauben wir ein Modellsystem gefunden zu haben, dessen weitere Analyse die spezifische und gleichzeitig mannigfaltige Reaktionsweise lebender Zellen auf Differenzierungs-Signale vielleicht einmal verständlicher machen wird.

Literaturverzeichnis

Allfrey, V. G., R. Meudt, J. W. Hopkins and A. E. Mirsky: Proc. nat. Sci. (Wash.) **47**, 907—932 (1961).

Astrachan, L., u. E. Volkin: Biochim. biophys. Acta (Amst.) **29**, 536—544 (1958).

Baudisch, W.: Naturwissenschaften **21**, 498—499 (1960).

Bauer, H.: Z. Zellforsch. **23**, 280—313 (1935).

Bautz, E. K. F., and B. D. Hall: Proc. nat. Acad. Sci. (Wash.) **48**, 400—408 (1962).

Becker, H. J.: Chromosoma (Berl.) **10**, 654—678 (1959).

Beermann, S.: Chromosoma (Berl.) **10**, 504—514 (1959).

Beermann, W.: Chromosoma (Berl.) **5**, 139—198 (1952a).

Beermann, W.: Z. Naturforsch. **76**, 237—242 (1952b).

Beermann, W.: Developmental Cytology, ed. D. Rudnick, pp. 83—103. New York: Ronald 1959.

Beermann, W.: Chromosoma (Berl.) **12**, 1—25 (1961).

Beermann, W.: Protoplasmatologia, im Druck (1962).

Beermann, W., and G. F. Bahr: Exp. Cell. Res **6**, 195—201 (1954).

Bloch, D. P.: Proc. nat. Acad. Sci. (Wash.) **48**, 324—326 (1962).

Bloch, D. P., and H. Y. C. Hew: J. biophys. biochem. Cytol. **8**, 69—82 (1960).

Brenner, S., F. Jacob and M. Meselson: Nature (Lond.) **190**, 576—581 (1961).

Breuer, M. E., u. C. Pavan: Chromosoma (Berl.) **7**, 371—386 (1955).

Bridges, C. B.: Amer. Nat. **69**, 59 (1935).

Bridges, C. B., and K. S. Brehme: Carnegie Institution Publ. 552. Washington, D. C. 1944.

Chamberlin, M., and P. Berg: Proc. nat. Acad. Sci. (Wash.) **48**, 81—94 (1962).

Clever, U.: Chromosoma (Berl.) **12**, 607—675 (1962).

Clever, U., and P. Karlson: Exp. Cell Res. **20**, 623—626 (1960).

Edström, J. E.: J. biophys. biochem. Cytol. **8**, 39—46 (1960a); **8**, 47—51 (1960b).

Edström, J. E., W. Grampp and N. Schor: J. biophys. biochem. Cytol. **11**, 549 (1961).

Edström, J. E., and W. Beermann: J. Cell Biol., im Druck (1962).

Ficq, A.: Exp. Cell Res. **9**, 286—293 (1955).

Ficq, A., C. Pavan and J. Brachet: Exp. Cell Res. **6**, 105 (1958).

Gall, J.: J. Morph. **94**, 283—352 (1954).

Gall, J., and H. G. Callan: Proc. nat. Acad. Sci. (Wash.) **48**, 562—569 (1962).

Goldstein, L.: Exp. Cell Res. **15**, 635 (1958).

Goldstein, L., and W. Plaut: Proc. nat. Acad. Sci. (Wash.) **41**, 874—880 (1955).

GOLDSTEIN, L., and J. MICOU: J. biophys. biochem. Cytol. **6**, 301 (1959).
GREEN, M. M.: Genetics **44**, 1243—1256 (1959).
GROS, F., W. GILBERT, H. H. HIATT, G. ATTARDI, P. F. SPAHR and J. D. WATSON: Cold Spr. Harb. Symp. quant. Biol. **26**, 111—132 (1961).
HALL, B. D., and S. SPIEGELMAN: Proc. nat. Acad. Sci. (Wash.) **47**, 137—146 (1961).
HAYASHI, M., and S. SPIEGELMAN: Proc. nat. Acad. Sci. (Wash.) **47**, 1564 bis 1580 (1961).
HEITZ, E., u. H. BAUER: Z. Zellforsch. **17**, 67—82 (1933).
HOAGLAND, M. B., P. C. ZAMECNIK and M. L. STEPHENSON: A Symposion on Molecular Biology, ed. R. ZIRKLE, pp. 104—114. Chicago 1959.
JACOB, F., and J. MONOD: J. molec. Biol. **3**, 318—356 (1961).
KING, T. J., and R. BRIGGS: Cold Spr. Harb. Symp. quant. Biol. **21**, 271—290 (1956).
KOLTZOFF, N. K.: Science **80**, 312—313 (1934).
KROEGER, H.: Chromosoma (Berl.) **11**, 129—145 (1960).
LEWIS, E. B.: Advanc. Genet. **3**, 73—115 (1950).
MCMASTER-KAYE, R., and J. H. TAYLOR: J. biophys. biochem. Cytol. **4**, 5—11 (1958).
MECHELKE, F.: Chromosoma (Berl.). Naturwissenschaften **21**, 609 (1959); **5**, 511—543 (1953); **48**, 29 (1961).
MIRSKY, A. E., S. OSAWA and V. G. ALLFREY: Cold Spr. Harb. Symp. quant. Biol. **21**, 49—73 (1956).
NIRENBERG, M. W., and J. H. MATTHAEI: Proc. nat. Acad. Sci. (Wash.) **47**, 1588—1602 (1961).
PANITZ, R.: Naturwissenschaften **47**, 383 (1960).
PELLING, C.: Nature (Lond.) **184**, 655—656 (1959).
PERRY, R. P., M. ERRERA, A. HELL and H. DÜRWALD: J. biophys. biochem. Cytol. **11**, 1 (1961).
PRESCOTT, D. M.: Exp. Cell Res. **19**, 29—34 (1960).
PRESCOTT, D. M., and M. A. BENDER: Exp. Cell. Res **26**, 260—268 (1962).
RHO, J. H., and J. BONNER: Proc. nat. Acad. Sci. (Wash.) **47**, 1611—1619 (1961).
RICH, A.: A Symposion on Molecular Biology, ed. R. ZIRKLE, pp. 47—69, Chicago 1959.
RICHTER, G.: Naturwissenschaften **44**, 520—521 (1957).
ROLFE, R., and H. EPHRUSSI-TAYLOR: Proc. nat. Acad. Sci. (Wash.) **47**, 1450—1461 (1961).
RUDKIN, G. T., S. L. CORLETTE and J. SCHULTZ: Genetics **41**, 657—658 (1956).
RUDKIN, G. T., and S. L. CORLETTE: Proc. nat. Acad. Sci. (Wash.) **43**, 964—968 (1957).
SCHOLTISSEK, C.: Biochem. Z. **332**, 467—476 (1960).
SCHULMAN, H. M., and D. M. BONNER: Proc. nat. Acad. Sci. (Wash.) **48**, 53—63 (1962).
SENGÜN, A., u. C. KOSSWIG: Chromosoma (Wien) **3**, 195—207 (1947).
SIBATANI, A., S. R. DE KLOET, V. G. ALLFREY and A. E. MIRSKY: Proc. nat. Acad. Sci. Wash.) **48**, 471—477 (1962).

SIRLIN, J. L.: Exp. Cell. Res **19**, 177—180 (1960).
SIRLIN, J. L., and G. R. KNIGHT: Exp. Cell Res. **19**, 210—219 (1960.)
SWIFT, H.: A Symposion on Molecular Biology, ed. R. ZIRKLE, pp. 266—293. Chicago 1959.
TAYLOR, J. H., R. D. MCMASTER and M. F. CALUYA: Exp. Cell Res. **9**, 460 (1955).
VINCENT, W. S.: The beginnings of embryonic development (Ed. A. TYLER, R. C. VON BORSTEL and C. B. METZ): American Association for the Advancement of Science, Washington, 1957, p. 1
WOODS, P. S., and J. H. TAYLER: Lab. Invest. **8**, 309—318 (1959).
WOODS, P. S.: Symp. Detection and Use of Tritium. Intern. Atomic Energy Agency; Vienna 1961.
YCAS, M., and W. S. VINCENT: Proc. nat. Acad. Sci. (Wash.) **46**, 804—811 (1960).
ZALOKAR, M.: Exp. Cell Res. **19**, 184—186 (1960a); **19**, 559—576 (1960b).
ZUBAY, G.: Proc. nat. Acad. Sci. (Wash.) **48**, 456—561 (1962).

Diskussion

Diskussionsleiter: WEITZEL, Tübingen

WEITZEL: Ich darf im Namen des ganzen Auditoriums Herrn Professor BEERMANN auf das beste danken für diese sehr interessanten konzentrierten Ausführungen und eröffne gleich die Diskussion.

LEHMANN (Bern): Es muß nach einer Brücke gesucht werden zwischen den Erscheinungen der genetisch gesteuerten Synthesen der Hefe (HALVORSON) und den strukturellen Leistungen tierischer Zellen, z. B. die Abgabe von basophilen Bläschen von Puffs aus an das Cytoplasma spricht sehr für die Weitergabe von Information an das Cytoplasma. Auch Interphasenkerne des Tubifex-Keimes liefern solche Strukturen an das Cytoplasma. Im Vergleich zu Zellen von Mikroorganismen verlangt die erhöhte Größe tierischer Zellen eine viel weitgehendere Gliederung in der Struktur der operativen Einheiten (z. B. Riesenchromosomen).

KARLSON (München): Ich möchte eine Frage stellen, die vielleicht nicht so sehr an Herrn BEERMANN geht als an die Nucleinsäurechemiker, die hier anwesend sind. Herr BEERMANN, Sie hatten wieder gesprochen von der Differenzierung zwischen den Strukturgenen und dem Operatorgen, die Herr HALVORSON schon angezogen hatte. Von den Strukturgenen wissen wir, oder setzen wir voraus, daß sie Proteine determinieren, z. B. die Enzymproteine, die wir nachher nachweisen können. Die Operatorgene und vielleicht auch die Regulationsgene sollen dann irgendwelche Stoffe synthetisieren, wahrscheinlich doch Nucleinsäuren, die auf die Strukturgene einwirken. Nun wissen wir aus den Experimenten mit Polynucleotiden am *E. coli*-system, daß bei den proteinbestimmenden Nucleotid-Tripletts außerordentlich viel Uridin vorhanden ist. Das kann natürlich einen technischen Grund haben, weil zunächst in den Experimenten von NIRENBERG und von OCHOA et al.

immer Polymere mit viel Uridin verwendet wurden (aus technischen Gründen). Aber kann es nicht auch so sein, daß diejenigen Nucleinsäuren, die für die Proteinsynthese verantwortlich sind, gerade durch einen hohen Gehalt an Uridin gekennzeichnet sind, während die Operator- und Repressor-Nucleinsäuren einen hohen Gehalt an Cytidin oder Adenin besitzen. Gibt es irgendwelche biochemischen Hinweise dafür, daß strukturell verschiedene Desoxyribonucleinsäuren dieser Art existieren, oder gibt es Gegenbeweise?

Starlinger (Köln): Ich glaube, es gibt da ein Argument dagegen, und zwar folgendes: wenn man die Nucleinsäure von Coli im Dichtegradienten zentrifugiert, dann ist sie relativ homogen in der Dichte. Wenn es aber solche Nucleinsäuren geben würde, die entsetzlich viel Uridin und welche die verhältnismäßig wenig haben, dann sollte man zwei Klassen finden, die in der Dichte ziemlich differieren. Das ist nach den Untersuchungen von Doty über den „Schmelzpunkt" und von Meselson und Rolf über die Dichtegradientenzentrifugierung nicht der Fall.

Werle (München): Ich wollte mich nur vergewissern, ob ich dieses Konzept richtig verstanden habe. In einem vielzelligen Lebewesen ist es doch so, daß in den Kernen der Chromosomensatz identisch ist. Das heißt: diese ganzen Chromomeren sind in jeder Zelle dieselben. Ist es so, daß die Entstehung des Puffs oder die Möglichkeit der Entstehung des Puffs von Zelle zu Zelle variiert, so daß die verschiedenen Leistungen ein und derselben Zelle aus verschiedenen Genen resultieren? Das würde bedeuten, daß die Realisierung der in einem bestimmten Chromomer vorhandenen Information von Zelle zu Zelle variiert. Man müßte also ungeheuer viele Anstoßmöglichkeiten postulieren, die nur in ganz bestimmten Zellen zur Realisierung gelangen. Ich möchte wissen, ob diese Auffassung richtig ist.

Beermann: Ja, ich glaube, Sie haben mich richtig verstanden. Es ist an sich die Meinung, daß die Differenzierung im Prinzip nichts anderes ist als eine selektive Auswertung der genetischen Information, und zwar wahrscheinlich schon auf der Ebene des Chromosoms. Man muß nicht unbedingt annehmen, daß es ebenso viele spezifische „Inducer" und Repressoren gibt, wie es Gene gibt; aber es muß schon ziemlich viele geben.

Werle: Es wäre also denkbar, eine Leistung einer Zelle aufzuoktroyieren, die sie normalerweise nicht vollbringt, wenn man den Inducer an die Stelle bringen könnte, wo er dieses Chromomer zur Puffbildung anregen kann.

Beermann: Ja, das tun wir ja in gewissem Sinne damit, daß wir den Larven in einem Stadium, in welchem sie normalerweise nicht in die Metamorphose eintreten, das Ecdyson injizieren. Offensichtlich wirkt das Hormon als Aktivator, der in allen Zellen des Körpers ein bestimmtes Chromomer aktiviert, worauf dann sekundär in den einzelnen Zellsystemen weitere, für diese Zellen spezifische Genaktivierungen stattfinden, die zu ihrer vollständigen Ausdifferenzierung führen.

Fischer (Frankfurt): Als ehemaliger Schüler von Felix möchte ich eine Frage stellen, über die wir in früheren Jahren schon häufiger diskutiert haben, nämlich, ob man die Protamine und Histone als Genrepressoren ansehen, und nach den Ausführungen von Herrn BEERMANN vielleicht auch als Repressoren des "puffing" bezeichnen kann?

Herr BEERMANN hat auf die eigenartige Tatsache hingewiesen, daß in der Spermazelle DNA relativ fest an ein stark basisches (sehr argininreiches) Protamin fixiert ist, während im Zellkern somatischer Zellen das weniger stark basische (argininärmere, lysinhaltige) "adult-histon" vorkommt. Gemeinsam mit E. FERBER gelang es vor einiger Zeit zu zeigen, daß man aus den Zellkernen verschiedener Organe unterschiedliche Histone, also nicht nur die allgemein bekannten "adult-histone" isolieren kann (Dissertation E. FERBER, Frankfurt 1960). Es muß allerdings einschränkend hinzugefügt werden, daß — wegen der Aggregationstendenz der Histone — nicht ausgeschlossen werden kann, daß die unterschiedlichen Histonfraktionen zum Teil Artefakte sind. Immerhin handelt es sich um reproduzierbare Befunde, so daß man vielleicht doch an eine in verschiedenartigen Zellen unterschiedliche Gen-Repression denken könnte, die in Beziehung zum "puffing" gebracht werden kann.

BEERMANN: Falls sich bestätigt, daß sich in verschiedenen Organen sozusagen verschiedene Histonmuster differenzieren, dann würde dies eine Deutungsmöglichkeit für die Experimente von BRIGGS und KING bieten, die festgestellt haben, daß Kerne differenzierter Zellen anscheinend nicht dauernd ihre genetische Omnipotenz bewahren. Wenn man Entodermkerne des Neurula-Stadiums zurückimplantiert in kernlos gemachte, frisch abgelegte Eier, so beginnen sich diese Eier zunächst normal zu entwickeln. Später aber zeigen sich charakteristische Entwicklungsstörungen, die sich stets auf eine Art von „Differenzierung" des transplantierten Kernes zurückführen ließen. Es ist wohl kaum anzunehmen, daß diese Differenzierung auf Mutation in der DNS beruht. Vielleicht ist die DNS in diesen Fällen nur durch irgendein Differenzierungshiston blockiert.

TUPPY (Wien): Die Synthese von Ribonucleinsäure in den Puffs macht es verständlich, warum Tritium-markiertes Uridin eingebaut wird. Mir ist nicht recht verständlich, wieso auch Tritium-markiertes Thymidin in so großer Menge eingebaut wird, da wir bisher nur gehört haben, daß die DNS von Histon befreit wird, aber nicht, daß eine DNS-Synthese dort stattfindet.

BEERMANN: Die Meinung, daß in den Puffs regelmäßig auch Thymidin in großen Mengen eingebaut würde, ist weit verbreitet, aber falsch. PAVAN und BREUER hatten gefunden und RUTKIN hat dies durch Messungen bestätigt, daß bei bestimmten Mückenarten in bestimmten Puffs überschüssige DNS produziert wird. Dies ist ein Ausnahmefall, der wahrscheinlich durch überzählige oder asynchrone DNS-Replikationen erklärt werden kann. Bei Chironomus haben wir bis jetzt überhaupt kein Indiz für einen derartigen Vorgang gefunden.

DECKER (Hannover): Gibt es Anhaltspunkte, ob die einfachste Vermutung zutrifft, daß Ecdyson direkt auf das Chromosom wirkt, oder ob indirekte Mechanismen beteiligt sind?

BEERMANN: Wirklich stichhaltige Argumente zu dieser Frage können wir bislang nicht vorlegen.

BÜCHER (Marburg): Ich frage mich, Herr BEERMANN, ob ihr Operator und der von JACOB und MONOD wirklich der gleiche ist und was er überhaupt ist. Bei JACOB und MONOD ist es doch eine Einheit der Mutation, Reversion, Rekombination wie jedes andere Gen; und man müßte eigentlich annehmen, daß er nicht etwas sehr viel anderes ist als so ein strukturelles Gen, weil er genphysiologisch sich so ähnlich verhält, also das Entstehen irgendeiner Substanz regiert. Was Sie jetzt meinen bei dem Regiment eines solchen Puffs, wäre das auch so etwas? Ist so ein Puff nicht überhaupt ein so großes Stück, daß dort sehr viele strukturelle Gene untergebracht werden könnten?

BEERMANN: Wir haben morphologische Hinweise dafür, daß in einem Puff, selbst wenn er sehr groß ist, definitiv höchstens zwei oder drei Chromomeren einbezogen sind. Es gibt allerdings einen Fall, den Herr MECHELKE beschrieben hat, wo ein Puff im Laufe der Entwicklung über eine Strecke von 20 Chromomeren hinweg zu wandern scheint. Auch das ist eine interessante Sache. Weiterhin haben wir uns immer wieder gewundert über die Tatsache, daß bestimmte Puffs anscheinend zuerst nicht in, sondern neben den Chromomeren entstehen, die später in sie einbezogen werden. Das alles scheint mir eben dafür zu sprechen, daß die Aktivierung der Strukturgene von operativ wirksamen Orten ausgeht, die sich ihrer Lage nach nicht mit den informatorischen Genen decken. Daß diese operativ wirksamen Einheiten ebenfalls DNS enthalten, das bestreite ich nicht. Daß sie insofern im Mikroskop auch als Chromomeren erscheinen können, das ist sicher. Eine interessante Frage wäre die, ob diese operativen Gene generell eine qualitativ andere DNS enthalten als die informatorischen Gene.

WEIDEL (Tübingen): Ich möchte mir erlauben nur darauf hinzuweisen, daß das wirkliche Rätsel wahrscheinlich immer noch nicht unter unserem Blick liegt. Denn wenn man sich vorstellt, man habe eine spezifische Auslösung durch Ecdyson z. B., dann muß man für die Herstellung des Ecdysons wieder ein spezifisches Gen, für das respondierende Histon wieder ein spezifisches Gen, die müssen ihrerseits wieder Puffs machen können, ihrerseits wieder durch neue Ecdysone 2, 3, 4, 5, angeregt werden usw. Auch hier wird es wahrscheinlich zum Schluß darauf hinauskommen, daß man irgend einen Kurzschlußmechanismus findet, so wie bei Regulationssystemen der Kybernetik oder wie z. B. die DNS ja so ein sehr wichtiges Kurzschlußglied darstellt in der Gesamtregulation der Zelle. Es scheint aus dem bisherigen noch nicht hervorzugehen, wo dieses Glied liegen könnte, im Augenblick scheint sich die Kette ins Unendliche zu erstrecken, ohne ein Ende zu finden.

Morphogenese und Metamorphose der Insekten

Von

Peter Karlson

Physiologisch-chemisches Institut der Universität München

Mit 6 Abbildungen

I. Einleitung

Das Generalproblem der Morphogenese stellt sich uns in mannigfaltiger Weise. Diese Mannigfaltigkeit ist vor allem bedingt durch das biologische Material: Der Vielfalt, in der uns das Leben begegnet, entspricht eine ebenso große oder noch größere Vielfalt der Entwicklung[1]. Morphologisch sehen Prozesse wie die Entwicklung des Seeigels, der Kaulquappe und eines Insektes sehr verschieden aus; ja schon innerhalb der Klasse der Insekten treffen wir auf große Unterschiede im Entwicklungsablauf. Man unterscheidet hier bekanntlich die *Hemimetabola*, Insekten mit unvollständiger Verwandlung, bei denen die geflügelte Form direkt aus der letzten Larve entsteht, und die *holometabolen Insekten*, die ein Puppenstadium durchlaufen. In der Puppe vollzieht sich die eigentliche Metamorphose, die Wandlung der Gestalt von der Raupe oder Made zum geflügelten Tier, der *Imago*.

In der Biochemie sind wir im allgemeinen gewohnt, die Gemeinsamkeit der Erscheinungen zu betonen. Wir verwundern uns nicht, wenn Milchsäurebakterien und Säugetiermuskeln die Glucose auf dem gleichen Wege abbauen. Die vergleichende Biochemie zumindest der Tiere kennt weit mehr Gemeinsamkeiten als Abweichungen; die große Linie wird durch die „allgemeine Biochemie" bestimmt, während die Divergenzen als interessante Anpassungen an bestimmte Lebensweisen oder Lebensräume erscheinen[2].

Die biochemische Betrachtung morphogenetischer Prozesse wird auf beide Erscheinungen stoßen, auf die Mannigfaltigkeit der Entwicklungsvorgänge wie auf die gleichartigen Grundprinzipien, die allem Leben auf diesem Planeten zugrunde liegen. So findet man, daß das Prinzip der Entwicklungssteuerung durch bestimmte

Faktoren (Hormone, Induktionsstoffe u. ä.) immer wieder auftritt, daß diese Stoffe selbst aber sehr verschieden sind und daß sie sehr spezifisch wirken können.

II. Hormonale Kontrolle der Insektenentwicklung

Im Vergleich zur Embryonalentwicklung etwa der Frösche oder Seeigel bietet die Postembryonalentwicklung der Insekten für die

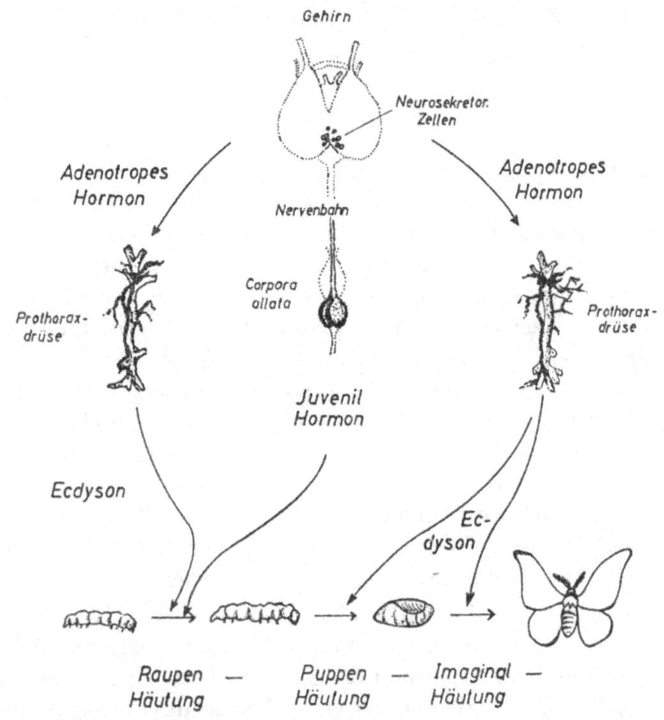

Abb. 1. Das Zusammenwirken des Hormons bei der Insektenentwicklung. Von den neurosekretorischen Zellen des Gehirns wird ein adenotropes Hormon gebildet, das die Prothorakaldrüse stimuliert. Diese produziert nun das Ecdyson. Zur Raupenhäutung (links unten) ist außerdem noch das Juvenilhormon der Corpora allata erforderlich; die Puppen- und Falterhäutung (rechts unten) kommt dadurch zustande, daß das Juvenilhormon fehlt und nur das Ecdyson wirkt. (Aus P. KARLSON: Kurzes Lehrbuch der Biochemie für Mediziner und Naturwissenschaftler, mit freundlicher Genehmigung des Georg Thieme-Verlages)

biochemisch-entwicklungsphysiologische Analyse manche Vorteile[3]. Ein besonders günstiges Objekt ist der amerikanische Großschmetterling *Hyalophora cecropia* (früher *Platysamia cecropia* genannt), der im Puppenstadium eine Winterruhe durchmacht. In dieser Zeit findet keine Entwicklung statt. Durch bestimmte Kältebehandlung kann man die Entwicklung induzieren; es dauert dann noch 3 Wochen, bis der Falter schlüpft.

An diesem Objekt läßt sich in klarer Weise die Auslösung der Entwicklung durch Hormone demonstrieren (Abb. 1). Die *neurosekretorischen Zellen* des Gehirns stellen die übergeordnete Hormondrüse dar; nach Kältereiz und Wärmebehandlung geben sie ein Hormon ab, das die *Prothoraxdrüse* zur Tätigkeit anregt. Das Hormon der Prothoraxdrüse wirkt direkt auf die Gewebe und leitet die Imaginalentwicklung ein. An der Gesamtentwicklung ist außerdem das *Juvenilhormon* der *Corpora allata* beteiligt. Es lenkt die Entwicklung in die larvale Richtung; eine Raupenhäutung kommt nur zustande, wenn beide Hormone — Ecdyson und Juvenilhormon — einwirken. Die Puppenhäutung ist physiologisch durch die Inaktivität der Corpora allata bedingt; auch die Imaginalentwicklung vollzieht sich in Abwesenheit des Juvenilhormons[3].

Geeignet vorbehandelte Diapause-Puppen können als Testobjekte für die genannten Hormone herangezogen werden. Allerdings liegen über das Gehirnhormon vorwiegend Erfahrungen am gewöhnlichen Seidenspinner, *Bombyx mori*, vor, und neuerdings haben verschiedene japanische Arbeitsgruppen über die Anreicherung des Hormons berichtet. Ichikawa[4] erhielt wasserlösliche Präparate, während Kobayashi[5] die Aktivität in der Lipidfraktion fand. Kürzlich haben Kobayashi[6] u. Mitarb. über die Isolierung eines aktiven Kristallisats berichtet, das als Cholesterin identifiziert wurde. Es ist wohl extrem unwahrscheinlich, daß das Cholesterin, das in *Bombyx*-Extrakten in verhältnismäßig großer Menge zu finden ist, mit dem Hormon identisch ist. Es ist zu befürchten, daß Kobayashi einem experimentellen Irrtum zum Opfer gefallen ist, und daß das von ihm isolierte Cholesterin noch Spuren des hochwirksamen Hormons enthielt.

Das Prothoraxdrüsenhormon ist identisch mit dem Ecdyson, das von uns[7] vor mehreren Jahren isoliert wurde, gleichfalls aus Puppen des Seidenspinners *Bombyx mori*. 5—10 γ des kristallisierten Materials können die Entwicklung der Diapausepuppen auslösen. Das Hormon ist nicht artspezifisch, es wirkt auf sehr viele Insektenarten aus zahlreichen Ordnungen; mit dem Häutungshormon der Krebse scheint es eng verwandt zu sein. Eine Übersicht über die Wirkungen des Ecdysons ist an anderer Stelle[8] gegeben worden.

Das Juvenilhormon schließlich lenkt die Entwicklung der Puppen in die juvenile (pupale) Richtung; im Extremfall kann man ein zweites Puppenstadium erzeugen. Das Hormon wurde von Schneiderman und Gilbert[9, 10] in Form hochaktiver Konzentrate erhalten. Bemerkenswert ist, daß nach Schmialek[11] Farnesol und Farnesal die gleiche Wirkung haben wie das Juvenilhormon. Wir haben diesen Befund bestätigt; allerdings ist die Aktivität in dem von uns ausgearbeiteten *Tenebrio*-Test[12] quantitativ so gering, daß diese Stoffe nicht mit dem natürlichen Hormon identisch sein können. Auch die Phosphate des Farnesols, die Intermediärprodukte der Cholesterin-Biosynthese sind, wurden geprüft; sie sind weniger wirksam als der freie Alkohol (vgl. Tab. 1). Unter den verwandten Isoprenoiden ist das Nerolidol noch wirksamer als das Farnesol[13].

Tabelle 1. *Wirkung verschiedener Substanzen im Tenebrio-Test* (P. Karlson und H. Ehmke, unveröffentlicht)

Substanz	Dosis in μg pro Tier	Wirksamkeit bei Tenebrio in %	TE/mg*
Cecropia Rohöl	15	40	33
Farnesol	10	22	30
Farnesylphosphat (ölige Suspension)	50	66	(40)
Farnesylpyrophosphat (ölige Suspension)	50	0	0
(wäßrige Suspension)	50	0	0
Nerolidol	10	36	50
	50	73	
Squalen	4	3	1,5
Phytol	50	19	10
Citronellol	50	6	3
Geraniol	50	23	12

* 40% positive Tiere = 1 TE (Tenebrioeinheit).

III. Biochemische Analyse der Imaginalentwicklung

Mit der Erkenntnis, daß die Entwicklung durch das Hormon Ecdyson ausgelöst wird, ist nur der erste Schritt getan. Welche biochemischen Veränderungen sind die eigentliche Ursache der

Entwicklung? Wo ist der erste Angriffspunkt des Hormons, welche Folgeprozesse führen schließlich zur sichtbaren Gestaltänderung?

Die Imaginalentwicklung ist gekennzeichnet durch *Histogenese*: Zahlreiche neue Gewebe werden gebildet. Ein einfacher Fall dieser Art, die Entwicklung des Heuschrecken-Flugmuskels, ist elektronenmikroskopisch und biochemisch von BÜCHER[14] u. Mitarb. untersucht worden. Dabei wurde festgestellt, daß zunächst Strukturproteine des Muskels gebildet werden; später folgten die funktionellen Zellorganellen, die Mikrosomen und Mitochondrien, und schließlich die Enzyme der Glykolyse.

In der Puppe geht der Histogenese eine Histolyse voraus: Vom Gasaustausch abgesehen, stellt die Puppe ein abgeschlossenes System dar, und eine Neusynthese von Gewebe ist nur auf Kosten vorhandener Stoffe möglich. Der Wechsel von Histolyse zu Histogenese spiegelt sich wider in zahlreichen Stoffwechseltätigkeiten[15], in der Proteolyse und Proteinsynthese, im Gehalt des Blutes an freien Aminosäuren, der bei Insekten ohnehin ungewöhnlich hoch ist. Mit der Proteinsynthese geht auch ein erhöhter Nucleinsäureturnover einher, der zu Beginn der Entwicklung zu beobachten ist[16].

Die biochemische Analyse des Puppenstadiums offenbart zunächst, daß der oxydative Stoffwechsel stark gedrosselt ist (AGRELL[17].) Die Sauerstoffaufnahme zeigt einen charakteristischen U-förmigen Verlauf: Nach der Verpuppung nimmt die Sauerstoffaufnahme zunächst ab, durchläuft ein Minimum — das bei Arten, die als Puppen ihre Winterruhe durchmachen, Monate dauern kann — und steigt schließlich wieder an, wenn die Bildung neuer Gewebe voll einsetzt (Abb. 2a u. b).

Parallel zur verminderten Atmung ist ein Absinken des Cytochromgehalts festzustellen. Cytochrom *c* ist in der Diapausepuppe von *H. cecropia* nicht mehr nachzuweisen, Cytochrom *a* und *b* sind nur in geringer Menge vorhanden. Außerdem ist die Atmung nicht mehr durch Cyanid oder Kohlenmonoxyd hemmbar. WILLIAMS[18] schloß daraus, daß in der Diapause eine andere Endoxydase wirksam sein müsse, und daß die Entwicklung durch die Rückkehr zur Cytochromatmung ausgelöst wird. Es hat sich später herausgestellt[19, 20], daß auch die Diapause-Atmung über die normale Cytochromkette läuft. Daß sie durch CO nicht gehemmt wird, liegt daran, daß die Cytochromoxydase in großem Überschuß über

Cytochrom *c* vorliegt; selbst eine 90%ige Vergiftung der Cytochromoxydase führt noch nicht zur Verringerung der O_2-Aufnahme. Die Hemmung ist erst zu beobachten, wenn der Sauerstoffpartialdruck herabgesetzt wird (2% O_2 im Gasgemisch).

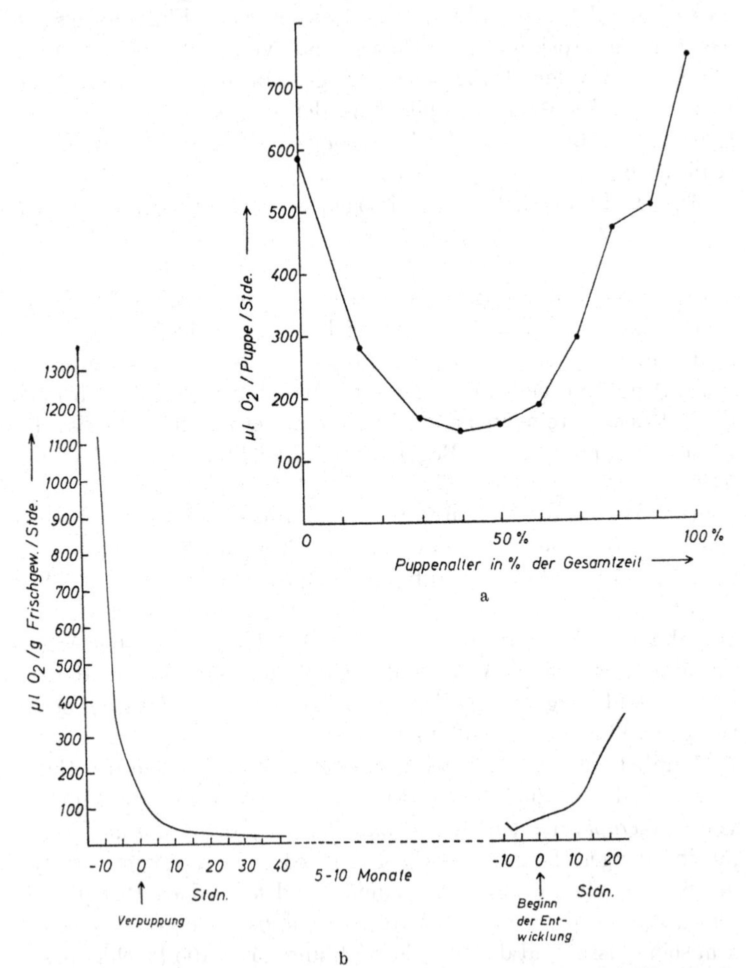

Abb. 2a u. b. Sauerstoffverbrauch von *Calliphora erythrocephala* während der Puppenruhe (nach AGRELL[17], umgezeichnet). Als Abscisse ist das Puppenalter in Prozent der gesamten Puppenruhe, die etwa 8 Tage beträgt, angegeben. Man erkennt den U-förmigen Verlauf des oxydativen Gesamtstoffwechsels. b) Sauerstoffverbrauch der Puppen von *Hyalophora cecropia* während des Puppenstadiums (nach SCHNEIDERMAN und WILLIAMS[23], umgezeichnet). Während der Diapause bleibt der Sauerstoffverbrauch auf einem sehr niedrigen Niveau; erst kurz vor Beginn der äußerlich sichtbaren Entwicklung steigt er an

Die verminderte Atmung hat noch eine weitere Folge. Wie ZEBE[21], sowie BÜCHER und KLINGENBERG[22] gezeigt haben, ist die α-Glycerophosphat-Dehydrogenase bei Insekten sehr aktiv. Das größere Angebot an $NAD \cdot H_2$ führt dazu, daß fast alles Dihydroxyacetonphosphat (das aus der Glykolyse stammt) zu Glycerophosphat reduziert wird. Durch Hydrolyse entsteht daraus Glycerin, das sich bis zu Konzentrationen von 2% im Blut anhäuft. Die Erscheinung ist das Äquivalent zur Milchsäurebildung im Säugetiergewebe bei der Anaerobiose.

An den alten Befunden von WILLIAMS[18] bleibt richtig, daß mit Beginn der Entwicklung der Cytochrom *c*-Gehalt der Gewebe rasch ansteigt. Die Cytochrom *c*-Synthese und die Steigerung des oxydativen Stoffwechsels ist aber nicht entscheidend für die Entwicklung, wie der Wundheilungseffekt[23] zeigt: Wird eine Diapause-Puppe verletzt, so heilt die gesetzte Wunde aus, ohne daß die Imaginalentwicklung einsetzt. Während der Dauer der Wundheilung ist der Sauerstoffverbrauch um ein Mehrfaches erhöht, u. U. bis auf Werte, die für die Imaginalentwicklung charakteristisch sind, und der Gehalt an Cytochrom *c* steigt in ganz entsprechender Weise. Ist die Wundheilung beendet, so gehen die Werte zur Norm zurück.

Dieses einfache biologische Experiment zeigt deutlich, daß ein erhöhter Stoffwechsel keineswegs die Entwicklung bedingt. Atmungssteigerungen und Cytochromsynthese sind einfach biochemische Merkmale der Entwicklung; Notwendigkeiten, aber nicht Ursachen*. Wahrscheinlich existiert in den Zellen ein Regulationssystem, das den Gesamtstoffwechsel den Erfordernissen anpaßt. Die Morphogenese selbst wird jedoch durch andere Mechanismen determiniert.

IV. Die Pupariumbildung der Fliegen

In unseren eigenen Arbeiten haben wir ein ganz einfaches Beispiel einer Form- und Gestaltsänderung untersucht, die Um-

* Für die Kaulquappen-Entwicklung ist die These vertreten worden[24], daß durch einfache Erhöhung des Gesamtstoffwechsels die Entwicklung beschleunigt würde, und daß die bekannte Wirkung des Thyroxins lediglich durch die Grundumsatzsteigerung zu erklären sei. Der oben angeführte Versuch stützt diese Hypothese nicht; es zeigt sich im Gegenteil, daß Atmungsgröße und Atmungsregulation von der Entwicklung weitgehend unabhängig sind. Inzwischen ist auch für die Biochemie der Kaulquappenmetamorphose eine spezifische Wirkung des Thyroxins auf die Nucleinsäure- und Proteinsynthese nachgewiesen worden[25,26].

wandlung der Fliegenmade in das Puparium. Es handelt sich dabei nicht um die Puppenhäutung, obwohl man der Kürze halber gern „Verpuppung“ sagt, sondern um die Umwandlung der letzten Larvencuticula in das Puparium. Die Formänderung ist zunächst durch Muskelkontraktion bedingt; die neue Gestalt wird dann fixiert durch die Verhärtung der Cuticula, die sich dabei tief braun verfärbt. Der Prozeß wird auch „*Sklerotisierung*“ genannt.

Die Pupariumbildung erfolgt unter dem Einfluß des Ecdysons. Das ist am einfachsten durch das Schnürungsexperiment von FRAENKEL[27] (1935) zu zeigen, mit dem die Existenz des Metamorphosehormons bewiesen wurde. Wir haben geschnürte *Calliphora*-Maden als Testobjekt verwendet, um die Anreicherung des Ecdysons[7] zu kontrollieren, und dieser Test hat sich als sehr empfindlich und zuverlässig erwiesen. Unabhängig von dem Wert als Testmethode erscheint die Pupariumbildung als verhältnismäßig einfacher morphogenetischer Prozeß, der durch ein Hormon bedingt ist. Seine Untersuchung versprach Aufschluß zu geben über die biochemische Wirkungsweise des Hormons und über Grundprozesse der Gestaltänderung.

Die Larvencuticula von *Calliphora* besteht hauptsächlich aus Chitin und Protein. Nach Arbeiten englischer Autoren (PRYOR[28], TODD[29], DENNELL[30], HACKMAN[31] u. a.) ist die Sklerotisierung als eine Art Chinongerbung anzusehen, bei der vermutlich Proteinketten unter sich oder mit dem Chitin vernetzt werden. Sklerotisierendes Agens sollten bestimmte o-Chinone sein.

Wir haben zunächst einmal nachgewiesen, daß die Chinone aus dem Tyrosinstoffwechsel stammen; injiziert man radioaktiv markiertes Tyrosin, so findet man die Radioaktivität nachher zu etwa 80% in der Cuticula, d. h. im Puparium[32]. Über die Natur des Tyrosinmetaboliten bestand zunächst keine Klarheit. TODD u. Mitarb. hatten Protocatechusäure, 3.4-Dihydroxyphenylmilchsäure und andere phenolische Säuren aus Insektencutikeln isoliert; bei Calliphora wurde 3.4-Dihydroxyphenylessigsäure gefunden. Wir selbst waren im Verlauf unserer Aufarbeitung auf N-Acetyltyramin[33] gestoßen und hatten dieser Substanz eine gewisse Wirkung zugeschrieben. Es hat sich nun herausgestellt, daß das N-Acetyltyramin auf einem Seitenweg liegt, und daß das N-Acetyldopamin als die eigentliche Sklerotisierungssubstanz anzusehen ist[34].

N-Acetyldopamin häuft sich kurz vor der Pupariumbildung in den Larven an; im Verlauf der Sklerotisierung verschwindet es sehr schnell. Seine Bildungsweise wurde von meinem Mitarbeiter C. E. SEKERIS aufgeklärt[35, 36]. Tyrosin wird zunächst hydroxyliert

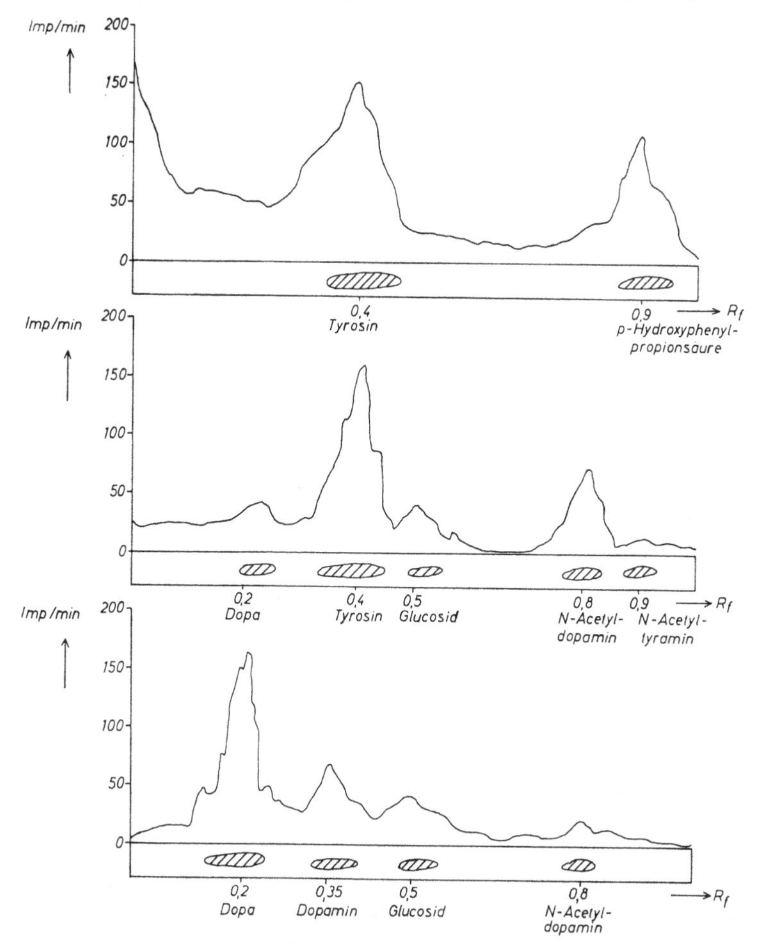

Abb. 3. Tyrosinstoffwechsel bei *Calliphora erythrocephala*. In allen Versuchen wurden den Tieren radioaktives Tyrosin bzw. DOPA injiziert, die Stoffwechselprodukte wurden papierchromatographisch getrennt und im Radiopapierchromatographen ausgewertet. Die Diagramme zeigen das Papierchromatogramm und die Ergebnisse der Radioaktivitätsmessung. Oben: Umwandlung von Tyrosin in p-Hydroxy-phenylpropionsäure bei Larven frühen 3. Stadiums. Mitte: Im späten 3. Stadium erscheinen DOPA, N-Acetyldopamin und dessen Glykosid. Unten: Bildung von Dopamin, N-Acetyldopamin und dessen Glykosid bei weißen Vorpuppen nach DOPA-Injektion. (Nach Versuchen von C. E. SEKERIS und P. KARLSON)

zu DOPA; hierfür ist ein mikrosomales Hydroxylierungssystem verantwortlich, dessen nähere Charakterisierung noch aussteht. DOPA wird nun decarboxyliert zu Dopamin, das aber nur in

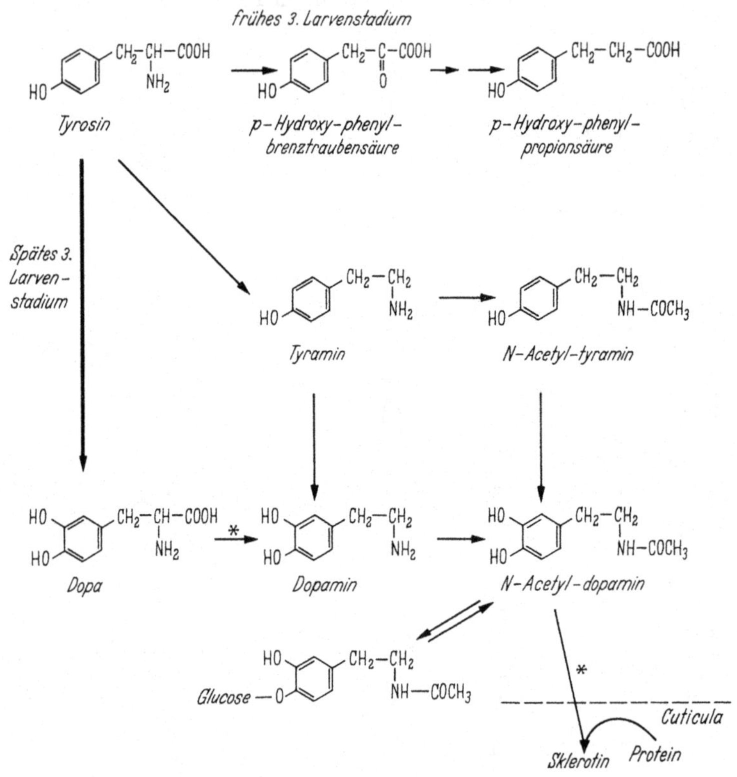

Abb. 4. Stoffwechselwege des Tyrosins bei *Calliphora erythrocephala*. Die mit * markierten Schritte werden vom Ecdyson kontrolliert. Der wichtigste Weg zur Genese des N-Acetyldopamins ist der über Dopa und Dopamin

Spuren nachweisbar ist; der Hauptanteil wird durch ein Coenzym A-abhängiges Enzymsystem an der Aminogruppe acetyliert[37]. In der Abb. 3 sind einige Radiopapierchromatogramme wiedergegeben, die die genannten Metaboliten erkennen lassen. Als weitere Möglichkeit ist schließlich noch die Umwandlung in das 4-O-β-Glucosid zu nennen*, das wohl als Speicherform der Sklero-

* Im Gegensatz zu den Säugetieren sind die Insekten in der Lage, Glucoside zu bilden.

tisierungssubstanz anzusehen ist. Insgesamt ergibt sich aus unseren Versuchen das in Abb. 4 wiedergegebene Stoffwechselschema.

Der Weg zum N-Acetyl-dopamin wird nur im späten 3. Larvenstadium beschritten. Jüngere Larven bauen Tyrosin durch Transaminierung ab; wir haben die Transaminase als pyridoxalphosphatabhängiges Enzym charakterisieren können[36].

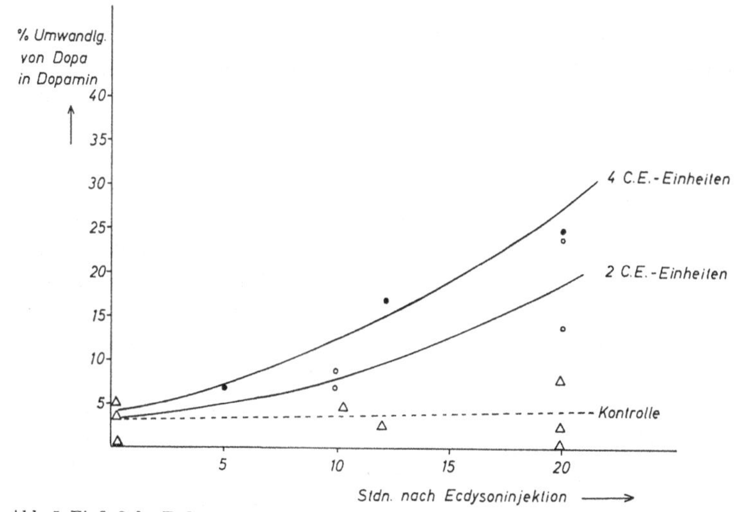

Abb. 5. Einfluß des Ecdysons auf die Umwandlung von DOPA in Dopamin. Zur angegebenen Zeit nach der Ecdyson-Injektion wurden Homogenate der Larven hergestellt, mit radioaktivem DOPA inkubiert und die Menge des Dopamins durch Radiopapierchromatographie ermittelt (nach P. KARLSON u. C. E. SEKERIS[38])

Interessant erscheint vor allem die Umsteuerung des Tyrosinstoffwechsels vom Abbau (Transaminierung) zur Biosynthese der Sklerotisierungssubstanz, die etwa zwei Tage vor der Pupariumbildung erfolgt. Wir konnten zeigen, daß sie durch das Hormon Ecdyson ausgelöst wird[38]; sie kann durch Schnürung verhindert, durch Ecdyson-Injektion beschleunigt werden (Abb. 5). Es ist besonders die DOPA-Decarboxylase, die nach Ecdysonbehandlung vermehrt ist; das Acetylierungssystem ist nicht betroffen[37]. Wir vermuten, daß es sich dabei um eine Neusynthese von Enzymprotein handelt; auf diesen wichtigen Punkt werde ich noch zurückkommen.

N-Acetyl-dopamin wird bei der Sklerotisierung in die Cuticula eingebaut, wie wir mit Isotopen zeigen konnten (Tab. 2). Dabei wird die Acetylgruppe nicht abgespalten. Der Einbau selbst erfolgt wahrscheinlich als o-Chinon, wie schon PRYOR et al. vermutet hatten: solche Chinone entstehen leicht durch die Wirkung von Phenoloxydasen. Wir haben das Enzym aus Insekten rein dargestellt und kristallisiert erhalten[39]. Es ist ein Protein vom Molekulargewicht 530000, das wahrscheinlich $Cu^{2\oplus}$ enthält. Die Substratspezifität der Diphenoloxydase ist sehr ausgeprägt: Saure Verbindungen werden nicht angegriffen, Dopamin und N-Acetyldopamin sind die besten Substrate. — Über die Bindungsart des o-Chinons an die Strukturelemente der Cuticula haben wir noch keine Klarheit gewinnen können. Aminosäureanalysen zeigen, daß nach der Sklerotisierung der Gehalt an Arginin stark abnimmt; das ist aber der einzige Hinweis auf den Angriffspunkt der Sklerotisierungssubstanz.

Tabelle 2. *Einbau ^{14}C-markierter Vorstufen in das Puppentönnchen von Calliphora erythrocephala*

Injizierte Vorstufe	Einbau in die Cuticula (% wiedergefundene Aktivität)
N-Acetyl-dopamin-β-^{14}C	63
N-(1-^{14}C-acetyl)-dopamin	50
Dopamin-β-^{14}C	66
Tyrosin, generell markiert	74

Die Phenoloxydase liegt in den Larven zunächst in inaktiver Form vor. Sie wird erst aktiv durch die Wirkung eines Aktivator-Enzyms, das die Präphenoloxydase in die aktive Form umwandelt [40, 41]. Wir sind dem Mechanismus dieser Aktivierung nachgegangen und haben wahrscheinlich machen können, daß sie in einer begrenzten Hydrolyse besteht[42]. Einige Proteasen (Chymotrypsin, Aminopeptidase) wirken ähnlich wie der natürliche Aktivator, wenn auch sehr viel langsamer.

Für unsere Betrachtungen über die Hormonwirkung interessiert vor allem, daß auch die Komponenten des Phenoloxydase-Systems, das Präenzym und das Aktivator-Enzym, unter der Kontrolle des Ecdysons stehen. Durch Ausschaltung der Ringdrüse kann man erreichen, daß die Aktivität des Aktivator-Enzyms praktisch auf Null heruntergeht; Ecdyson-Injektion hat einen Anstieg auf die Norm zur Folge[41]. Als Ursache hierfür haben wir wiederum die Neusynthese von Enzymprotein angenommen.

Fassen wir zusammen, was wir heute über die Pupariumbildung der Fliegen wissen. Der Wandel der Gestalt ergibt sich als

Kombination von Muskelkontraktion — zum Puppentönnchen — und Verhärtung (Sklerotisierung) der Cuticula; die neue Form wird dadurch fixiert. Die Sklerotisierung ist eine Chinongerbung, bei der die Komponenten der Cuticula, Proteine und vielleicht auch Chitin, miteinander vernetzt werden. Der Prozeß wird vorbereitet durch eine Umsteuerung des Tyrosinstoffwechsels: Der katabolische Abbau (Transaminierung) tritt zurück, die Biosynthese des N-Acetyldopamins wird in Gang gesetzt. Der Mechanismus dieser Umsteuerung ist wahrscheinlich in der Neusynthese der Enzyme zu suchen. — Die Sklerotisierung selbst geht auf die Wirkung der Phenoloxydase zurück, die in reiner Form erhalten wurde; sie ist verhältnismäßig spezifisch für Dopamin und verwandte Stoffe. Das aktive Enzym wird aus einer Vorstufe gebildet, und zwar durch einen enzymatischen Prozeß, der vom Ecdyson kontrolliert wird. Wir treffen also auf mehrere Enzymreaktionen, die vom Hormon Ecdyson kontrolliert werden, und müssen annehmen, daß die Enzyme unter dem Einfluß von Ecdyson neu synthetisiert werden.

V. Enzyminduktion als Prinzip der Hormonwirkung

Die gerichtete Neusynthese von Enzymproteinen nennt man Enzyminduktion[43]. Der Vorgang ist gut untersucht bei Mikroorganismen, wo er zunächst als Adaptationserscheinung klassifiziert wurde. Wir wissen heute, daß nicht nur die Substrate, sondern auch viele andere Stoffe als Enzyminduktoren wirksam sein können. Man hat neuerdings auch Beispiele dafür gefunden, daß Hormone als Enzyminduktoren wirken: Cortisol induziert Enzyme des Tyrosin- und Tryptophanstoffwechsels[44,45,46], Thyroxin ruft bei Kaulquappen die Bildung der Carbamylphosphatsynthetase hervor[47], bei Ratten induziert es die Hydroxy-methylglutaryl-Reduktase[48]. Für andere Hormone (Östron[49], Testosteron[50]) ist eine Förderung der Proteinsynthese nachgewiesen, wobei unentschieden geblieben ist, ob dabei Enzymproteine gebildet werden. —

Mit der Parallele zur Enzyminduktion sind die Phänomene der entwicklungsphysiologischen Hormonwirkung zwar eingeordnet, sie sind damit aber noch nicht erklärt. Der Mechanismus der Enzyminduktion ist durchaus nicht in allen Einzelheiten bekannt. Wir hätten damit eine Unbekannte auf eine andere, vielleicht auf eine vertrautere Unbekannte zurückgeführt. Läßt sich darüber hinaus noch etwas aus der Analyse der Insektenentwicklung lernen?

VI. Gensubstanz, Enzyminduktion und Hormonwirkung

Ich glaube, man kann diese Frage bejahen, und ich muß hier auf den Vortrag von Herrn Beermann[51] zurückgreifen. Er hat uns gezeigt, daß im Zellkern an bestimmten Genorten zu bestimmter Zeit eine Ribonucleinsäure synthetisiert wird, die mit der Matrizen-RNS identisch sein dürfte. Sie überträgt die Information über die Aminosäuresequenz vom genetischen Material — der DNS — zu den Ribosomen und entscheidet über die Natur des am Ribosom gebildeten Proteins.

Für die Biochemie der Entwicklung ist es nun von besonderer Bedeutung, daß die Aktivität bestimmter Genorte durch Hormone gesteuert werden kann. Wir haben gefunden, daß das Ecdyson an einem bestimmten Locus im I. Chromosom von *Chironomus* (IR 18) die Puffbildung auslöst[52]. Das ist die früheste Wirkung des Ecdysons, die beobachtet wurde; schon nach 30 min ist sie deutlich erkennbar. Die benötigte Menge ist recht gering; zudem ist der Effekt dosisabhängig[53].

Die Puffbildung kann als morphologisches Anzeichen für die „Aktivität des Genlocus" (im Sinne der RNS-Bildung) angesehen werden. Die RNS greift nach unseren Vorstellungen wiederum in die Proteinsynthese ein. Die Bedeutung dieses Befundes für unsere Vorstellungen vom Wirkungsmechanismus der Hormone habe ich an anderer Stelle[54] diskutiert. Hier sei noch einmal daran erinnert, daß sowohl die meisten morphologischen Merkmale wie der Rhythmus ihrer Bildung, d. h. ihre Morphogenese, genetisch festgelegt sind, und daß es für einen geregelten Ablauf der morphogenetischen Vorgänge entscheidend wichtig ist, daß die Gene in festgelegter Reihenfolge zu bestimmter Zeit aktiv werden. Die Korrelation der Genwirkung scheint zumindest z. T. auf die Wirkung der Hormone zurückführbar zu sein. Die oben für die Pupariumbildung (Sklerotisierung) dargelegten Veränderungen im Tyrosinstoffwechsel, die Neubildung bestimmter Enzyme kann man deuten als hormoninduzierte Proteinsynthese, ausgelöst durch die RNS-Synthese an dem Genlocus, in welchem die Information über die Enzymproteine lokalisiert ist (vgl. dazu das Schema, Abb. 6). Wir gewinnen damit wieder den Anschluß an die Enzyminduktion und können die Hypothese aufstellen, daß der Angriffspunkt der induzierenden Substanzen eben der Zellkern ist.

Es bleibt noch viel zu tun, um dieses Schema der Hormonwirkung, das zugegebenermaßen manche Lücke aufweist, zu beweisen. Es ist uns kürzlich gelungen, aus schonend hergestellten Homogenaten durch differentielle Zentrifugation Chromosomen zu

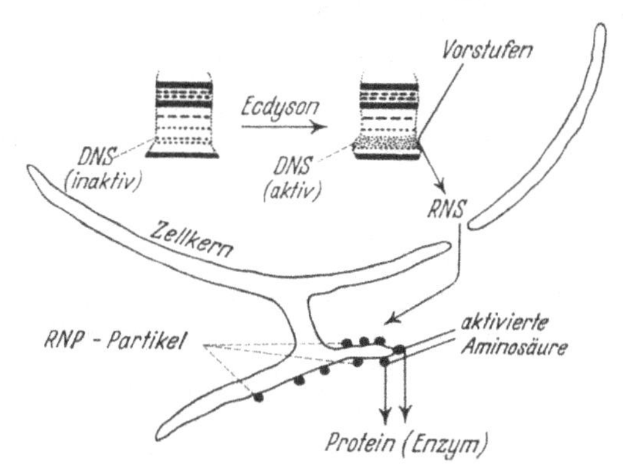

Abb. 6. Zur Wirkungsweise des Ecdysons. Unter dem Einfluß des Hormons werden im Zellkern bestimmte Gene (DNS) aktiv. An diesem Genort wird Ribonucleinsäure (RNS) gebildet, die in Ribonucleoproteidpartikeln (RNP-Partikeln) eingebaut wird und in das Cytoplasma wandert. Dort vollzieht sich die Synthese des spezifischen Proteins, das z. B. ein Enzym sein kann. Im Falle von Calliphora (untere Hälfte) wird vermutlich auf diese Weise das Aktivatorenzym gebildet, das die Protyrosinase in die aktive Tyrosinase umwandelt. Diese oxydiert Tyrosinase zu o-Chinonen, die für die Sklerotisierung der Cuticula verantwortlich sind. (Aus: P. KARLSON: Biochemische Wirkungsweise der Hormone. Deutsche Med. Wochenschrift, **84**, 668 (1931), mit freundlicher Genehmigung des Georg Thieme-Verlags, Stuttgart)

isolieren[55]. Die erhaltenen Chromosomen sind morphologisch intakt, sie zeigen das bekannte Muster der Querscheiben. Wir versuchen z. Z. mit diesen Chromosomen die ecdyson-induzierte RNS-Synthese im zellfreien System nachweisen zu können. Vielleicht ist es sogar möglich, bestimmte Loci durch Ecdyson zu aktivieren. Außerdem wollen wir versuchen, mit tritium-markiertem Ecdyson den Angriffsort des Hormons festzulegen.

Zusammenfassung

1. Die Insektenentwicklung wird durch Hormone gesteuert. Für die Auslösung der Metamorphose ist vor allem das Prothoraxdrüsenhormon Ecdyson verantwortlich, während das Juvenilhormon der Corpora allata die Morphogenese in die larvale Richtung lenkt.

2. Die biochemische Imaginalentwicklung läßt vor allem eine Beeinflussung des oxydativen Stoffwechsels (O_2-Verbrauch) erkennen. Beim Übergang von der Diapause zur Imaginalentwicklung steigt der Sauerstoffverbrauch; dies ist durch die Neubildung der Cytochrome bedingt. Allerdings können Atmungssteigerung und Cytochrombiosynthese auch durch Wundsetzung ausgelöst werden, ohne daß die Entwicklung einsetzt. Die Ursache der Morphogenese ist also an anderer Stelle zu suchen.

3. Die Pupariumbildung der Fliegen kann als begrenzte Morphogenese betrachtet werden. Sie ist biochemisch als Chinongerbung (Sklerotisierung) der Cuticula erkannt worden: N-Acetyldopamin wird durch eine Phenoloxydase zum o-Chinon oxydiert, das die Cuticulaproteine vernetzt. Die Biogenese des N-Acetyldopamins und die Bildung der aktiven Phenoloxydase aus der Vorstufe konnten aufgeklärt und als Wirkung des Ecdysons erkannt werden.

4. Die biochemischen Wirkungen des Ecdysons bei der Morphogenese lassen sich als Enzyminduktion deuten. Beispiele für diesen Wirkungsmechanismus finden sich auch bei anderen Hormonen. Im Falle des Ecdysons konnte überdies noch ein direkter Angriff am genetischen Material gezeigt werden; daraus ergibt sich eine Arbeitshypothese für den Mechanismus der Hormonwirkung bei der Induktion der Enzymsynthese.

Literatur

1 Kühn, A.: Vorlesungen über Entwicklungsphysiologie. Berlin-Göttingen-Heidelberg: Springer-Verlag 1955.

2 Florkin, M., and H. Mason: Comparative Biochemistry, Vol. I u. II. New York u. London: Academic Press 1960.

3 Zusammenfassungen: Bückmann, D.: Fortschr. Zool. **14**, 164 (1962). — Gilbert, L. I., and H. A. Schneiderman: Amer. Zool. **1**, 11 (1961). — Karlson, P.: Vitam. and Horm. **14**, 227 (1954). — Novak, V.: Insektenhormone. Prag: Verlag Akad. d. Wissenschaften 1959. — Wigglesworth, V. B.: The Physiology of Insect Metamorphosis. London: Cambridge Univ. Press 1954.

4 Ichikawa, M., and H. Ishizaka: Nature (Lond.) **191**, 933 (1961).

5 Kobayashi, M., and I. Kirimura: Nature (Lond.) **181**, 1217 (1958).

6 Kobayashi, M., I. Kirimura and M. Saito: Nature (Lond.) 195, 515 u. 729 (1962).

7 Butenandt, A., u. P. Karlson: Z. Naturforsch. **9**b, 389 (1954).

[8] GABE, M., P. KARLSON and J. ROCHE: Comparative Biochemistry. Vol. V, Kap. 13. Academic Press (im Druck); vgl. auch: P. KARLSON: 8. Symposium f. Endokrinologie, München 1.—3. März 1961. Berlin-Göttingen-Heidelberg: Springer-Verlag 1962, pp. 90—98.
[9] GILBERT, L. I., and H. A. SCHNEIDERMAN: Science **128**, 844 (1958).
[10] SCHNEIDERMAN, H. A., and L. I. GILBERT: Seventeenth Growth Symposium. New York: The Ronald Press Co. 1959. pp. 157—184.
[11] SCHMIALEK, P.: Z. Naturforsch. **16**b, 461 (1961).
[12] KARLSON, P., and M. NACHTIGALL: J. Ins. Physiology. Pergamon Press **7**, 210 (1961).
[13] KARLSON, P., und H. EHMKE: unveröffentlicht.
[14] BISHAI, F., W. VOGELL und TH. BÜCHER: Europ. Symp. med. Enzymol., Mailand 1960, pp. 13—26.
[15] KARLSON, P., and C. E. SEKERIS: Comparative Biochemistry. Vol. V, Kap. 19. Academic Press (im Druck).
[16] WYATT, G. R., and W. L. MEYER: J. gen. Physiol. **42**, 1005 (1959).
[17] AGRELL, I.: Acta physiol scand. **28**, 306 (1952).
[18] WILLIAMS, C. M.: Harvey Lect. **47**, 126 (1952).
[19] HARVEY, W. R., and C. M. WILLIAMS: Biol. Bull. **114**, 36 (1958).
[20] KURLAND, C. G., and H. A. SCHNEIDERMAN: Biol. Bull. **116**, 136 (1959).
[21] ZEBE, E., and W. H. MCSHAN: J. gen. Physiol. **40**, 779 (1957).
[22] BÜCHER, TH., u. M. KLINGENBERG: Angew. Chem. **70**, 552 (1958).
[23] SCHNEIDERMAN, H. A., and C. M. WILLIAMS: Biol. Bull. **105**, 320 (1953).
[24] MARTIUS, C.: Coll. Ges. Physiol. Chemie, Mosbach (Baden). Berlin-Göttingen-Heidelberg: Springer-Verlag 1954.
[25] FINAMORE, F. J., and E. J. FRIEDEN: J. biol. Chem. **235**, 1751 (1960).
[26] BROWN, G. W. Jr., W. R. BROWN, and P. P. COHEN: J. biol. Chem. **234**, 1775 (1959).
[27] FRAENKEL, G.: Proc. roy. Soc. B **118**, 1 (1935).
[28] PRYOR, M. G. M.: Proc. roy. Soc. B **128**, 393 (1940).
[29] PRYOR, M. G. M., P. B. RUSSELL and A. R. TODD: Nature (Lond.) **159**, 399 (1947).
[30] DENNELL, R.: Biol. Rev. **33**, 178 (1958).
[31] HACKMAN, R.: Proc. IV. Intern. Congr. Biochem. Wien XII, 58 (1958).
[32] KARLSON, P.: Hoppe-Seylers Z. physiol. Chem. **318**, 194 (1960).
[33] BUTENANDT, A., U. GRÖSCHEL, P. KARLSON u. W. ZILLIG: Arch. Biochem. Biophys. **83**, 76—83 (1959).
[34] KARLSON, P., and C. E. SEKERIS: Nature (Lond.) **195**, 183 (1962).
[35] KARLSON, P., C. E. SEKERIS u. K. SEKERIS: Hoppe-Seylers Z. physiol. Chem. **327**, 86 (1962).
[36] SEKERIS, C. E., and P. KARLSON: Biochim. biophys. Acta (Amst.) **62**, 103 (1962).
[37] KARLSON, P., u. H. AMMON: Hoppe-Seylers Z. physiol. Chem. (im Druck); vgl. auch Dissertation H. AMMON, Med. Fakultät München (1962).
[38] KARLSON, P., and C. E. SEKERIS: Biochim. biophys. Acta. (Amst.) **63**, 489 (1962).

[39] Karlson, P., u. H. Liebau: Hoppe-Seylers Z. physiol. Chem. **326**, 135—143 (1961).
[40] Horowitz, N. H., and M. Fling: In Amino Acid Metabolism, S. 207, Baltimore: John Hopkins Press 1955.
[41] Karlson, P., u. A. Schweiger: Hoppe-Seylers Z. physiol. Chem. **323**, 199—210 (1961).
[42] Schweiger, A., u. P. Karlson: Hoppe-Seylers Z. physiol. Chem. **329**, 210 (1962).
[43] Halvorsen, O.: Advanc. Enzymol. **22**, 99 (1960).
[44] Knox, W. E., and V. H. Auerbach: J. biol. Chem. **214**, 307 (1955).
[45] Kenney, F. T., and R. M. Flora: J. biol. Chem. **236**, 2699 (1961).
[46] Degenhardt, G., H. J. Hübener u. I. Alester: Hoppe-Seylers Z. physiol. Chem. **323**, 278 (1961).
[47] Paik, W. K., and P. P. Cohen: J. gen. Physiol. **43**, 683 (1960).
[48] Gries, F. A., F. Matschinsky u. O. Wieland: Biochim. Biophys. Acta (Amst.) **56**, 615 (1962).
[49] Mueller, G., J. Gorski and Y. Aizawa: Proc. nat. Acad Sci. (Wash.) **47**, 164 (1961).
[50] Butenandt, A., H. Günther u. F. Turba: Hoppe-Seylers Z. Physiol. Chem. **322**, 28 (1960).
[51] Beermann, W.: vorstehender Vortrag.
[52] Clever, U., and P. Karlson: Exp. Cell Res. **20**, 623 (1960).
[53] Clever, U.: Chromosoma **12**, 607 (1961).
[54] Karlson, P.: Dtsch. med. Wschr. **86**, 14, 668 (1961).
[55] Karlson, P., u. U. Löffler: Hoppe-Seylers Z. physiol. Chem. **327**, 286—288 (1962).

Diskussionsbeitrag

zum Vortrag von Prof. Dr. P. KARLSON, München

Von

BERNT LINZEN

Max Planck-Institut für Biochemie, München

Mit 2 Abbildungen

Ich möchte über einige Versuche berichten, die die Wirkung einer Verwundung auf den Stoffwechsel der Seidenspinner Hyalophora cecropia und Samia cynthia aufklären sollten. Diese Versuche wurden in dem Laboratorium von Dr. G. R. WYATT, Yale University, durchgeführt, und ihre Ergebnisse mir freundlicherweise für dieses Colloquium zur Verfügung gestellt.

Die Reihenfolge, in der im Insektenorganismus biochemische Reaktionen unter dem Anstoß des Ecdysons anlaufen, ist schwierig zu bestimmen; diese Reaktionen sind zudem qualitativ und quantitativ erst sehr unvollständig untersucht. Die Puppendiapause der Seidenspinner bietet zwar eine gute Gelegenheit, diese Prozesse zu studieren, doch gerade für die morphologisch noch nicht faßbaren Anfänge fehlt eine genaue, unmißverständliche Zeitskala. Die experimentelle Verletzung dagegen erlaubt eine exakte Datierung und Bezugsetzung der gemessenen Vorgänge. Während im Gegensatz zur Imaginalentwicklung die Histogenese hier auf das Zuheilen der Wunde beschränkt ist, kann man in Hinsicht auf biochemische Regulationsmechanismen den Wundeffekt als Modellsituation ansehen, die die Wirkung des Ecdysons indirekt zu studieren erlaubt.

Die Versuche wurden in vitro und mit einheitlichem Gewebe — dem Fettkörper — durchgeführt. Dadurch wird gewährleistet, daß 1. die Stoffe, die man untersucht, rasch in die Zelle gelangen (der Blutkreislauf ist während der Diapause sehr langsam), daß 2. Wechselwirkungen zwischen den Geweben ausgeschaltet werden, und daß schließlich weitere Wundeffekte vermieden werden, die in vivo bei der Injektion durch die Cuticula entstehen würden. Ein geeignetes Inkubationsmedium, dessen Zusammensetzung der Hämolymphe von Bombyx mori angenähert ist, wurde von E. STEVENSON und G. R. WYATT formuliert[1]. Als Kriterium für die Lebensfähigkeit des Gewebes in diesem Medium diente der Einbau von C^{14}-markiertem Leucin in die Proteine, der mindestens über 6 Std hinweg unvermindert anhält. Unter Standardbedingungen ergaben sich nun große Unterschiede in der Geschwindigkeit des Leucin-Einbaus zu verschiedenen Zeitpunkten nach Setzen einer Wunde. Man erhielt einen Anstieg der Einbauraten in zwei Phasen, mit dem Maximum zu der Zeit, in der auch der Sauerstoffverbrauch am höchsten ist (Abb. 1). 4 Std nach der Verwundung ist der Einbau noch nicht meßbar gesteigert, aber nach 14 Std bereits verdoppelt. — Zu Beginn der Imaginalentwicklung wird der Einbau von Leucin dreißigfach gegenüber dem Tier in Diapause gesteigert.

Aufbauend auf diesen Versuchen haben WYATT und ich selbst den Einbau von P^{32} in die Ribonucleinsäuren von Cecropia-Fettkörper untersucht. Die mittlere spezifische Aktivität der Ribonucleotide nach 6stündiger Inkubation steigt sehr rasch an: Der erste Effekt ist nach 6 Std undeutlich sichtbar, das Maximum des Einbaus wird nach 24 Std erreicht. Man könnte diese

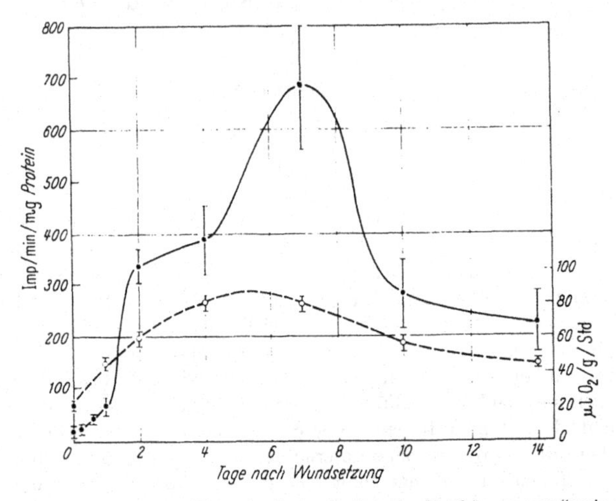

Abb. 1. Einbau von Leucin-1-C^{14} *in vitro* in das Protein des Fettkörpers von Samia cynthia-Puppen (————) und Sauerstoffaufnahme der Tiere (— — —) zu verschiedenen Zeitpunkten nach Setzen einer Wunde. Inkubationsbedingungen vergl. Originalarbeit (nach E. STEVENSON u. G. R. WYATT, zur Publik. einger. bei Arch. Biochem. Biophys.).

Ergebnisse wahlweise auch durch Permeabilitätsänderung der Zellmembran und verstärkten Einstrom von Phosphat in die Zelle erklären. Tatsächlich geht die Konzentration des gesamten säurelöslichen Phosphates im Gewebe nach Verwundung herauf, und man findet bei Inkubation mit P^{32} auch in dieser Fraktion eine höhere spezifische Aktivität. Drückt man die spezifische Aktivität der RNS in % der spezifischen Aktivität des säurelöslichen Phosphates aus, so gewinnt man ein besseres Maß für die Einbaugeschwindigkeit (Abb. 2). Man erhält das gleiche Bild: Die RNS-Synthese wird früher stimuliert als der übrige Stoffwechsel.

Unter gleichen Bedingungen wurde Fettkörpergewebe auch im Stadium der beginnenden Imaginalentwicklung inkubiert. Erwartungsgemäß war der P^{32}-Einbau angestiegen, und zwar im frühesten von uns untersuchten Stadium, in dem die Atmung noch niedrig ist, auf das Dreifache der Diapause-Rate. Darüber hinaus steigt der Einbau nicht mehr an, was damit zusammenhängen dürfte, daß der larvale Fettkörper wenige Tage nach dem Beginn der morphologisch sichtbaren Entwicklung zerfällt. Wir waren überrascht zu finden, daß trotz des verstärkten Einbaues von P^{32} in die RNS keine chemisch meßbare de-novo-Synthese stattfindet. Das Verhältnis Gesamt-Nucleinsäure/Desoxyribonucleinsäure, das im Fettkörper von H. cecropia vom Frischgewicht der Tiere abhängig ist, bleibt in der Diapause und der frühen Imaginalentwicklung gleich.

Von größtem Interesse war es nach diesen Ergebnissen, die Wirkung des Ecdysons in vitro zu untersuchen. Einige solcher Versuche konnten mit einer geringen Menge Ecdyson noch gemacht werden (Tab. 1). In der ersten

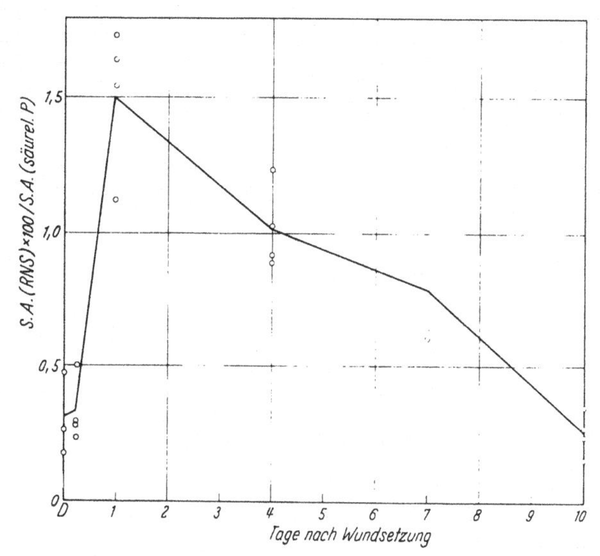

Abb. 2. Einbau von P^{32} *in vitro* in die Ribonucleinsäuren des Fettkörpers von Hyalophora cecropia nach Setzen einer Wunde. 1,2 g Gewebe wurden während 6 Std in 2 ml Medium (nach [1]) mit 20 μC P^{32}-Orthophosphat inkubiert. Mittlere spezifische Aktivität der Ribonucleotide als % der spezifischen Aktivität des gesamten säurelöslichen Phosphates. *D* = Diapause, Zeitpunkt Null. Die O_2-Aufnahme war in diesen Versuchen am 4 Tag maximal.

Serie wurden je 70 mg Fettkörpergewebe 2 und 6 Std mit und ohne Ecdyson inkubiert und die Ribonucleotide nach einer Methode von KAHAN[2] an Aktivkohle adsorbiert und gezählt. Der Einbau von P^{32} ist in den Ansätzen mit Hormon um 20—30% gesteigert (abgesehen von einem mißlungenen Ansatz, in dem auch das säurelösliche Phosphat viel weniger aktiv ist). Da aber bei sehr niedrigen Einbauraten diese Methode nicht mehr genau sein dürfte, haben wir noch einen Versuch mit größeren Gewebemengen gemacht und die Ribonucleotide nach Spaltung der RNS elektrophoretisch getrennt. In diesem Versuch zeigte sich ein Anstieg der mittleren spezifischen Aktivität der RNS im Ecdyson-behandelten Ansatz, allerdings auch ein Anstieg der Aktivität im säurelöslichen Phosphat, so daß die prozentuale spezifische Aktivität der RNS nur sehr geringfügig angehoben ist. Ob dieser Anstieg eine echte Wirkung des Ecdysons ist, ist noch fraglich, wenn auch in Zusammenhang mit den übrigen Versuchen nicht unwahrscheinlich.

Schließlich ist festzustellen, daß nach Versuchen von WYATT auch der Kohlenhydratstoffwechsel sich nach einer Verwundung stark ändert.

Tabelle 1. *Einbau von P^{32} in die RNS von Hyalophora cecropia. Fettkörper aus Tieren in Diapause mit und ohne Ecdyson inkubiert. Aktivität in Imp/min/mg Protein nach Adsorption der Ribonucleotide an Aktivkohle*

	2 Std inkubiert		6 Std inkubiert	
Kontrolle				
Säurel. Phosph.	9100	9020	19240	15020
RNS	16	15	29	47
Ecdyson				
Säurel. Phosph.	9520	10740	11400 ?	15060
RNS	20	26	21 ?	59

Gleiche Versuchsbedingungen. RNS isoliert, hydrolysiert und Nucleotide elektrophoretisch getrennt. Spezifische Aktivität in Imp/min/μMol.

	Srel. Phosph.	RNS	$\frac{\text{RNS} \times 100}{\text{srl. Ph.}}$
Kontrolle	182000	314	0,17
Ecdyson	207000	375	0,18

Glucose-1-C^{14}, in Cecropia-Puppen injiziert, wird in relativ kurzer Zeit in Trehalose überführt; im Wundheilungsprozeß geht diese Umwandlung wesentlich schneller vonstatten als bei den Kontrollen. Die Konzentration der Trehalose in der Hämolymphe geht nach Verletzung hinauf, die des freien Glycerins sinkt außerordentlich stark. Versuche an Samia cynthia, wo während der Diapause kein freies Glycerin auftritt, weisen allerdings darauf hin, daß die Neubildung von Trehalose vor allem auf Kosten des Glykogens im Fettkörper geht. Zur gleichen Zeit wird aber auch Glucose verstärkt in das Fettkörperglykogen eingebaut — bei verwundeten Tieren etwa zehnmal so schnell wie bei den Kontrollen. WYATT schließt daraus, daß nach Setzung einer Wunde zunächst starke Verschiebungen zwischen einzelnen Kohlenhydraten stattfinden, ohne daß notwendigerweise oxydative Prozesse stark ansteigen. Glucose-1-C^{14} wird jedenfalls in verwundeten Tieren nicht schneller veratmet als in den Kontrollen.

Fassen wir die Befunde zusammen: Wenn man Fettkörper von H. cecropia oder S. cynthia in einem geeigneten Medium inkubiert, läßt sich in vitro die Wirkung einer Verwundung auf den Stoffwechsel verfolgen. Sie wird als Modell für die biochemische Wirkung des Ecdysons betrachtet. Der Einbau von P^{32} in die RNS ist früher maximal, als der von C^{14}-Leucin in das Protein, oder als der Sauerstoffverbrauch. Eine direkte Wirkung des Ecdysons auf die RNS-Synthese in vitro ist nahegelegt. Unabhängig von der erhöhten Atmung finden in verwundeten Tieren starke Verschiebungen zwischen den einzelnen Kohlenhydraten statt.

Literatur

[1] STEVENSON, E., and G. R. WYATT: Arch. Biochem. (Manuskript zum Druck eingereicht).

[2] KAHAN, F. M.: Anal. Biochem. **2**, 107 (1960).

Diskussion zum Vortrag Karlson

Diskussionsleiter: Weitzel, Tübingen

Werle (München): Können Sie einen Teil dieser Prozesse durch Dopamininjektionen in diese Puppen oder diese Larven hervorrufen? Ich bin davon überzeugt, daß der Prozeß sehr viel komplizierter ist; aber ein Teil der Prozesse dürfte da angestoßen werden. Vielleicht darf ich, bevor Sie antworten, noch eine Bemerkung machen: Es findet sich bei höheren Tieren eine merkwürdige Parallele. Von Karlson in Lundt ist festgestellt worden, daß bei der Embryonalentwicklung bei der Ratte und bei der Regeneration etwa von Leber auch eine Decarboxylase aktiviert wird, also induziert wird, nämlich die Histidindecarboxylase. Mich würde interessieren, ob in Ihren Präparaten auch neben dem Dopamin vielleicht noch ein anderes biogenes Amin decarboxyliert wird, das im Bereich der Spezifität dieser Decarboxylase liegt, nämlich das Histamin.

Karlson: Wir haben Histamin oder Histidindecarboxylase nicht untersucht. Um auf die Frage des Dopamins zurückzukommen: Wir haben ja sehr häufig Dopamin injiziert, radioaktives Dopamin und anderes Dopamin, um diese Stoffwechseluntersuchungen durchzuführen, und haben dabei keine Effekte beobachtet. Wir haben früher einmal N-Acetyl-Tyramin injiziert und dabei eine gewisse Verfärbung gesehen, also Effekte, die der Sklerotisierung ähneln, aber bei genauer Analyse doch keine Sklerotisierung im eigentlichen Sinne darstellen. Es scheint sich um Prozesse zu handeln, die mehr im Körperinneren ablaufen, die also nicht zu den eigentlichen Prozessen in der Cuticula gehören. Dies zeigt wiederum, daß die Dinge nicht ganz so einfach sind, und daß man schon die Mitwirkung des Gewebes braucht, um die Wirkung des Ecdysons auszulösen.

Grassmann (München): Es ist überraschend, warum eigentlich der Umweg, der scheinbare Umweg eingeschlagen wird, warum nicht direkt das DOPA in DOPA-Chinon verwandelt wird und dieses dann die verfestigende, gerbende Wirkung auslöst. Nun kann ich dazu vielleicht auf einen Punkt hinweisen. Wir haben die Affinitäten solcher phenolischer Verbindungen zur CO-NH-Gruppe, also die ganz unspezifische Affinität zu allen Eiweißkörpern, studiert und dabei immer gefunden, daß diese Affinität außerordentlich gering ist, wenn in der Seitenkette eine zwitterionische Gruppe sitzt. Es könnte also durchaus sein, daß die Decarboxylierung und die nachfolgende Acetylierung die allgemeine Affinität zum Eiweiß erhöht. Sie geht übrigens parallel zur Affinität, die Sie zur Phenoloxydase gemessen haben. Ich würde mir vorstellen, daß schon das DOPA-Derivat selbst, also das entsprechende Brenzkatechin, lose in die Substanz der Cuticula eingelagert wird, und daß dann dort die Oxydation zum Chinon und die Chinongerbung erfolgt.

Ein Punkt, der mir zur Theorie der Chinongerbung nicht ohne weiteres zu passen scheint, ist, wenn ich recht verstanden habe, dieser Test amerikanischer Autoren, den Sie zu Beginn Ihres Vortrages gezeigt haben, wo doch diese verhärtete Schale, dieses chinongegerbte Gebilde wieder weich wird und wieder aufgelöst wird. Also, vielleicht ist es ein Mißverständnis; denn eine Chinongerbung sollte ja unter biologischen Bedingungen nicht, oder jedenfalls nicht in so kurzen Zeiten, wieder aufgehen können.

KARLSON: Ja, vielleicht darf ich der Reihe nach antworten. Zum ersten Punkt: Es ist natürlich außerordentlich interessant, von diesen Befunden zu hören, daß die zwitterionischen Verbindungen, DOPA vor allem, keine hohe Affinität zum Protein haben. Ich habe die Bedeutung der Decarboxylierung und N-Acetylierung immer darin gesehen, daß wir ja unweigerlich in die Melaninreihe kommen, wenn eine Phenoloxydase auf DOPA oder Dopamin einwirkt. Im Augenblick, wo wir das Orthochinon haben, wird sich dann innermolekular der Indolring schließen durch Addition der NH_2-Gruppe. Durch die Acetylierung wird der Ringschluß verhindert. Und das ist wichtig, weil das Chinon ja gerade nicht mit sich selbst, nicht mit seiner eigenen Seitenkette, sondern mit den Aminogruppen des Proteins kombinieren soll. Daß eine solche Kondensation tatsächlich eintritt, läßt sich zeigen: Nach Hydrolyse findet man Produkte, die offenbar zusammengesetzt sind aus Proteinbruchstücken und diesen phenolischen Substanzen. Wir haben versucht, diese Spaltprodukte zu reinigen und zu identifizieren, sind aber damit noch nicht fertig geworden.

Zu dem anderen Punkt der Chinongerbung: Bei dem Mehlkäfertest, den Sie wohl heranziehen — das waren unsere eigenen Arbeiten —, handelt es sich darum, daß durch die Injektion des Juvenilhormons eine Umstimmung des Gewebes auftritt, so daß es an dieser Stelle — lokal — gar nicht erst zu einer Färbung kommt. Während sich die Käfercuticula ausfärbt, bleibt diese Stelle hell und verhältnismäßig weich, und zwar deshalb, weil die Zellen, in denen das Juvenilhormon wirkt, eine helle Puppencuticula abscheiden.

WEBER (Bern): Ich habe eine topographische Frage. In welchem Gewebe wird das durch Ecdyson aktivierbare Aktivatorenzym für die Phenoloxydase gebildet? Wurden die Enzymbestimmungen an Homogenaten oder an Hämolymphe durchgeführt?

KARLSON: Wir haben Homogenate verwendet. Wir können über die topographische Lokalisation nichts aussagen, wir haben darüber nicht gearbeitet.

Frl. SCHWINK (Mariensee): Ich möchte fragen, welche Beziehung besteht zwischen der Funktion des Ecdysons in der Aktivierung der Phenoloxydase bei der Sklerotisierung und seiner Funktion in der Larvenhäutung. In der Larvenhäutung reagiert doch zuerst die Epidermis in einem Wachstumsprozeß, meist unter Zellteilung, und sehr viel später erfolgt die Bildung der Cuticula und die Chitinsynthese.

KARLSON: Es wäre natürlich ein Mißverständnis, anzunehmen, daß wir mit der Sklerotisierung die Gesamtheit der heute zur Diskussion stehenden Metamorphoseerscheinungen erklären wollten. Das habe ich nicht gemeint. Es ist lediglich ein spezieller Vorgang, den wir verhältnismäßig gut in der Hand haben, den wir als begrenzte Morphogenese auffassen, und den wir biochemisch durchleuchtet haben; es ist ein Beispiel, das für viele Ecdysonwirkungen steht. Natürlich wird im Verlauf der Häutung sehr viel Material biosynthetisiert, das nachher die Cuticula bildet.

Frl. SCHWINK: Aber primär wird doch die Zellteilung ausgelöst, wenn wir allgemein an die Insekten denken.

KARLSON: Das kann man nicht unbedingt sagen. Es ist zwar häufig eine Zellteilung; aber nicht unbedingt und nicht immer, und die Zellvermehrung steht nicht immer im Verhältnis zu der Häutung. Bei Termiten ist es doch so, daß sie überhaupt keine Zellvermehrung haben, sie können sich häuten, ohne zu wachsen. Und auch das kann man mit Ecdyson auslösen.

Frl. SCHWINK: Zweitens möchte ich zu den U-förmigen Atmungskurven während der Metamorphose bemerken, daß es sich hier doch wohl um die beobachteten Folgeerscheinungen von Metamorphoseprozessen und nicht um die Induktion handelt. Dies gilt auch für einen Teil der Befunde zur Änderung von Fermentaktivitäten, z. B. der Kathepsine, die tertiäre Folge und nicht Induktionsprozesse sein dürften.

QUADBECK (Homburg): Bei Toxicitätsuntersuchungen von Phosphorestern, die als Cholinesterasehemmer wirken, war uns aufgefallen, daß Maden von Calliphora, die nur etwa $^1/_{1000}$ der Empfindlichkeit der Imago haben, nach Einwirkung dieser Gifte sich wesentlich frühzeitiger verpuppten als unbehandelte Tiere. Ist nach Ihrer Auffassung dieser Effekt auf eine Allgemeinschädigung zurückzuführen, oder kann man sie auch über eine Acetylcholin-bedingte Ausschüttung von Ecdyson erklären?

KARLSON: Eine Frage, die nicht leicht zu beantworten ist. Für möglich kann man natürlich vieles halten. Für möglich halten würde ich entweder eine Allgemeinschädigung. Wenn es das nicht ist, dann eine Beeinflussung der Corpora allata, die vorzeitig aufhören zu wirken. Dann tritt statt der letzten Larvenhäutung eine vorzeitige Verpuppung ein. Oder aber es ist tatsächlich eine direkte Wirkung des Acetylcholins. Da ist hinzuweisen auf Arbeiten von VAN DER KLOOT [Ann. Rev. Entomol. 5, 35 (1960)], der zeigen konnte, daß beim Seidenspinner, H. cecropia, in der Diapause ein außerordentlich geringer Spiegel von Acetylcholin vorhanden ist. Kurz bevor die Entwicklung einsetzt, als Vorbereitungsphase gewissermaßen, steigt Acetylcholin, aber die Cholinesterase tritt im Gehirn noch nicht auf. Etwa zu dem Zeitpunkt, wo man annehmen muß, daß das Gehirn die neurosekretorische Substanz (das Gehirnhormon) produziert, setzt gleichzeitig damit auch die elektrische Aktivität des Gehirns wieder ein, die Cholinesterase ist wieder nachweisbar, und Acetylcholin wird gespalten.

BEERMANN (Tübingen): Zu der Frage von Frl. SCHWINK sei daran erinnert, daß bisher keiner der biochemischen Effekte des Ecdysons früher als 6 Std. nach Ecdysongabe festgestellt wurde. Dagegen ist die Induktion des puffing in den auf Ecdyson spezifisch reagierenden „Operons“ bereits 30 min nach der Injektion erkennbar. Dieser „Primäreffekt“ ist auch in den Larvenhäutungen gegeben. Erst die als Kettenreaktion auf den Primäreffekt folgenden späteren Änderungen im Puffspektrum sind gewebs- und auch phasenspezifisch verschieden. Von den induzierten Enzymen darf man ein analoges Verhalten erwarten.

BÜCHER (Marburg): Zu dem, was Herr BEERMANN eben sagte: Wenn ich das eine Bild richtig verstanden habe, dann setzte der Anstieg des Spiegels des Aktivatorenzyms unmittelbar dort ein, wo der Pfeil war.

KARLSON: Das ist eine Frage der Skala. Wir haben die ersten Messungen 12—24 Std. nach der Injektion gemacht. Da die Gesamtskala über 15 Tage läuft, erscheint die Zeitdifferenz klein, es sieht so aus, als begänne der Anstieg unmittelbar.

Vielleicht darf ich zu den Ausführungen von Herrn LINZEN noch eines sagen. Es ist ja außerordentlich interessant, daß dieser Wundheilungseffekt in vielem so ähnlich ist, wie die ersten Vorgänge bei der Ecdysonwirkung. Ich glaube aber dennoch nicht, daß es ein sehr gutes Modell dafür ist, und zwar eben deshalb, weil nach dieser ersten Phase, nach Abschluß der Wundheilung, nichts mehr passiert. Man muß ja gerade nach den Dingen suchen, die spezifisch für die Morphogenese sind, nicht für die Regeneration. Das ist ein Problem für sich, ein sehr interessantes Problem, aber für die Morphogenese nicht sehr aufschlußreich. Gerade die Differenz zwischen beiden wäre interessant: Was geschieht bei Einleitung der Entwicklung durch Ecdyson anderes als bei der Wundheilung? Was wir in beiden Fällen beobachteten, gesteigerte Enzymaktivitäten im Kohlenhydratstoffwechsel, Proteinbiosynthese usw., sind wahrscheinlich Phänomene, die im wesentlichen durch ein selbst regulierendes System bestimmt sind. Etwa in dem Sinne wie die Atmung durch Adenosindiphosphat begrenzt sein kann, so ist hier eine wahrscheinlich sehr komplizierte Selbstregulation im Spiele. Bei Beginn der Morphogenese wird diese Selbstregulation auch beansprucht; aber das, was als eigentlich morphogenetischer Anstoß hinzu kommt, das ist eben etwas anderes.

LINZEN (München): Es ist wahrscheinlich, daß der Diapause-Stoffwechsel selbst ebenfalls durch das Ecdyson eingeleitet wird, da er auf die Puppenhäutung folgend einsetzt. Dann könnte man vielleicht auch seine Wiederherstellung nach einer Periode des Wundstoffwechsels als Modellfall einer der Ecdyson-Wirkungen betrachten.

Selbstverständlich sind die von uns untersuchten Vorgänge nur Teilprozesse, die das „biochemische Rüstzeug“ darstellen, mit dem einerseits die Wundheilung, andererseits die Imaginalentwicklung durchgeführt werden kann.

Comments on induction during cell differentiation

By

Howard Holtzer [1,2]

Dept. of Anatomy, School of Medicine,
University of Pennsylvania, USA

1. Introduction

I suspect that this symposium was convoked because many share the conviction that embryological "induction" involves mechanisms similar to those implicated in the induction of enzymes in micro-organisms. This article of faith is summarized in the axiom that anything found to be true for *E. coli* must also be true for elephants (Monod and Jacob, 1962). For myself, I am not sure how one compares elephants with *E. coli*; how, so to speak, one focuses simultaneously on both these forms. True, in both proteins may be ultimately programmed by the sequence of bases in the DNA, polysaccharides synthesized by way of uridine nucleotides and so forth, but this does not describe how the elephant, consisting of billions of individual, specialized, and generally non-dividing cells, has developed. Yet this is the crux of morphogenesis and cell differentiation — how, by way of mitotic divisions, a zygote yields so many spatially-oriented muscle, cartilage, nerve, liver and other specialized cells whose activities, when integrated, form the elephant. The problem is not primarily how a muscle cell orders smaller molecules into myosin, actin, or creatine kinase, but how one group of cells is instructed to become muscle, whereas another group, descendents from the same parent cell, is instructed to fabricate a protein-chondroitin sulphate complex and hence becomes cartilage. No one questions the

---

[1] This investigation was supported in part by Research Grants B-493 from the National Institute of Neurological Diseases and Blindness, United States Public Health Service, and NSF G-14123 from the National Science Foundation.

[2] Research Career Development Awardee (U.S.P.H.S.).

notion that molecular interactions in *E. coli* and in the cells of the elephant follow the same biophysical laws. What is uncertain is whether the development of metazoans requires regulatory mechanisms of a kind absent in bacteria. Until more compelling data is available from experiments with embryonic cells, my prejudice is that the emergence of differentiated cells from the zygote entails novel regulatory mechanisms rather than a mere reshuffling of those adaptive devices which insure the multiplication and survival of bacteria. Accordingly in the following I have summarized in general terms what I deem to be the current status of induction in multi-cellular organisms. I have attempted to relate my somewhat old-fashioned views to the much more exciting and revolutionary ones current in microbiology. In defense of these old-fashioned views I would contend that in biochemical embryology conjecture has been substituted for rigorous theorizing and that even the conjecture has not been based on critical experiments.

2. Background

To discuss embryonic induction in a way meaningful to a biochemist is difficult. It is difficult because the reliable experiments, methodologies and concepts are not biochemical. Embryological thinking is largely sociological, dealing as it does with mixed cell populations. To date the experiments which constitute the core of embryological thinking cannot be translated or interpreted in biochemical terms. Premature efforts to do so will fail to do justice to the provocative biological data and lead to experiments which, while seeming to keep pace with other areas of molecular biology, are of dubious value from either a biochemical or embryological viewpoint (e.g. EBERT, 1959a, 1959b; EBERT and WILT, 1960; WILDE, 1961; LANGMAN, 1959). The contrast between the advances in microbiology and in biochemical embryology over the past 15 years can be demonstrated by the obvious negative answer to the following question: Is there a single experiment in biochemical embryology that has added a dimension to our knowledge of cell differentiation which would surprise, T. H. MORGAN or E. B. WILSON?

Approximately a quarter of a century ago embryonic induction was brilliantly defined experimentally by SPEMANN, HOLTFRETER,

WADDINGTON, NEEDHAM and BRACHET (summarized in SPEMANN, 1938; HOLTFRETER and HAMBURGER, 1955; WADDINGTON, 1960; WEISS, 1939). The basic observation is the alteration in synthetic activities of a population of cells following interaction with another, inducer, tissue. This capacity to respond to an inducer is limited to a restricted stage in the developmental history of the reacting system. Subsequent workers have designated as inductive agents anything from high intra-cellular glycolytic activity to trans-cellular movements of lipid, RNA, protein, nucleo-proteins, nucleotides, amino acids, salts as well as many other biological and non-biological agents, including pH shifts, heat shock, formalin, methylene blue, and celloidin. There is no correlation between the nature or steric structure of the inducing molecule and the kind of cell induced. By analogy it is as if any physiological stress could induce galactosidase in *E. coli*.

A sober appraisal of this work in embryology, whether performed 15 years ago or performed today according to the precepts of nucleo-protein chemistry or with the electron microscope, forces the conclusion that as yet no unique inductive substance has been identified, nor has the mode of action of an inducer been elucidated. Why the study of the mechanisms that initiate cell differentiation should have come to a halt in the last 15 years (for dissident views see TOIVENEN, 1955; NIU, 1956; YAMADA, 1961; TIEDEMANN and TIEDEMANN, 1959) raises questions both of theory and methodology. One possible reason is the failure to ask the right kinds of questions of the right kinds of systems. The traditional question has been, "What is the nature of the substance which induces salamander embryonic ectoderm to differentiate into forebrain, hindbrain, spinal cord plus somites, pigment cells, and epidermis?" From the vantage point of hind sight it now seems clear that the questions were asked of an exceedingly complex and labile system (HOLTFRETER, 1951, 1958). This system is experimentally unwieldy for it confuses and blurs at least 4 separate problems — histogenesis and morphogenesis on the multicellular level and cell multiplication and cell transformation on the level of the individual cell. To biologists not acquainted with the development of the salamander nervous system, the forebrain appears quite unrelated to the spinal cord. Actually the embryonic brain is not as different a structure from the spinal cord as might be thought, and it is quite conceivable that the former owes its peculiar development to a large lumen, the spinal cord to as mall lumen. As HOLTFRETER (1951) demonstrated, the special relationship of grey and white are readily reversed in the spinal cord depending upon the surrounding mesoderm. Furthermore the lumen of the spinal canal is readily enlarged by accumulation of cerebral spinal fluid (HOLTZER, 1952). In short the differences between forebrain and spinal cord and somites may be due to cumulative secondary and tertiary inductions and as such not at all reflect differences in the nature or steric structure of the primary inducers. The forebrain "inducer" may simply induce edema, the spinal cord "inducer" may lack this property. Once the enlarged cavity is present and the spatial distribution of the cells is determined, the cells undergo a sequence of inductions eventually yielding forebrain rather than spinal cord structures. The forebrain or spinal cord and somite systems are 3-dimensional aggregates of a variety of specialized nerve cells, glia cells, pigment cells, mesenchymal cells and so on. To look for *a molecule* that transforms the progeny of gastrula cells into such a variety of differentiated cells is like looking for *the* molecule that causes cell division. Just as there is no single molecule which directly induces the synthesis of all the purines and pyrimidines, all the nucleoside kinases, all the proteins for the mitotic apparatus and all the energy yielding compounds required for the kenetics of cell division, so I doubt if one class of molecule induces forebrain rather than tail structures. To speak of the sperm as inducing the egg to form an elephant, is to put many biologists out of business.

The dilemma concerning the initiation of cell differentiation results from experiments which suggest that induction acts as a non specific cue on cells primed with information, and the *preconceived theoretical bias which has the induced cells acquiring information from the inducer*. I will refer later to this problem of cue versus information during induction.

Suffice it to say here that during „neuralization" or "mesodermalization" of embryonic ectoderm, it is not a single cell type that is induced but a number of cell types. Not one of these cell types synthesizes, at least during its early stages, molecules, which we know to be unique. Consequently it is impossible to follow systematically the changes in the synthetic pathways of the pre-induced as compared with the post-induced cells. Yet, or so it appears to me, it is the early biochemical changes immediately following induction, that are so crucial to understanding what is happening at this time. A look at the young elephant tells one as little about embryonic induction as a look at the old elephant.

3. Induction of vertebral cartilage

Some years ago I stumbled on an induction system which seemed to avoid some of the methodological difficulties of the salamander ectoderm. The major virtues of this system lie in the fact that the inducing tissues are relatively specific and, even more significantly, that they elicit the differentiation of only one type of cell, the cartilage cell. This latter point is quite important, for a piece of cartilage consists of a homogeneous population of cells, all of which are committed to the synthesis ofchondroitin sulphate and collagen. Since something is known of the conversion of glucose into glucuronic acid and N-acetyl-galatosamine, the enzymatic pathways of the pre-induced cell can be compared with those in the induced and post-induced cell. While at the moment little can be said of the enzymes synthesizing collagen, nevertheless aspects of the polymerization of this fibrous protein can be followed in this system as well. In brief, there are more ways of making a biochemical study of developing cartilage than of developing fore-brain or tail.

What follows is a survey of work published in detail elsewhere (summarized in HOLTZER, 1961). In all vertebrates some somite cells differentiate into cartilage cells and some somite cells differentiate into muscle cells. Somite cells begin to synthesize chondroitin sulphate and collagen and hence differentiate into cartilage cells only when exposed to the inducing action of the embryonic spinal cord or notochord. Somite cells which do not interact with either spinal cord or notochord fail to undergo chondrogenesis — the cells fail to synthesize appreciable amounts of chondroitin sulphate and, of course, do not differentiate into cartilage cells. Precisely what such uninduced somite cells do is a very important question which is yet to be analyzed.

This inductive relationship between embryonic spinal cord and/or notochord and somites has been demonstrated in fish, salamanders, frogs, chicks and mice and clearly is the inductive reaction responsible for the group Vertebrata. As the problem of morphogenesis need not complicate an analysis of this system, it can be exclusively an exercise in histogenesis. Other characteristics of this system are: 1. The non-specific stimuli known to activate embryonic salamander ectoderm fail to initiate chondrogenesis in somite cells. 2. The chondrogenic influence of the spinal cord can be mediated through mesenchymal tissue or a millipore filter, but not through dialyzing tubing. 3. The inductive activity of the notochord is not transmitted through mesenchymal tissue though it can be mediated through a millipore filter (COOPER and GROBSTEIN, unpublished data). 4. The inductive activity is confined to the ventral half of the embryonic spinal cord (other kinds if neural tissues are inactive) whereas the activity of the notochord appears to be associated with the notochordal sheaths. 5. Neither the spinal cord nor notochord induces cartilage in mesenchymal cells other than somite cells. 6. Devitalized inducers (frozen, heated, glycerol extracted, etc.) are inactive (for further details see HOLTZER and DETWILER, 1952; AVERY, CHOW and HOLTZER, 1956a, 1956b; GROBSTEIN and HOLTZER, 1955; LASH, HOLTZER and HOLTZER, 1957; STOCKDALE, HOLTZER and LASH, 1961).

Nothing is known of the inducing molecule or molecules provided by the spinal cord or notochord. In the past year two conflicting reports have been published. LASH, HOMMES and ZILLIKEN (1962) claim a perchloric acid extract of spinal cord and notochord containing nucleotides specifically induce somites to chondrify; STRUDEL (1962) claims a saline extract of spinal cord demonstrates inducing activity when added to somites in culture. As the controls and especially the reliability of the test systems used in both reports are equivocal neither can be critically evaluated at present. At best if either report is confirmed it would suggest that such extracts *stimulate* chondrogenesis in cells already induced, possibly by enriching the medium in which the cells are grown. To prove that such extracts simulate or duplicate the activity of the native inducers and provide the same kind of molecule to uninduced somite cells requires experiments of a different design.

My own approach has focused not so much on the identification of the inducing molecule, as on learning more of the responding somite cell, specifically on what a somite cell is doing *before*, *during*, and *after* induction. Perhaps when more is known of how and when glucose metabolism shifts in these different phases a clearer notion of what is transpiring during the inductive event will emerge.

In the last two years a little has been learned of what somite cells may be doing before and during and after induction. Prior to induction somite cells do not synthesize detectable quantities of chondroitin sulphate or collagen (LASH, HOLTZER and WHITESHOUSE, 1960). The inductive event may be over in a matter of minutes, at most an hour. There appears to be a silent or eclipse period of approximately 2 to 3 days after the inductive act before the finished chondroitin sulphate molecule is detected. During this silent period the induced cells do not accumulate sizeable quantities of glucuronic acid, galactosamine or hydroxyproline. It would be interesting to know: 1. if the pathway for glucuronic acid is established before, simultaneously or after the pathway for galactosamine? 2. if the uridine nucleotides and their corresponding enzymes are mobilized during the 3 day silent period and 3. the nature of the products synthesized (hyaluronic acid, collagen) by somite cells which do not interact with spinal cord of notochord.

4. Mitosis and the differentiated state of cells

The basic methodologies and concepts of microbiology assume that each microbe in a pure population is genetically identical and that unless mutation intervenes, each individual produces similarly endowed descendents.

Consider now the tissue cell and the fascinating but neglected relationships of cell differentiation and mitosis. If the multiplication of *E. coli* and of cells of the elephant follow the same rules is should be possible to culture elephant morula or blastula cells *in vivo* and *in vitro* so that they continue to propagate increasing numbers of morula or blastula cells. As far as is known this never happens *in vivo*; early embryonic elephant cells invariably produce descendents different from their parent cells. Though we have not performed such experiments *in vitro* with elephant cells, it can be reported that chick blastula cells do not form progenies whose cells can be identified as blastula cells (HOLTZER and AVERY, unpublished data). Early embryonic cells are specialized for cell division and apparently their daughter cells are obligated to undergo progressive changes. While such cells do stabilize *in vitro*, the stabilized product is not a copy of the parent cell and what they do metabolically is unknown.

These considerations lead to the issue of whether the state of an "immature" or "mature" tissue cell can in fact be perpetuated through many divisions. This issue is of considerable importance. For if it is assumed that the differentiated state of a tissue cell is dictated by its genes, then if cells divide mitotically, other things being equal, the differentiated state should be transmitted to all daughter cells.

The following experiments, however, show that mitotically dividing cartilage cells do not produce descendents which continue to synthesize chondroitin sulphate. A pure population of cells is obtained by liberating the cells from a piece of 10-day chick vertebral cartilage. When such cells are immediately organ cultured they all chondrify. If, instead of being directly organ cultured the freshly liberated cartilage cells are first forced to multiply as cells in monolayer cultures, the results are different. After being forced to divide more than five times in close succession before being organ cultured, the resulting progeny of cartilage cells cease to synthesize chondroitin sulphate. If freshly liberated cartilage cells divide only twice in monolayer cultures their daughter cells still retain their polysaccharide-synthesizing activity when organ cultured. Whether both cells or only one of the daughter cells during the next division lose their activity remains to be determined. The de-differentiated cartilage cells are large and fragile and have a high protein/DNA ratio. At present nothing is known of when or if the protein associated with chondroitin sulphate ceases to be synthesized by these cells. It will also be of interest to learn if the de-differentiated cartilage cells form collagen. From these experiments it is concluded that whatever happens to a somite cell when it is induced to become a cartilage cell is lost or at least masked as a consequence of being forced to synthesize DNA and divide (Holtzer, Abbott, Lash and Holtzer, 1961).

Preliminary experiments suggest de-differentiated cartilage cells can be re-induced to chondrify by mixing them with freshly liberated cartilage cells which are engaged in matrix formation. However de-differentiated cartilage cells cannot be induced to form cartilage by the embryonic spinal cord, notochord or perchloric acid extract of the inducers. The de-differentiated cartilage cell has not reverted to its pre-induced state; the de-differentiated cartilage cell is not a somite cell (STOCKDALE, ABBOTT and HOLTZER, 1962; HOLTZER, STOCKDALE and ABBOTT, 1962).

If it is assumed that mitosis produces daughter cells with similar genes and that the differentiated state of a cartilage cell is determined by its functional genes, at least one additional hypothesis is necessary to account for the de-differentiation experiments. One possibility is that a cytoplasmic factor has in some manner been rendered ineffective as a consequence of repeated cell divisions. It is worth pointing out that if other differentiated cells behave this way — and preliminary evidence suggests that notochord and muscle cells do — the biochemical genetics of differentiated cells will require methodologies reasonably different from those used by microbial geneticists. These experiments may also account for the failure to secure a clone of thyroxin, or myosin, or albumin producing cells: rapidly dividing thyroid, muscle or liver cells probably lose their capacity to synthesize these respective molecules. It will be of interest to learn more of the properties of different kinds of de-differentiated cells, for there is already evidence that such cells are not reduced to a common type of de-differentiated cell (HOLTZER and HOLTZER, unpublished results).

Two questions of some interest are whether the phenomenon of de-differentiation is restricted to *in vitro* or neoplastic growth and whether such experiments contribute to the understanding the normal events of differentiation. I would speculate that de-differentiation is a very important event. For example, one interesting problem is the de-differentiation of the egg cell — how the activated egg cell is made to lose its "eggness". Here literally at the beginning of development, is a highly ordered and regulated cell which abruptly starts to divide rapidly. It may be that these early, rapid, and repeated divisions serve to de-differentiate the egg cell so as to make the descendent cells receptive to subsequent inductive relationships. What is of further interest here is that a mitotically dividing egg cell does not produce more egg cells. The division products of an egg cell do not form clones of identical cells as would dividing bacteria. Similarly, as stressed before, early embryonic cells are quite different from nerve, muscle or connective tissue cells. Yet it is the regulatory mechanisms, of which we know nothing, which differentiate these early cells from other cells and in which the first events of cell differentiation are initiated.

It is worth noting that some cells may and some may not de-differentiate. Which do and which do not is an empirical problem. It is possible that the postulated cytoplasmic factor (enzymes? co-factors? episomes?) in certain kinds of cells turn over at a rate which keeps up with the rate of cell division. Such cells may not be de-differentiated by repeated cell divisions. The reports that 5-hydroxytryptamine or hyaluronic acid continue to be synthesized in long term tissue cultures may be illustrations of such cases (SCHINDLER, DAY and FISCHER, 1959; GROSSFIELD, MEYER and GODMAN, 1955; BERENSEN, LUPKIN and SHIPP, 1958).

5. Undifferentiated vs. differentiated cells

The responding cell in the inductive interaction is often said to be "undifferentiated". Now many terms in embryology are influenced by Darwinian and pre-genetic concepts. The phrase "cell differentiation" evokes the image of a "simple" cell gradually evolving into a "complex" one. This dichotomy is awkward on a molecular level where the only issues worth discussing are the mechanisms regulating the observable activities of cells. Is the synthesis of DNA and the proteins involved in mitosis (MAZIA, 1962) a simpler process than the synthesis of myosin? A cell synthesizing myosin but not synthesizing DNA or assembling a mitotic apparatus might not find it so.

Physiologically there are no undifferentiated cells. Each cell, bacterial or metazoan, embryonic or mature, is the sum of its overt and covert regulatory mechanisms. There are no such things as elephant "cells"; there are only elephant muscle, liver, pituitary, etc. cells. That mutually exclusive kinds of synthetic activities — cells synthesizing myosin do not concurrently synthesize albumin — are eventually found in the progeny of a given blastula cell does not mean the precursor is undifferentiated. On the contrary one characteristic distinguishing the blastula cell from muscle, liver or cartilage cells is *that they do not, and probably cannot*, synthesize myosin, albumin or chondroitin sulphate. The potential activities of embryonic cells are real and unique properties which differentiate them from other kinds of cells. This simple fact that embryonic cells do, and probably must, divide many times before beginning to synthesize myosin or albumin or chondroitin sulphate emphasizes the peculiarly differentiated nature of so-called simple, embryonic cells. They are not infinitely labile and their covert capacities for diversification appear to rise and fall in some as yet unknown way with mitotic activity. Clearly much more is to be learned of how the actual or potential differentiated state of cells can be transmitted by mitotic divisions. Equally important is how and what mechanisms arrest mitotic activity in most specialized cells.

BARRING mutations or crossing over, dividing bacteria produce replicas of the parent cell. Only rarely in metazoans do daughter cells display the phenotypic characteristics of their parent cells (eg. regenerating liver, fibroblasts in wound healing and cells adapted to *in vitro* growth). In normal development myosin- or chymotrypsinogen- or hemoglobin-synthesizing cells are not the division products of muscle, pancreas or red blood cells. Muscle cells, pancreatic cells or red blood cells are derived respectively from a particular kind of mesenchymal cell, an endodermal cell and a hematocytoblast. Most frequently a cell synthesizing a unique somatic macromolecule (HOLTZER, 1961) ceases to make DNA, hence does not produce a progeny, and from a microbiological view is a "dead" cell (COHEN, 1954). The observation that in bacteria daughter cells are facsimilies of the parent whereas in normal tissue cells this is rarely the case will, I believe, prove to be one of the major differences between cells of the elephant and *E. coli*.

The thesis being developed then is that the history of a differentiated cell has no zero undifferentiated starting point. The emergence of the "differentiated", from the embryonic "undifferentiated" cells involves several shifts in the synthetic activities of the morula, blastula and gastrula cells, each of these cells being different from its parent, from one another, and from their progeny. The event initiating new synthetic activities, whether arising intra- or extra-cellularly, is what I would term induction. There are several corallaries to this definition of induction: 1. An "undifferentiated" or "de-differentiated" cell is one of whose activities the embryologist is ignorant. 2. Inductive events begin in the fertilized egg and by the blastula or gastrula stages all cells have undergone several inductive interactions. 3. The consequence of induction may be the synthesis of an enzyme such as an epimerase which would transform UDPG to UDPGal or simply the accumulation or trapping of iron molecules. 4. Some inductions may involve the transmission of information whereas others act by cues. 5. It is highly unlikely that all inductive acts are mediated by the same kind of molecule. 6. On a molecular level it will be difficult to distinguish between the mechanisms of induction and that of the action of hormones on cells.

6. Enzyme induction in microbes and induction in embryos

It is not without irony to note the parallel history of the term induction in microbiology and embryology. Initially in both areas it was suspected that the inducing substance carried information to the synthetic machinery of the induced cell. Further experience, however, has tended to relegate the inducing substances to a more subsidiary role in micro-organisms; the inducer molecule is now believed to inhibit the repressor gene (JACOB and MONOD, 1961). In this scheme induction appears to involve steric cues and does not involve the transmission of large amounts of information. The genetic information stored in the bacterium determines the kind and limit of response to the inducer.

Similarly in embryogenesis it was originally proposed that induction required the passage of information; but then came the experiments of BARTH (1938, 1959) and the extensive analysis of HOLTFRETER (1951). Their experiments suggest that information stored within the ectodermal cells could be released by a variety of stimuli, that the cues acted on "competent" cells and that the primary inductive event triggers off a sequence of secondary and tertiary inductions. In current terms these classical experiments might be interpreted to mean that for a brief period ectodermal cells possess the genetic information required for their transformation into nerve, pigment, or somite cells. But if this is so, what determines the competence (WADDINGTON, 1960) of the reactive cells? How is it that different cells store different kinds of information so that some are competent to form nerve whereas others are competent to form muscle, cartilage or liver cells?

If different kinds of competence wax and wane, then possibly the activities that produce competence are more in accord with what was originally designated as induction and that these are the reactions that involve transmission of information. Though models of cell differentiation could be constructed on the basis of cues or on the basis of information, further speculation strikes me as unprofitable in the absence of reliable experimentation with tissue cells.

On the other hand the biological significance of induction in cell differentiation appears to be quite different from that in microbes. Enzyme induction in microbial systems (or even metazoans, KNOX, 1961; NEMETH, 1959) is a *homeostatic response, a physiological response of a terminally differentiated unit.* The bacterium after induction attempts to do what it did before the environmental change. As a consequence of induction the microbe continues to conduct its usual business in defiance of radical shifts in its environment. And its most usual business is making more of its own kind.

In contrast the biological significance of induction in cell differentiation is to insure that the cell, after induction, is engaged in a new activity and does not revert to its pre-induced state. It is not a reversible physiological reaction designed to maintain the pre-induced state of equilibrium. Furthermore most inductions in cell differentiation lead to a cell incapable of making more of its own kind.

Other comparisons between induction in microbes and in tissue cells are: 1. The duration of the induced state in the former generally varies directly with the presence of inducer; in non-dividing bacteria its loss is a function of protein turnover. The induced state persists in tissue cells after the withdrawal of inducer. 2. Induction is readily reversible in microbes. While the differentiated state of a tissue cell may be lost (de-differentiated) the cell does not revert to its pre-induced state. 3. It is generally believed that all kinds of molecules may be synthesized in bacteria independently of its phase of DNA synthesis. In the only case seriously studied in tissue cells, it is found that myosin cannot be made in cell a engaged in duplicating its DNA (STOCKDALE and HOLTZER, 1961). 4. Endproduct inhibition is an efficient regulator of some of the metabolic activities of microbes and tissue cells (eg. Eagle, 1962). In spite of the extravagant claims of Rose (1955) there is no critical evidence that this kind of feed-back operates on the specialized macromolecules of differentiated cells (see however Glinos, 1958). 5. When mixed populations of microbes are grown together there is no interaction between them, so that one form emerges with a property not present in one of the original forms (eg. Signer, Torriani and Levinthal, 1961). At least one major type of induction is predicated on one cell type initiating new synthetic activities in the induced cell. 6. Microbes may acquire genes or gene-like units by transformation (Hotchkiss, 1957) or transduction (Lederberg, 1959). — Sorieul and Ephrussi (1961) have evidence of chromosomal exchange in cells in tissue culture but only further work will reveal the pertenence of such findings to problems of cell differentiation. Ebert's claim (1959) of observing a transduction-like effect on chorion cells is so unprecedented that it will only be worth discussing when confirmed in another laboratory.

7. Mature vs. immature organisms and cells

There is no question that the elephant as an *organism* passes through an immature phase. Only gradually does the developing organism acquire the full quota of properties that mark the mature elephant.

While bacteria have been studied during logarithmic growth and in the stationary phase, most studies tacitly assume that each microbe in a population is like each other microbe and that each microbe is a terminally differentiated system. It would be of interest to learn whether immediately after fission *E. coli* has all of its characteristic properties, or whether *E. coli* passes through an "embryonic" phase. Similarly, do microbes lack some of their terminal properties when DNA synthesis is not synchronized with the formation of other molecules — as in "step-up" or "step-down" experiments or in imbalanced growth experiments (Maaløe, 1961, Schaechter, 1961)? If such immature microbes exist can enzymes be induced or repressed during this phase? Are all the permeases present and active? Is the individual subject to end-product inhibition, etc.?

If a metazoan is compared with *E. coli* on a cellular level, the issues are more obscure. The early precursor cells whose descendents will form muscle, cartilage or liver is a dividing cell lacking the unique properties of mature muscle, cartilage or liver cells. After an unknown number of mitotic divisions the daughter cells cease dividing and gradually are recruited into synthesizing myosin, chondrotin sulphate or albumin. Currently little is known of the properties of a cell half-way or three-quarters of its way to becoming a terminally differentiated cell. Nevertheless most schemes on cell differentiation postulate sequential stages in the life cycle of a single cell. To my knowledge there is no counterpart of such theories in the microbial scheme of things.

8. Conclusion

The burden of this paper is that today much is known of regulatory mechanisms in micro-organisms but little is known of regulatory mechanisms leading to cell differentiation in tissue cells. This is a difficult situation in a period when Symposia are frequently held on the "chemical basis of development". It often leads some embryologists to seek the security and status that comes with using the concepts of their more successful colleagues who are in fact effecting a revolution in biology. The most fashionable and conservative thing for many embryologists under these conditions is to talk as revolutionaries. This is regretable for it often gives the impression that sound biochemical experiments are being conducted in this area. That, in my estimation, this is not so means the intriguing and important problems of cell differentiation on a biochemical level are being neglected.

As for resolving the relationship between regulatory mechanisms in microbes and tissue cells, this awaits the arrival of the discipline of biochemical embryology. To day there are too many theoretical models to "explain" cell differentiation in terms of induction, repression, de-repression and so on. What is needed are not models but simple and clear cut experiments: contemporary embryologists must learn to respect their own systems and learn to be as critical of their experiments as were their predecessors of two and three decades ago.

Bibliography

[1] Avery, G., M. Chow and H. Holtzer: J. exp. Zool. **132**, 409—426 (1956).
[2] Barth, L., and S. Graff: Cold. Spr. Harb. Symp. quant. Biol. **6**, 385—391 (1938).

[3] BARTH, L., and L. BARTH: J. Embryol. exp. Morph. **7**, 210—222 (1959).
[4] BERENSON, G., W. LUMPKIN and V. SHIPP: Anat. Rec. **132**, 585—596 (1958).
[5] COHEN, S.: 13th Growth Symp., D. RUDNICK, ed. Princeton Univ. Press 1954.
[6] EBERT, J.: J. exp. Zool. **142**, 587—613 (1959).
[7] EBERT, J.: The Cell, Vol. I, ed. J. BRACHET and A. MIRSKY. Academic Press. 1959.
[8] EBERT, J., and F. WILT: Quart. Rev. Biol. **35**, 261—312 (1960).
[9] GLINOS, A.: The Chemical Basis of Development, MCELROY and GLASS, eds. Baltimore: Johns Hopkins Press 1958.
[10] GROBSTEIN, C., and H. HOLTZER: J. exp. Zool. **128**, 333—356 (1955).
[11] GROSSFELD, H., K. MEYER and G. GRODMAN: Anat. Rec. **124**, 489 (1955).
[12] HOLTFRETER, J.: Growth **15**, suppl. **117**, 152 (1951).
[13] HOLTFRETER, J.: The Chemical Basis of Development. pp, 253—255, MCELROY and GLASS, eds. Baltimore: Johns Hopkins Press 1958.
[14] HOLTFRETER, J., and V. HAMBURGER: Analysis of Development, pp. 230—296, WILLIER, WEISS and HAMBURGER, eds. Philadelphia-London: W. B. Saunders Co. 1955.
[15] HOLTZER, H.: Synthesis of Molecular and Cellular Structure, 19th Growth Symp., D. RUDNICK, ed. Ronald Press Co. 1961.
[16] HOLTZER, H., and S. DETWILER: J. exp. Zool. **123**, 335—370 (1953).
[17] HOLTZER, H., F. STOCKDALE and J. ABBOTT: Abstracts of 1st Annual Meeting. Amer. Soc. Cell Biol. **1**, 90 (1961).
[18] HOLTZER, H., J. ABBOTT, J. LASH and S. HOLTZER: PNAS **46**, 1533—1542 (1960).
[19] HOMMES, F., VAN LEEUWEN, G. and F. ZILLIKEN: Biochim. bioph. Acta (Amst.) **56**, 320—325 (1962).
[20] HOTCHKISS, R.: The Chemical Basis of Heredity pp. 321—335, MCELROY and GLASS, eds. Baltimore: Johns Hopkins Press 1957.
[21] JACOB, F., and S. MONOD: J. molec. Biol. **3**, 318—356 (1961).
[22] KNOX, W. E.: Synthesis of Molecular and Cellular Structure. 19th Growth Symp., D. RUDNIK, ed. Ronald Press Co. 1961.
[23] LANGMAN, J.: J. Embryol. exp. Morph. **7**, pt. 2, 264—274 (1959).
[24] LANGMAN, J., and P. PRESSCOTT: J. Embryol. exp. Morph. **7**, pt. 4, 549—555 (1959).
[25] LASH, J., S. HOLTZER and H. HOLTZER: Exp. Cell Res. **13**, 292—303 (1957).
[26] LASH, J., F. HOMMES and F. ZILLIKEN: Biochim. biophys. Acta (Amst.) **56**, 313—319 (1962).
[27] LASH, J., F. ZILLIKEN and F. HOMMES: Amer. Zool. **1**, 367 (1961).
[28] MAALØE, O.: Cold Spr. Harb. Symp. quant. Biol., **26**, 45—52 (1961).
[29] MAZIA, D.: The Cell Vol. III. BRACHET and MIRSKY, eds. Academic Press 1961.
[30] MONOD, J., and F. JACOB: Cold Spr. Harb. Symp. quant. Biol. **26**, 389—401 (1961).
[31] NEMETH, A.: J. biol. Chem. **234**, 2921—2924 (1959).
[32] NIU, M. C.: Cellular Mechanisms in Differentiation and Growth. 14th Growth Symp., D. RUDNICK, ed., Princetown Univ. Press. 1956.

[33] ROSE, S. M.: Amer. Nat. **86**, 337—354 (1952).
[34] SCHAECHTER, M.: Cold Spr. Harb. Symp. quant. Biol. **26**, 53—62 (1961).
[35] SCHINDLER, R., M. DAY and G. FISHER: Cancer Res. **19**, 47—51 (1959).
[36] SIGNER, E., A. TORRIANI and C. LEVINTHAL: Cold Spr. Harb. Symp. quant. Biol. **26**, 31—34 (1961).
[37] SPEMANN, H.: Embryonic Development and Induction, Yale Univ. Press. 1938.
[38] SORIEUL, S., and B. EPHRUSSI: Nature (Lond.) **190**, 653—654 (1961).
[39] STOCKDALE, F., J. ABBOTT and H. HOLTZER: Amer. Zool. **1**, 392 (1961).
[40] STOCKDALE, F., H. HOLTZER and J. LASH: Acta Embryol. Morph. exp. **4**, 40—46 (1961).
[41] STRUDEL, G.: Dev. Biol. **4**, 67—86 (1962).
[42] TIEDEMANN, H., and H. TIEDEMANN: Hoppe-Seylers Z. Physiol Chem. **314**, 156—176 (1959).
[43] TOIVONEN, S., and L. SOXEN: Exp. Cell Res. Suppl. **3**, 346—357 (1955).
[44] WADDINGTON, C. H.: Principles of Embryology, London: G. Allen and Unwin LTD 1960.
[45] WEISS, P.: The Principles of Development, New York: Holt 1939.
[46] WILDE, C.: Advances in Morphogenesis, Vol. 1 267—298, ABERCOMBIE and BRACHET, eds. New York: Academic Press 1961.
[47] YAMADA, T.: Advances in Morphogenesis, Vol. 1: 50, ABERCOMBIE and BRACHET, eds. New York: Academic Press 1961.
[48] ZINDER, N., and J. LEDERBERG: J. Bact. **64**, 679 (1952).

Der chondrogene Faktor aus Hühnerembryonen

Von

FRIEDRICH ZILLIKEN

Biochemisches Laboratorium der R. K. Universiteit Nijmegen/Holland

Mit 35 Abbildungen

Nachdem Herr Professor HOLTZER Ihnen die embryologischen Aspekte der Chondrogenese und Myogenese an *in vitro-* und *in vivo-*Systemen, bei Amphibien und beim Hühnchen erläutert hat, möchte ich Ihnen über ein rein biochemisches Teilproblem der Chondrogenese, nämlich die Isolierung eines chondrogenen Faktors berichten.

Zu diesem Zwecke wollen wir das schematisch in Fig. 1 wiedergegebene System der Knorpelinduktion in der Gewebekultur genauer betrachten.

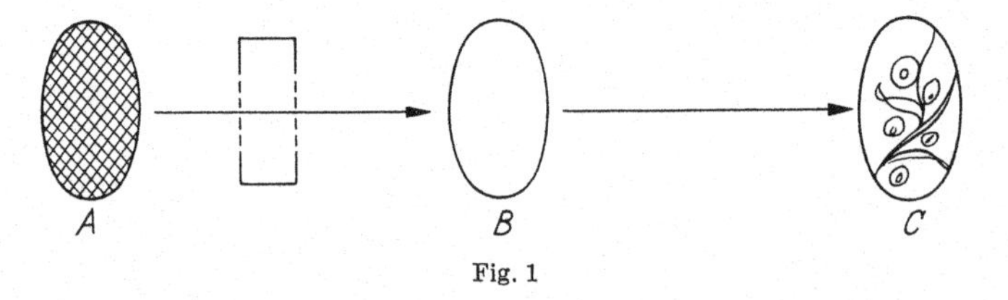

Fig. 1

Wir haben die 3 verschiedenen Zell- bzw. Gewebetypen A, B und C.

A = Induzierendes Gewebe. Chorda dorsalis und ventraler Teil der Spina dorsalis eines 4 Tage alten Hühnerembryos.

B = Reagierendes Gewebe = 55—60 Std alte, mesenchymale Somiten.

C = Resultierender Zelltyp: Eine Knorpelzelle, die $3^1/_2$—4 Tage nach erfolgter Induktion mit Gewebe A auftritt.

Die sehr sorgfältigen Arbeiten von HOLTZER u. Mitarb.[1] im letzten Dezennium haben gezeigt, daß für die Entstehung des knorpeligen

Abb. 1–6. Präparierung von Somiten aus 55 Std alten Hühnerembryonen für die Gewebekultur

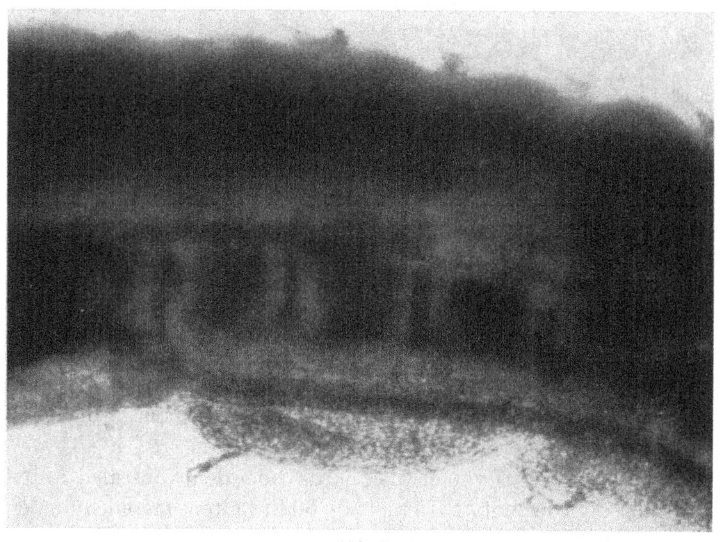

Abb. 2

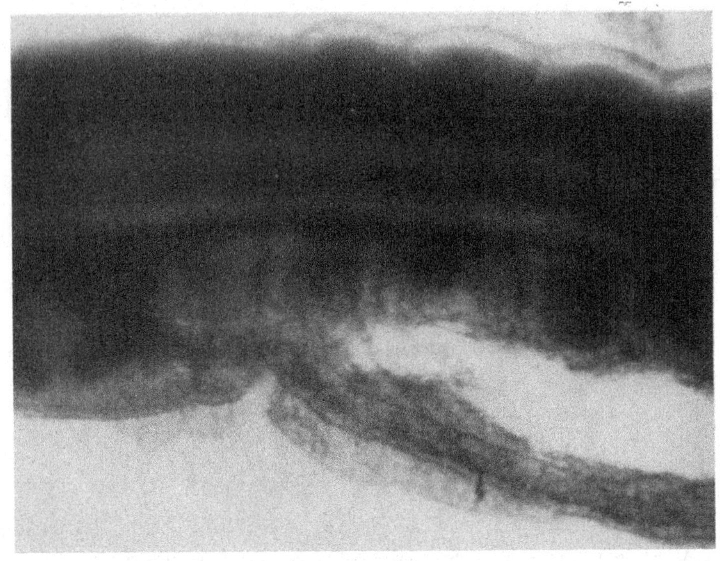

Abb. 3

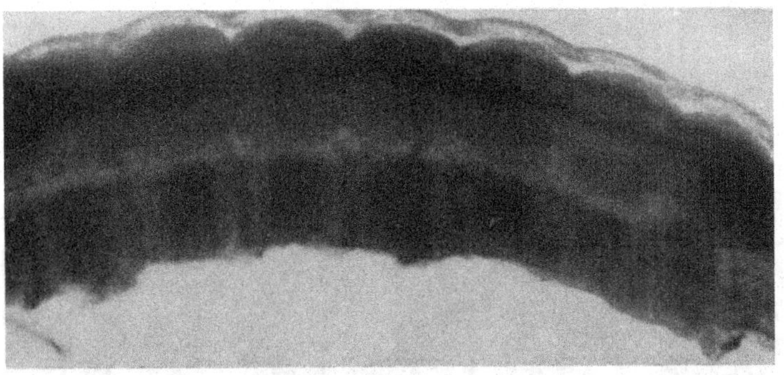

Abb. 4

Anteils der Wirbelsäule eine Induktion mit Chorda- oder dem ventralen Teil der Spina dorsalis erforderlich ist. Übersetzt in die *in vitro*-Terminologie der Gewebekultur heißt dies:

Nur in Gegenwart von etwas Chorda, oder dem ventralen Anteil der Spina dorsalis, entstehen aus 50—60 Std alten, mesenchymalen Somiten nennenswerte Mengen Knorpel.

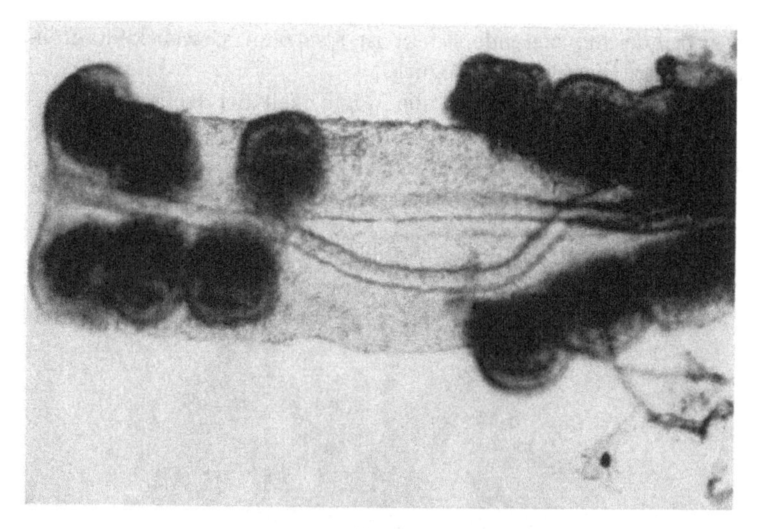

Abb. 5

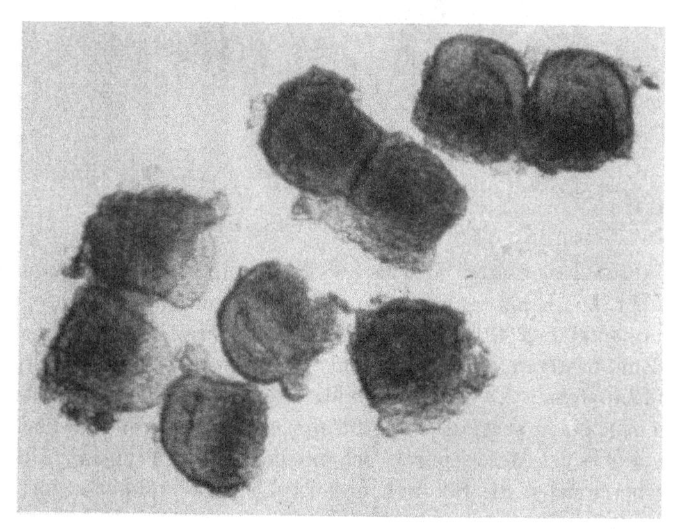

Abb. 6

LASH und HOLTZER[2] konnten weiter zeigen, daß es sich bei dieser Induktion um ein diffundierbares Agens handelte. Wurde ein Milliporfilter (20 μm Dicke) zwischen A und B plaziert, so ließ sich das induzierende Gewebe bereits nach wenigen Stunden entfernen.

Der primär induzierende Effekt ist also ohne Gewebekontakt in humoralen Dimensionen möglich.

Diese Tatsache eröffnete die Möglichkeit der Isolierung dieses chondrogenen Faktors aus der Chorda und der Spina dorsalis von $4^1/_2$ Tage alten Hühnerembryonen. Wir haben diese in den letzten

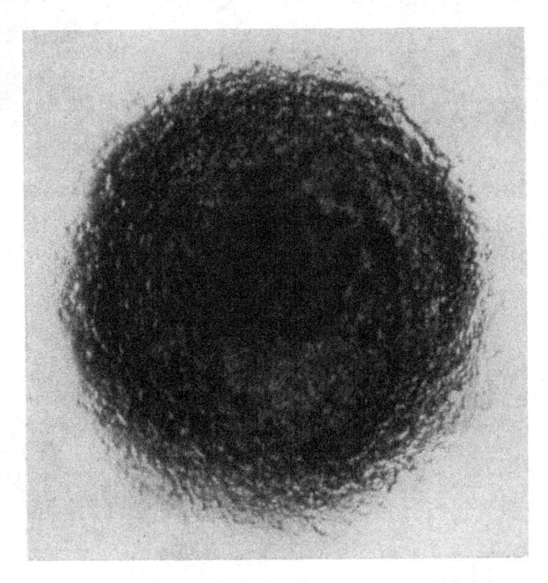

Abb. 7. Ein nicht induzierter Somit

2 Jahren in unserem neuen Laboratorium in Nijmegen durchgeführt. Die Erkenntnisse, über die ich hier berichten möchte, entstammen etwa 200000 bebrüteten Hühnereiern.

Zum besseren Verständnis sind in Abb. 1—6 verschiedene Stufen der Präparation 50 Std alter Somiten für die Gewebekultur wiedergegeben. Nach sorgfältigem Abtrennen aller anderen Gewebeteile (besonders des Mesonephros) behandelt man mit Trypsin (Abb. 5). Hierbei werden die Somiten herausgelöst und können sofort ins Nährmedium gebracht werden.

Abb. 7 zeigt einen nicht induzierten und Abb. 8 einen induzierten Somiten 6 Tage nach der Induktion bei 400facher Vergrößerung.

Abb. 9 zeigt das histologische Bild eines undifferenzierten Somiten, Abb. 10 einen Somiten 6 Tage nach Induktion mit dem chondrogenen Faktor (Thioninfärbung).

Wenn wir in diesem Zusammenhang von einer Knorpelzelle sprechen, so denken wir an eine solche, die — histologisch betrachtet — metachromatische Eigenschaften besitzt, in der man mikroskopisch die typischen Elemente des Bindegewebes beobachten,

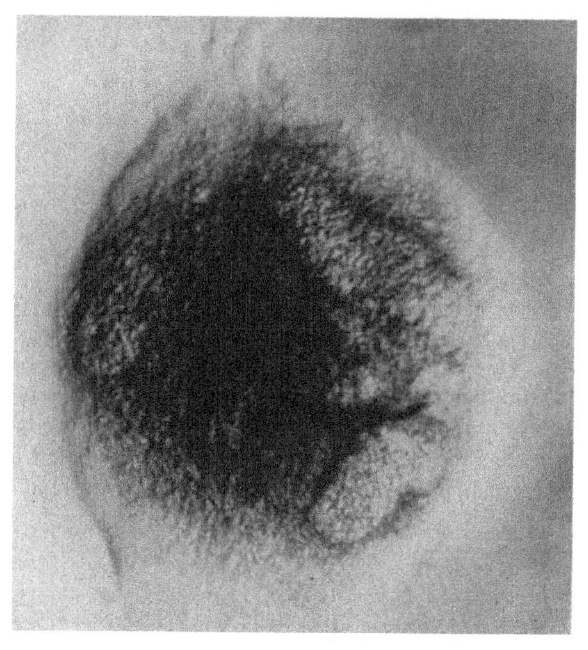

Abb. 8. Induzierter Somit mit deutlichen Zentren der Knorpelbildung. 6 Tage nach der Induktion mit chondrogenem Faktor

und aus der man gemäß der von MATHEWS, SCHUBERT und DORFMAN angegebenen Mikromethoden[3] einen Chondroitinsulphat-protein-Komplex isolieren kann, der aus etwa 16—20% Chondroitinsulphat A, B oder C, Keratosulphat und etwa 80% Matrix Protein besteht.

Wenn es sich — bei der von HOLTZER entdeckten Induktion des Knorpelgewebes — in der Tat um eine Neosynthese von Chondroitinsulphat handelt, so sollte die S^{35}-Inkorporierung ein geeigneter Indicator für eine solche Synthese sein. Abb. 11—14 zeigen Ihnen einige Autohistoradiogramme solcher von LASH und WHITEHOUSE[4] ausgeführten Versuche, und Abb. 15 gibt die Kinetik der Sulphatinkorporierung wieder.

Per definitionem wurde die nach 6 Tagen aus den induzierten Geweben extrahierbare Radioaktivität als 100%ige Inkorporierung

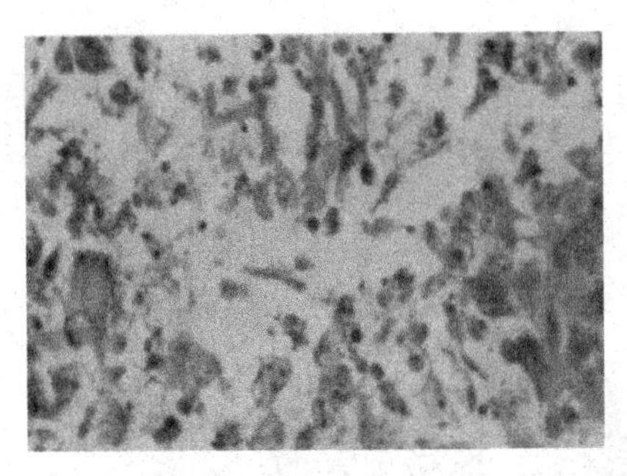

Abb. 9. Histologischer Schnitt eines nicht induzierten Somiten

bezeichnet. Wir sind uns dabei bewußt, daß sicher nicht alles Estergebundene Sulphat als Chondroitinsulphat vorliegt, jedoch besteht im Vergleich zum Uronsäure- und Hexosamin-Gehalt der Kulturen eine auffallende Parallelität. In anderen Worten: induziert man am Tage 0, so geschieht 4 Tage nichts. Danach setzt eine nahezu

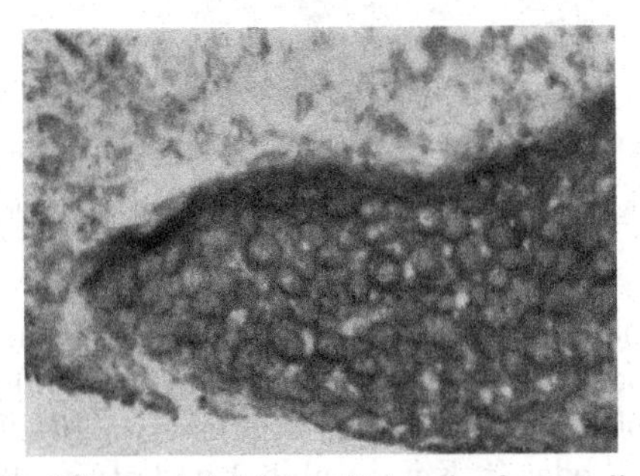

Abb. 10. 6 Tage nach Induktion mit dem chondrogenen Faktor

lineare Zunahme der Sulphatinkorporierung sowie eine Zunahme colorimetrisch bestimmbarer, chemischer Bestandteile des Chondroitinsulphates ein.

Rein äußerlich erinnern diese Kurven an diejenigen der induzierten Enzym-Synthese im Sinne MONODs[5] und POLLOCKs[6]. Ebenso

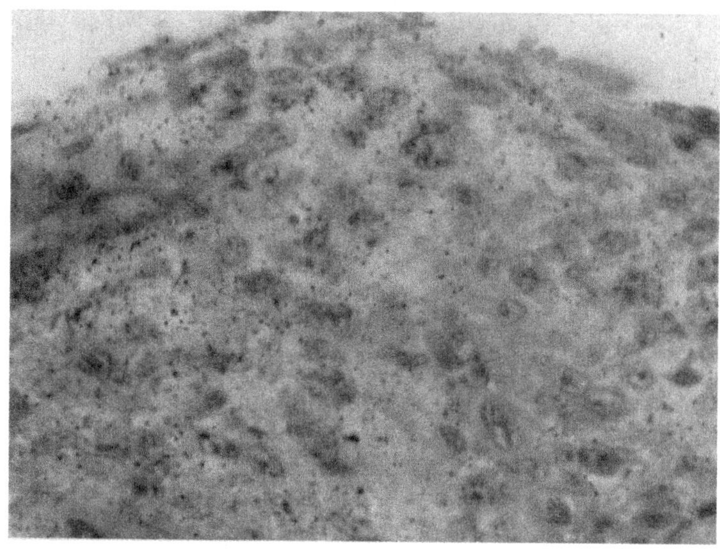

Abb. 11

Abb. 11—14. Autohistoradiogramme der S^{35}-Inkorporierung in Somiten nach erfolgter Induktion. 11 = nicht induziert; 12 = 4 Tage; 13 = 6 Tage; 14 = 9 Tage nach der Induktion

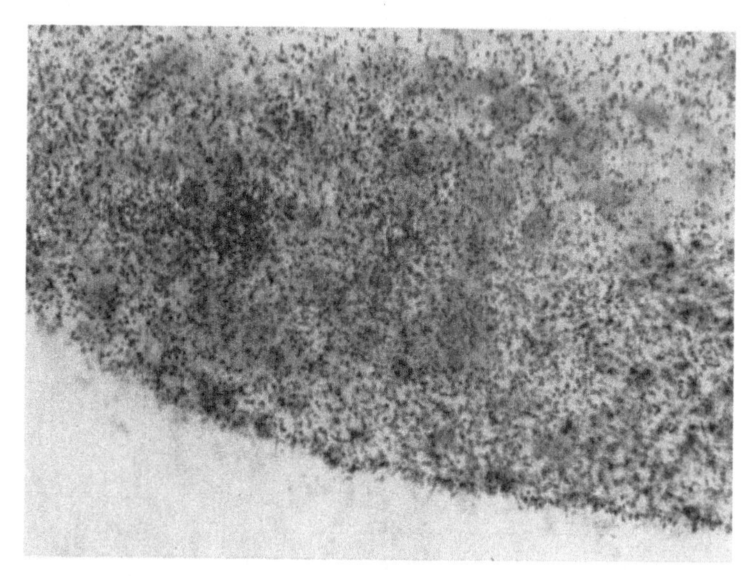

Abb. 12

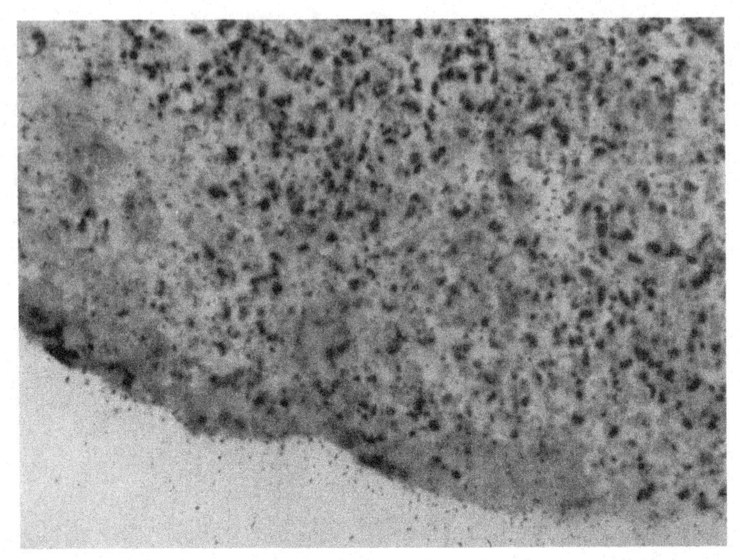

Abb. 13

Abb. 14

wie bei der Induktion der β-D-Galaktosidase oder der Penicillinase hat man eine „Latenz-Phase“, die von der Induktorkonzentration unabhängig ist, andererseits ist die Menge neugeformten Produkts der Induktorkonzentration direkt proportional (C_I). Ich möchte auf diese Zusammenhänge etwas später zurückkommen.

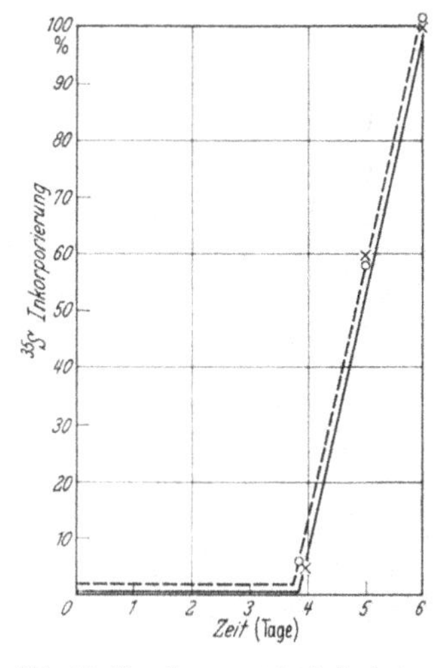

Abb. 15. Chondrogenese in induzierten Somiten, gemessen an der Na_2-$^{35}SO_4$-Inkorporierung in Chondroitin-Sulfat. O = % S^{35}. Auftreten von Glucuronsäure, Galactosamin und Oxyprolin (×) (100% Inkorporierung = extrahierbare Radioaktivität aus Kulturen, die 6 Tage mit Na_2-$^{35}SO_4$ inkubiert waren; 25000 bis 30000 counts/min im KCl-Extrakt)

Nachdem wir uns auf diese Weise überzeugt hatten, daß bei der Induktion des Knorpels in der Tat eine Neosynthese von Chondroitinsulphat statthat, waren wir besonders an der Isolierung des chondrogenen Faktors interessiert. Jedoch die relativ kleinen Mengen an Gewebe, die man aus der Kultur verfügbar hat, schienen ein unüber-

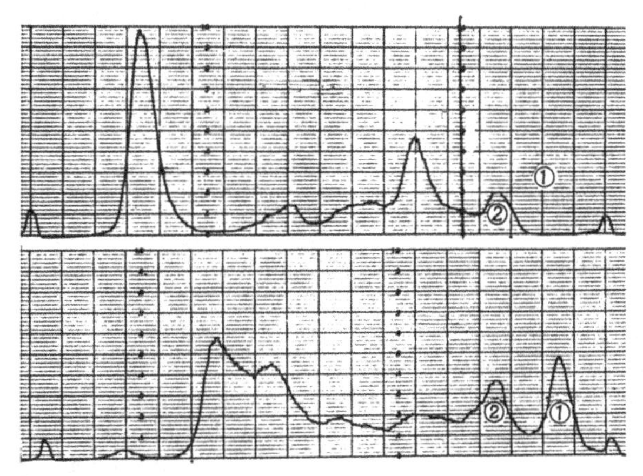

Abb. 16. Elektropherogramm (pH 6,0, 20 V/cm) der „Zuckerphosphat“-Fraktion. Oben: nicht induzierte Somiten; Alter der Kulturen 5 Tage. Unten: induzierte Somiten; Alter der Kulturen 5 Tage. In Gegenwart von 20 μC $Na_2{}^{32}PO_4$/0,1 cm³ balancierter Salzlösung pro Schale von 5 Explantaten

brückbares Hindernis für eine Reindarstellung des Faktors zu sein.

Wir markierten daher induzierte und nichtinduzierte Kulturen mit P^{32} in der Hoffnung, daß der Induktor oder ein Zwischenprodukt desselben Phosphat enthielte. Tatsächlich glaubten wir damals, daß der Induktor vielleicht UDP-Galaktosamin oder UDP-Glucuronsäure sein könnte.

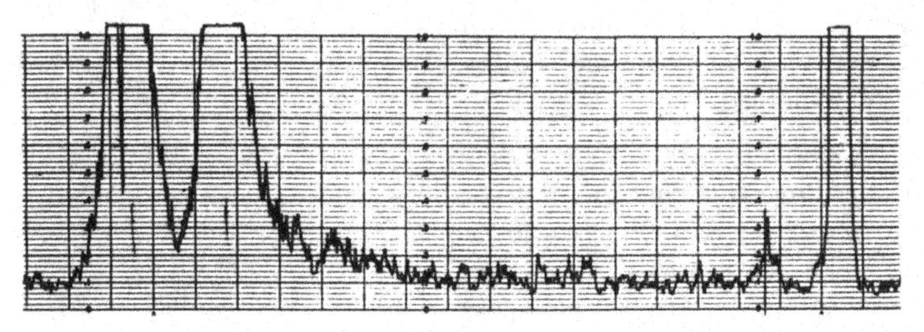

Abb. 17. Papierchromatogramm einer „Zuckerphosphat"-Fraktion: peak Nr. 1 aus Abb. 6 oben rechromatographiert in Äthanol/Ammoniumacetat pH 7 (PALLADINI, LELOIR) in Gegenwart von 20 μC $Na_2{}^{32}PO_4$/0,1 cm³ balancierter Salzlösung pro 5 Explantaten

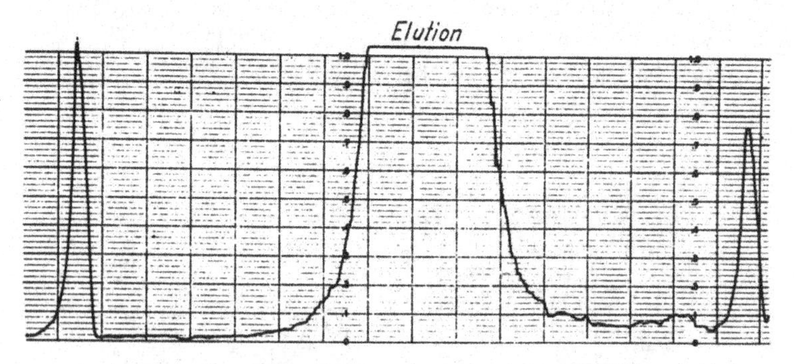

Abb. 18. Elektropherogramm (pH 6,0, 20 V/cm) eines mit 0,25 M-$HClO_4$ extrahierbaren „Nucleotidextraktes" nach Adsorption an Kohle/Celite und Elution mit 10% Pyridin Wasser (v/v); in Gegenwart von 20 μC $Na_2{}^{32}PO_4$/0,1 cm³ balancierter Salzlösung pro Schale von 5 Explantaten

Aus letzteren Erwägungen wählten wir daher zuerst eine Methode, die eindeutig zwischen Nucleotid gebundenen Zuckern und einfachen Zuckerphosphaten unterscheiden läßt. Nach 24stündiger Inkubation der Kulturen mit 20 μC P^{32}-Phosphat pro Schale extrahierten wir mit 0,25 M Perchlorsäure bei 0° und adsorbierten den in der Kälte neutralisierten Extrakt an Kohle/Celit. Stickstoffenthaltende Zucker, Nucleotide und Nucleotid gebundene Zucker werden hierbei von der Kohle adsorbiert, während andere Phosphate ins Filtrat gehen. Die Ergebnisse solcher Versuche sind in den Abb. 16—18 wiedergegeben.

Die an Kohle nicht adsorbierte Filtratfraktion induzierter Kulturen (Abb. 16 unten) wies regelmäßig eine Phosphatfraktion auf, die in nicht induzierten Kulturen (16 oben) abwesend war. Dieselbe ließ sich durch Papierchromatographie in 2 Unterfraktionen (Abb. 17) aufteilen, von denen die eine eine positive Morgen-Elson-Reaktion aufwies. Abb. 18 zeigt die mit 10% wäßrigem Pyridin von der Kohlesäule eluierbare Nucleotidfraktion, welche die gesamte biologische Aktivität enthielt.

Die biologischen Aktivitäten dieser Fraktionen sind in Abb. 19 und 20 wiedergegeben. Wie ersichtlich, enthält die „Nucleotidfraktion" alle Knorpel induzierende Wirksamkeit, während alle Filtratfraktionen inaktiv sind. Aus Abb. 20 ist weiter ersichtlich, daß mit zunehmendem Alter der Somiten die Frequenz der Spontaninduktionen leicht zunimmt.

Zugefügte Fraktion	Anzahl der Kulturen	Anzahl der induzierten Kulturen	Erscheinungsform des Knorpels
Somiten (stage 16—17)			
Kontrollen	60	0	—
Gesamt-Nucleotid-Extrakt	39	30	sehr stark durch die gesamten Kulturen
Somiten (stage 18)			
Kontrollen	194	29	einige kleine Zentren
Gesamt-Nucleotid-Extrakt	165	134	stark durch die gesamten Kulturen
Gesamt-„Zucker-Phosphat"-Fraktion	60	0	—
Gesamt-„Nucleotid"-Extrakt aus:			
Hefe	185	10	kleine Zentren
Epidermis	40	0	—
Endoderm	50	0	—
Muskel	60	0	—
Extremitäten	40	5	ganz wenige Zentren

Abb. 19. Chondrogene Aktivität verschiedener Gewebeextrakte nach Zugabe zu 55 Std alten Somiten. Jede Fraktion wurde in 1,0 ml balancierter Salzlösung aufgelöst mittels eines Swinny Hypodermic Adaptors sterilisiert und dem Medium zugesetzt (1,0 ml balancierter Salzlösung, 1,0 ml Pferdeserum, 0,5 ml Embryo-Extrakt und 0,25 ml Fraktion werden in jede Schale, die 6—8 Somiten-Kulturen enthalten, zugefügt)

Alter der Somiten	Anzahl der Kulturen	Anzahl der knorpelbildenden Kulturen	Häufigkeit der Knorpelbildung in %
„Stage" 16			
Kontrollen	20	0	0
Plus-Extrakt	10	9	90
„Stage" 17			
Kontrollen	80	9	11
Plus-Extrakt	53	44	83
„Stage" 18			
Kontrollen	194	29	15
Plus-Extrakt	165	134	81

Abb. 20. Chondrogene Aktivität der Gesamt-Nucleotid-Fraktion in Abhängigkeit vom Alter der Somiten (stage 16, 17, 18)

Isolierung des chondrogenen Faktors[7]

Nachdem wir uns durch obige Vorversuche überzeugt hatten, daß es sich bei dem chondrogenen Faktor um eine chemisch wohl

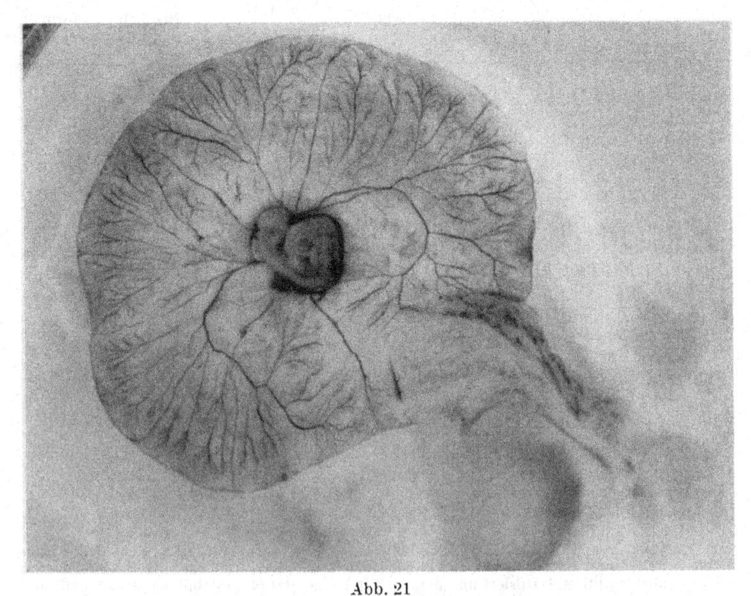

Abb. 21

Abb. 21—23. Entwicklungsstadium eines $4^1/_2$ Tage alten Hühnerembryos

definierbare Substanz handeln müsse, entschlossen wir uns zur Isolierung derselben. Als Ausgangsmaterial benützten wir sorgfältig frei präparierte Spina dorsalis und Chorda dorsalis von $4^1/_2$ Tage bebrüteten Hühnerembryonen. Aus den Abb. 21—23 sind das Entwicklungsstadium des Embryos, sowie die Ausmaße des Spina dorsalis ersichtlich.

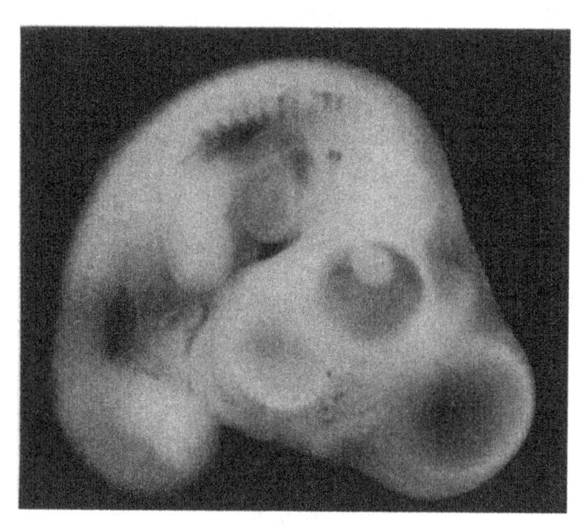

Abb. 22

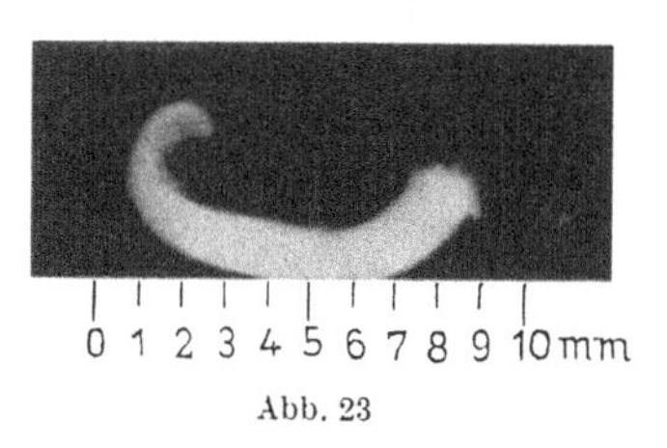

Abb. 23

Die einzelnen Stufen der Reinigung des chondrogenen Faktors sind in Tab. 1 wiedergegeben. Aus 10000 Embryonen enthält man auf diese Weise etwa 5—10 mg einer Substanz, die elektrophoretisch bei p_H 6,5 als einheitliche Zone zur Anode wandert.

Nach Extraktion des Homogenates mit 0,25 M Perchlorsäure bei 0°, Neutralisation, Adsorption an Kohle/Celit und Waschen mit Wasser läßt sich die aktive Fraktion mit 10% wäßrigem Pyridin eluieren (s. Abb. 19). Die weitere Reinigung dieser Nucleotidfraktion geschieht an Dowex I in der Formiatform, mit Hilfe eines

Tabelle 1. *Darstellungsmethode des chondrogenen Faktors aus $4^{1}/_{2}$ Tage alten Hühnerembryonen*

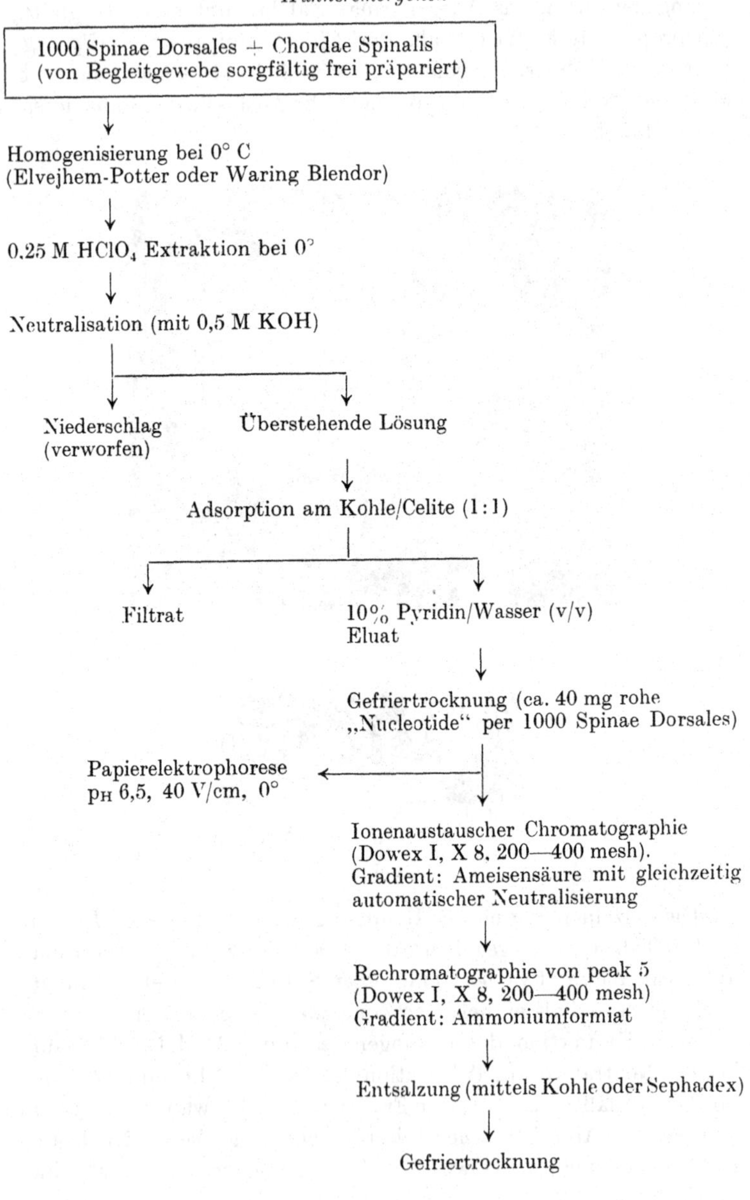

Ameisensäuregradienten. Das Austauscherfiltrat wird sofort und vollautomatisch neutralisiert. Ohne diese Vorsichtsmaßregel wird

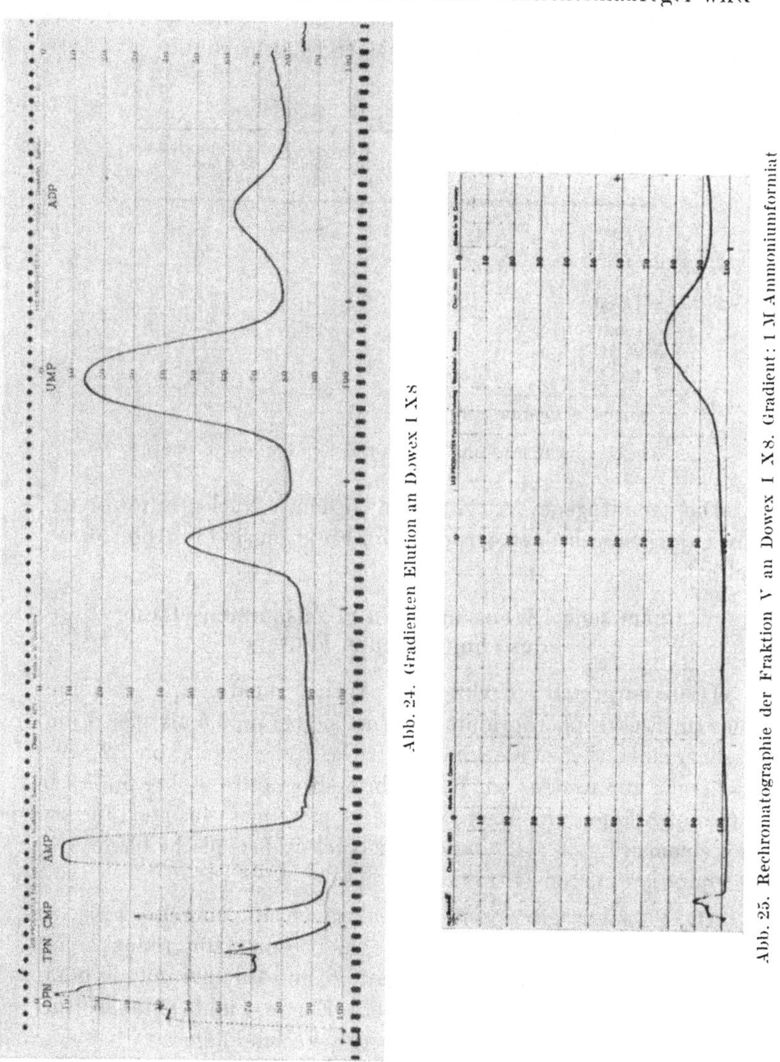

Abb. 24. Gradienten Elution an Dowex I X 8

Abb. 25. Rechromatographie der Fraktion V an Dowex I X 8. Gradient: 1 M Ammoniumformiat

der Faktor vollends inaktiviert. Eine Fraktionierung der rohen „Nucleotidfraktion“ ist in Abb. 24 wiedergegeben.

Von allen bei 260 mμ absorbierenden Komponenten war nur Fraktion 5 biologisch aktiv. Rechromatographie dieser Fraktion an Dowex I in der Formiatform mittels eines Ammoniumformiatgradienten ergab das in Abb. 25 wiedergegebene Bild.

Technik wie in Abb. 19 beschrieben

Eluat Nr.	Knorpel induzierende Aktivität	Zahl induzierter Kulturen von insgesamt 26
1 (DPN)	—	0
2 (TPN)	—	0
3 (CMP)	—	0
4 (AMP)	—	0
5 (comp. x)	+++	23
6 (UMP)	—	—
7 (ADP)	—	—
5 nach Rechromatographie	+++	24

Abb. 26. Chondrogene Aktivität der einzelnen Nucleotid-Fraktionen

Die chondrogene Aktivität der einzelnen Nucleotidfraktionen, sowie die der rechromatographierten Fraktion sind in Abb. 26 dargelegt[8].

Chemische Eigenschaften und Zusammensetzung des chondrogenen Faktors

Die so dargestellte Fraktion ist papierchromatographisch homogen. Im Elektropherogramm wandert sie bei p_H 6,5 als scharf umrissener einheitlicher Fleck mit einer Geschwindigkeit von $7,2 \cdot 10^{-6}$ $cm^2/sec/V$ zur Anode. Im Papierchromatogramm — bei p_H 7,5 in Äthanol-Ammonium-Acetat — liefert sie einen einzigen Flecken mit einem $R_{AMP} = 1,42$, der die für Nucleotide typische blaue Auslöschung im kurzen Ultraviolett zeigt.

Die Substanz gibt positive Reaktionen mit ammoniakalischer Silbernitrat- und saurer Anilinoxalat-lösung für reduzierende Zucker, mit Ninhydrin für Aminosäuren, mit Ammoniummolybdatreagens für Phosphat, mit Orcinol-, Ehrlich- und Thiobarbitursäurereagens für Neuraminsäure-artige Verbindungen.

Das Ultraviolettspektrum des chondrogenen Faktors ist in Abb. 27 wiedergegeben. Der Faktor ist äußerst labil gegen Säure und Alkali. Für biologische Zwecke ist er bis zum Beginn des Experimentes in gefriergetrocknetem Zustande aufzubewahren. Aufbewahren bei p_H 2 und Zimmertemperatur für mehrere Stunden bewirkt Freiwerden von Guanosinmonophosphat. Graduelle Säurehydrolysen sind in Abb. 28 wiedergegeben. Das bei milder Hydrolyse freiwerdende GMP wurde durch UV-Spektrum (Abb. 27), Papierchromatographie in 2 verschiedenen Lösungsmitteln, sowie

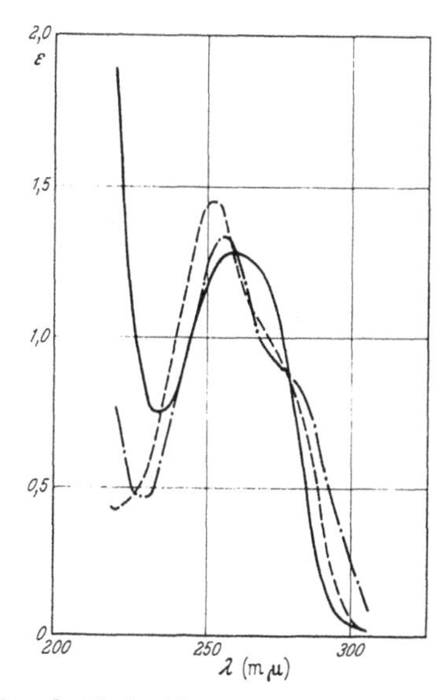

Abb. 27. UV-Spektra des Nucleotidbestandteiles des chondrogenen Faktors aus Hühnerembryonen. ( ) Zahlen = gefundene Werte für GMP
·—·— p_H 1 - - - - - p_H 7 ——— p_H 11

p_H	λ_{min}	λ_{max}	ε 250/260	ε 280/260
1	228 (228)	256 (256)	0,97 (0,96)	0,67 (0,66)
7	220 (223)	252 (252)	1,13 (1,16)	0,65 (0,66)
11	232 (230)	258 (258)	0,90 (0,90)	0,59 (0,61)

durch eine quantitative Phosphatbestimmung einwandfrei identifiziert (Verhältnis Base : $P = 1 : 1{,}0$). Bei dem zweiten, bei etwas stärkerer Hydrolyse in größerer Menge freiwerdenden "peak X" handelt es sich um ein gebundenes, komplexes Chromogen der Neuraminsäure. Das UV-Spektrum dieses peak X ist in Abb. 29 wiedergegeben. Nach Untersuchungen von E. KLENK[9] ist das Absorptionsmaximum bei $\lambda = 274$ mμ unter identischen Hydrolysebedingungen charakteristisch für glykosidisch gebundene Neuraminsäure, z. B. Methoxyneuraminsäure. Freie N-acetyl-Neuraminsäure liefert unter ähnlichen Bedingungen kein solches Maximum. Das mittlere Absorptionsmaximum bei $\lambda = 249$ mμ ist charakteristisch für Derivate von Pyrrol-α-carbonsäuren, die ja sowohl bei alkalischer wie saurer Behandlung von Neuraminsäuren entstehen können. Bei etwas stärkerer Hydrolyse (s. Abb. 30) verschwindet dann

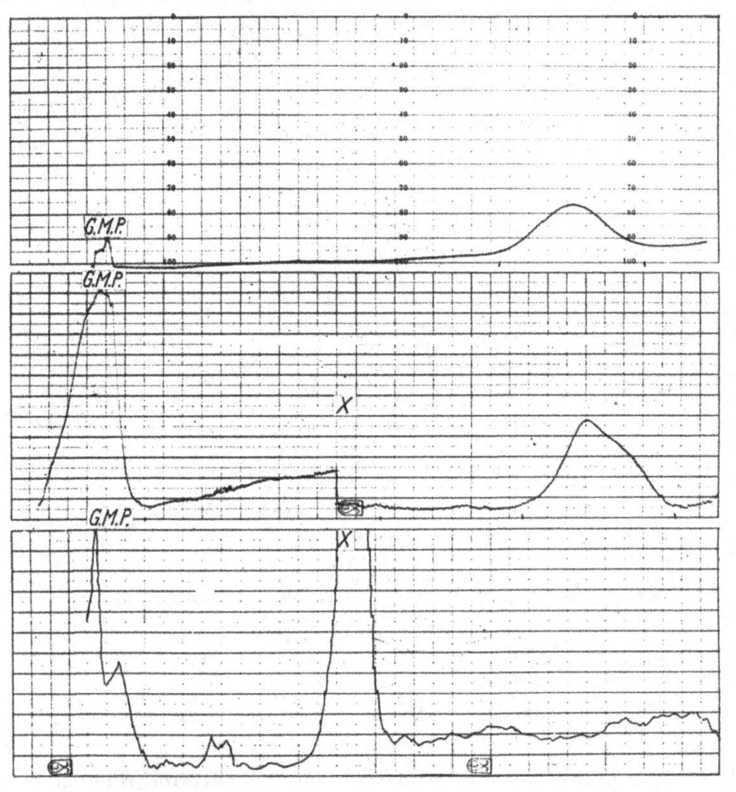

Abb. 28. Gradielle Säurehydrolysen des chondrogenen Faktors. Oben: Chromatographisch homogene Fraktion. Mitte: Nach 15stündigem Stehen bei pH 2 und Zimmertemperatur. Unten: Hydrolyse mit 1 N-Salzsäure für 1 Std bei 100° C

das für glykosidisch gebundene NANA charakteristische Maximum bei $\lambda = 274$ mμ und es verstärkt sich die Bildung von Pyrrolartigen Chromogenen $\lambda_{max} = 262$ mμ.

Identische Behandlung von NANA führt zu verwandten UV-Spektren, wie der rechte Teil der Abb. 30 erkennen läßt. Sowohl die positiven Farbreaktionen mit Ehrlich's Reagens, mit Orcin und Thiobarbitursäure als auch die spektroskopischen Daten sprechen sehr für das Vorliegen eines Neuraminsäurederivates. Merkwürdigerweise gelang uns weder die Isolierung freier Neuraminsäure in Form der N-Acetyl-Verbindung durch 1 Std Hydrolyse bei p_H 1,5 und 80° C, noch die der Methoxyverbindung mittels Methanolyse in 5%iger methanolischer Salzsäure bei 110° C. Nach Abspaltung aller Nucleotid- und Zucker-Bestandteile durch Erhitzen mit 1 N Salzsäure für 1 Std bei 100° wurde eine Fraktion erhalten, die nach Hydrolyse mit 6 N HCl über 15 Std bei 100° eine starke Huminbildung sowie eine Anzahl Aminosäuren aufwies. Wir entschlossen uns daher zu enzymatischen Versuchen mit Neuraminidase. (Für die Ausführung der Versuche bin ich den Herren Dr. J. N. WALOP und J. JACOBS aus der biochemischen Abteilung der Philips-Duphar, Weesp, Niederlande, zu großem Dank verpflichtet.)

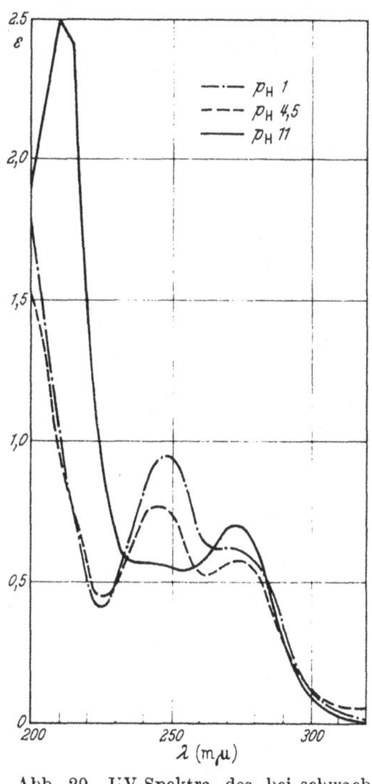

Abb. 29. UV-Spektra des bei schwachsaurer Hydrolyse (1 Std p_H 1,5, 60° C) aus dem chondrogenen Faktor abgespaltenen Nicht-Nucleotid-Bestandteiles (Nana-Chromogen)

Die enzymatische Spaltung mittels Neuraminidase wurde mit Hilfe des Warren-Tests verfolgt. Wie aus Abb. 31 ersichtlich, liefert der chondrogene Faktor in dieser Bestimmungsmethode ähnlich wie Deoxyzucker ein für NANA atypisches Spektrum mit einem Maximum bei $\lambda = 235$ mμ gegenüber $\lambda = 250$ mμ für authentische NANA.

Hydrolysebedingungen die die endständige und glykosidisch gebundene NANA aus Sialomucoproteiden in Freiheit setzen, führten hier nicht zur Abspaltung freier Neuraminsäure (s. Kurven zur Linken in Abb. 31). Nachdem wir uns überzeugt hatten, daß Zusatz von chondrogenem Faktor zu NANA vor und nach Hydrolyse nicht zu Ab- oder Zunahme in der Chromogenbildung führten (rechte Seite der Abb. 31), inkubierte man mit gereinigter Neuraminidase aus *A. Japan virus*. Wie aus Abb. 32 eindeutig ersichtlich, wird der

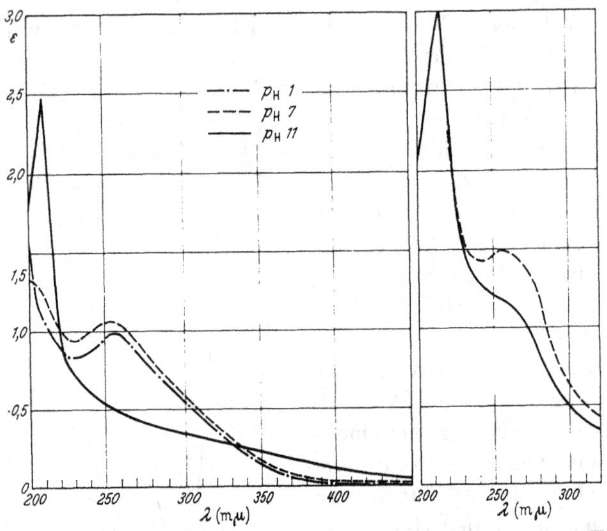

Abb. 30. UV-Spektra des in Abb. 29 wiedergegebenen Hydrolyse-Produktes nach Hydrolyse mit 1 N-Salzsäure für 1 Std bei 100° C. Rechts UV-Spektra von Nana nach gleicher Behandlung

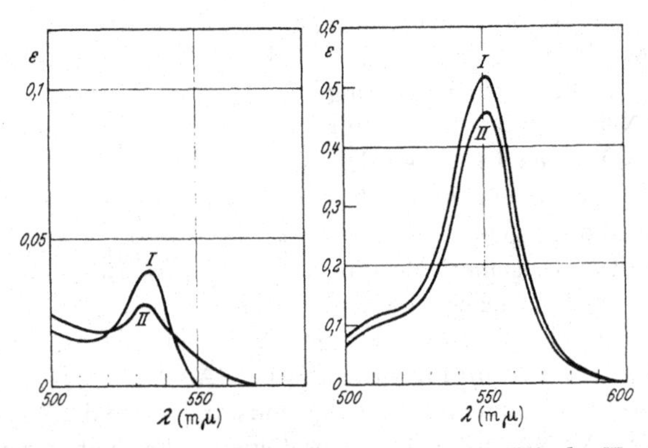

Abb. 31. NANA-Bestimmung im chondrogenen Faktor mit Hilfe des Warren-Testes. Links: I vor und II nach Hydrolyse; λ_{max} = 535 mμ (!), im Gegensatz zu NANA μ_{max} = 550 mμ (rechts: Kurve I und II). Keine Verschiebung nach Zusatz des chondrogenen Faktors zu NANA. Konzentration des chondrogenen Faktors: 0,4 mg/cm³. Hydrolyse: pH 1,5 (HCl), 1 Std bei 80° C. NANA-Bestimmung: Warren-Test, 0,5 cm³. Referenz I: ohne Salzsäure und erhöhte Temperatur

chondrogene Faktor durch Virus-Neuraminidase gespalten. Das Endprodukt dieser enzymatischen Spaltung ist jedoch keine freie NANA ($\lambda_{max} = 550$ mμ) sondern ein substituiertes NANA-derivat mit einem $\lambda_{max} = 535$ mμ. Durch Hitze inaktiviertes Virus (Abb. 32 rechts) besitzt keine Wirkung.

Aus diesen Befunden läßt sich folgern, daß im chondrogenen Faktor α- oder β-ketosidisch gebundene NANA vorliegt, die aber nicht endständig sein kann, sondern in relativ säurefester Bindung

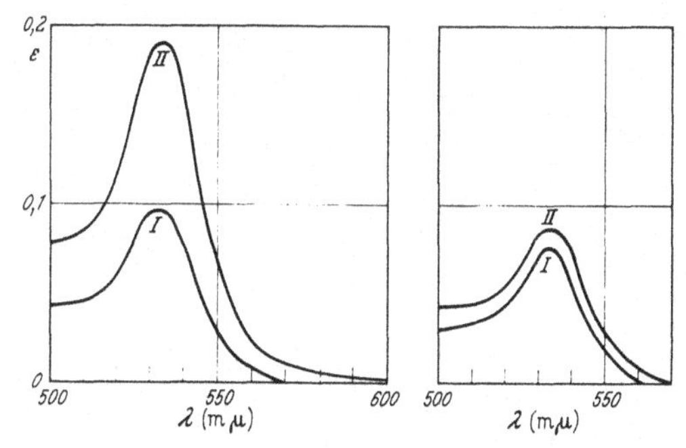

Abb. 32. Neuraminidasebehandlung des chondrogenen Faktors. Links: mit aktivem A.-Japan-Virus. Rechts: inaktiviertes A.-Japan-Virus

mit dem Peptidanteil des Moleküls verknüpft zu sein scheint. Weitere Versuche werden zur Zeit ausgeführt, um den endgültigen Beweis für diese Vorstellung zu erbringen.

Bei der 1-stündigen Hydrolyse mit 1 N Salzsäure bei 100° werden die Kohlenhydratbestandteile des chondrogenen Faktors frei. In Abb. 33 sind die Original-Papierchromatogramme in 2 verschiedenen Lösungsmitteln wiedergegeben. In Abb. 34 ist eine schematische Übersicht der gefundenen R_{Gluc}-Werte im Vergleich mit solchen authentischer Zucker in 2 verschiedenen Lösungsmitteln aufgezeichnet. Besonders bemerkenswert erscheint die Tatsache, daß sich der Uronsäuregehalt mit zunehmendem Alter des Ausgangsmaterials erhöhte. Bei der Xylose handelt es sich sehr wahrscheinlich um einen bei der Hydrolyse entstandenen Artifakt. Ebenso sind wir nicht sicher, ob wirklich Idose im Molekül vorkommt. Die gefundenen R_{Gluc}-Werte würden ebenso gut mit Fucose übereinstimmen. Weitere quantitative Analysen müssen auch hier mehr Klarheit schaffen.

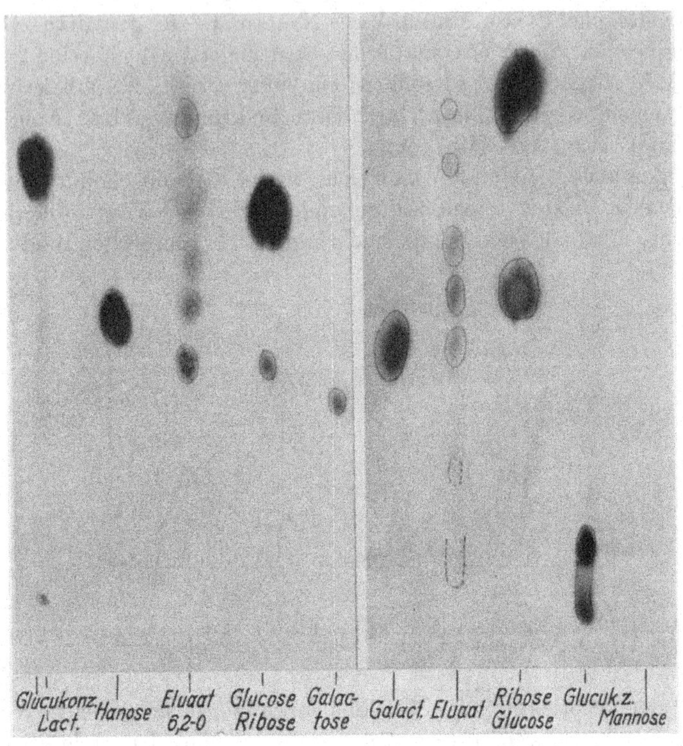

Abb. 33a—b. Kohlenhydratbestandteile des chondrogenen Faktors nach 1stündiger Hydrolyse mit 1 N Salzsäure bei 100°

	Äth.Acet/Py/H_2O = 2 : 1 : 2		But/Äth/H_2O = 4 : 1 : 1	
	R_{Gluc}		R_{Gluc}	
	Gefunden	Referenz	Gefunden	Referenz
Galaktose . . .	0,87	(0,87)	—	—
Glucose . . .	1,0	(1,0)	1,00	(1,0)
Mannose . . .	1,1	(1,09)	1,21	(1,20)
Idose	1,3	(1,27)	1,80	(1,72)
Ribose	1,43 1,41	(1,40)	1,60	(1,57)
[Xylose] . . .	—	—	1,38	(1,40)
Uronsäure I . .	0,36	(0,38)	Glucuronsäure	
Uronsäure II .	0,57	—	Iduronsäure ?	

Abb. 34. R_{Gluc}-Werte der Monosaccharide, die nach Hydrolyse mit 1 N-Salzsäure für 1 Std bei 100° C, anschließender Elektrophorese 1 Std 40 V/cm bei p_H 6,5 und anschließender Papierchromatographie in den angegebenen Lösungsmitteln

Hydrolyse des Faktors für 16 Std mit 6 N Salzsäure liefern die Aminosäuren aus dem Peptidanteil des Moleküls. Das Ergebnis der quantitativen Aminosäureanalyse nach der Methode von MORE und STEIN[10] ist in Abb. 35 wiedergegeben. Die bisher mit Sicherheit gefundenen Bestandteile des chondrogenen Faktors sind in Abb. 36

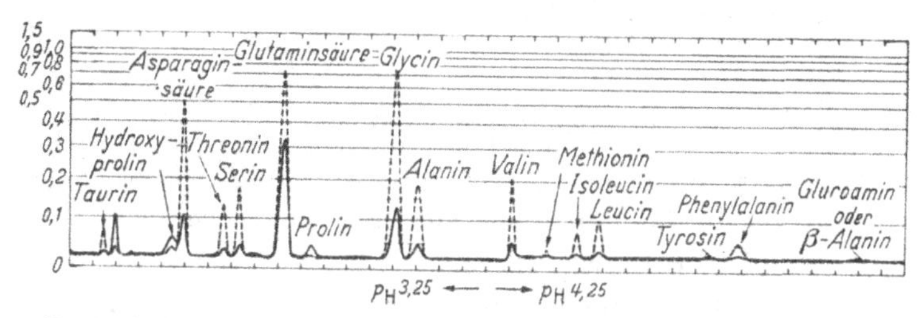

Abb. 35. Aminosäure-Analyse (MOORE und STEIN) nach 15stündiger Hydrolyse mit 6 N-Salzsäure

Nucleotid: GMP (wahrscheinlich ursprünglich als GDP anwesend)
Aminosäuren: (prozentuale Zusammensetzung des Peptidanteils)

Asparaginsäure	13,60	Cystein	3,52
Threonin	3,36	Valin	3,52
Serin	3,66	Methionin	0,53
Glutaminsäure	35,60	Isoleucin	1,65
Prolin	3,55	Leucin	2,96
Oxyprolin	7,39	Tyrosin	0,99
Glycin	19,95	Phenylalanin	2,96
Alanin	5,68		

Kohlenhydrate: Glucose, Galaktose, Mannose, Idose (?)
Ribose [Xylose]
Uronsäuren I und II (zunehmend mit Alter des Ausgangsmaterials)
NANA
Glucosamin
M. G.: ±6000

Abb. 36. Chemische Bestandteile des chondrogenen Faktors von Hühnerembryonen

aufgeführt. Infolge der komplexen Struktur ließ sich noch nicht nachweisen, ob das als GMP identifizierte Nucleotid ursprünglich als GDP vorliegt.

Im Peptidanteil des Moleküls ist das nahezu völlige Fehlen aromatischer Aminosäuren auffallend. Bemerkenswert erscheint ebenfalls der hohe Asparagin-, Glutamin-säure- und Glycin-gehalt. Dieser, zusammen mit etwa 7,4% Oxyprolin weist auf eine gewisse Ähnlichkeit mit Bindegewebs-Matrix-Protein bzw. Collagen hin.

Der chondrogene Faktor enthält etwa 1% Phosphat und 0,5 bis 1,0% NANA. In der Annahme einer Minimalstruktur obiger Bestandteile, und der Tatsache, daß der Faktor binnen 24 Std zu 90% durch Cellophanmembranen dialysiert, läßt uns ein maximales Molekulargewicht von etwa ± 10000 annehmen. Viel wahrscheinlicher ist jedoch ein MW um 6000.

Wirkungsmechanismus

Was den Wirkungsmechanismus dieses relativ niedermolekularen Faktors bei der Chondrogenese anbetrifft, so können wir vorerst nur einige Spekulationen anstellen.

Die erste Frage lautet: Haben wir es hier mit einer echten Induktion zu tun, die zur Zelldifferenzierung führt? Von HOLTZER und LASH wird diese Frage zur Zeit verneint. Sie sind der Ansicht, daß ein 55 Std alter Somit keineswegs undifferenziert sei und er bereits die Information zur Knorpelbildung besitze. In diesem Falle wäre der von uns isolierte chondrogene Faktor nichts anderes als ein „Primer" bzw. ein "Effector". Diese Ansicht wäre durchaus im Einklang mit der bisherigen Strukturanalyse des Faktors. Jedoch erscheint uns die 4-tägige „Latenzperiode" nach erfolgter Induktion für eine solche Vorstellung zu lange.

Obgleich wir die Frage Induktor, „Infector" oder „Primer" im Augenblick nicht beantworten können, drängt sich ein Vergleich zur induzierten Enzymsynthese z. B. β-Galaktosidase oder Penicillinase im Sinne MONODs oder POLLOCKs[11] auf.

In beiden Fällen kann man ohne Zweifel eine Neosynthese von Protein (Enzym) oder Mucoprotein (Knorpel) nach Zugabe des Induktors beobachten. Des weiteren existiert in beiden Fällen eine charakteristische ‚Latenzphase' zwischen Zufügen des Induktors und dem ersten Auftreten von Enzymprotein bzw. Knorpelmucoprotein. In beiden Fällen scheint diese Latenzphase von der Menge zugefügten Induktors unabhängig zu sein und letztlich, in beiden Fällen scheint die entstehende Menge neuen Enzyms bzw. Knorpels von der Konzentration des Induktors abzuhängen ($I = i_o = \text{tg}\ \alpha$). Eine ähnliche Kurve haben LASH, HOLTZER und WHITEHOUSE (1960) auf Grund der S^{35}-Inkorporierung der Glucuronsäure- und Hexosaminbildung für die Induktion der Knorpelbildung erhalten.

Wir haben diese Kurve einer mathematischen Analyse unterzogen[12]. In der Annahme, daß spezifische Proteine und Mucoproteine an spezifischen "templates" entstehen und daß die Bausteine für diese "specific templates", der Aminosäure- und Kohlenhydrat"pool" in der Zelle konstant sind, eine Situation, die in der Praxis leicht realisierbar ist, kann man 3 grundverschiedene Mechanismen im Hinblick auf den Wirkungsmechanismus eines Induktors beschreiben:

I. Der Induktor veranlaßt die Entstehung einer "specific template".

II. Der Induktor wirkt als Derepressor in der Synthese einer "specific template".

III. Der Induktor wird in eine "specific template" inkorporiert.

Unsere rein mathematische Analyse der Induktion spricht sehr für die letzte Hypothese. Eine lineare Zunahme (im Gegensatz zur quadratischen) in der Konzentration des neu-induzierten Enzyms (Mucoproteins) tritt nur auf bei Inkorporierung des Induktors in eine spezifische "template".

Sollte sich erweisen, daß es sich bei der von HOLTZER beobachteten Chondrogenese — im embryologischen Sinne — um eine echte Induktion handelt, die zur Zelldifferenzierung führt, so wären unsere Versuche ein Hinweis dafür, daß die Kinetik der Zelldifferenzierung ähnlichen Gesetzen unterliegt wie diejenige der induzierten Enzymsynthese.

Wir glauben in der Tat, daß der 55 Std alte Somit — mit Ausnahme vielleicht zweier oder mehrerer Enzyme, die jedoch zum gleichen „Operon" gehören — alle Informationen für die Knorpelbildung besitzt. Der „Induktor" oder „Primer" bringt diese eine fehlende Information in die Zelle. Er kompletiert so eine unvollständige "template" via Induktion einer spezifischen „messenger RNA" — die dann zur Synthese des fehlenden Enzyms Anlaß gibt.

Die letzteren Ausführungen sind im Augenblick rein spekulativer Art und erwarten Bestätigung durch das Experiment.

Literatur

1 HOLTZER, H.: Molecular and Cellular Synthesis, 19th Growth Symposium. New York: The Ronald Press Company 1961.

2 LASH, J. W., S. HOLTZER and H. HOLTZER: Exp. Cell Res. **13**, 292 (1957).

3 GROSS, J. I., M. B. MATHEWS and A. DORFMAN: J. biol. Chem. **235**, 2889 (1960).

4 LASH, J. W., H. HOLTZER and M. WHITEHOUSE: Develop. Biol. **2**, 76 (1960).
5 MONOD, J., and M. COHN: Advanc. Enzymol. **13**, 67 (1952).
6 POLLOCK, M. R.: In "The Enzymes", Vol. 1. New York: Academic Press 1959.
7 HOMMES, F. A., G. VAN LEEUWEN and F. ZILLIKEN: Biochim. biophys. Acta (Amst.) **56**, 320 (1962).
8 LASH, J. W., F. A. HOMMES and F. ZILLIKEN: Biochim. biophys. Acta (Amst.) **56**, 313 (1962).
9 KLENK, E., und H. FAILLARD: Hoppe Seyler's Z. physiol. Chem. **298**, 230 (1954).
10 POLLOCK, M. R.: J. gen. Microbiol. **14**, 90 (1956); COHN, M., and J. MONOD: Biochim. biophys. Acta (Amst.) **7**, 143 (1951).
11 HOMMES, F. A., and F. ZILLIKEN: Bull. Math. Biophys. **24**, 71 (1962).

Diskussion zu den Vorträgen HOLTZER und ZILLIKEN

Diskussionsleiter: KARLSON, München

KARLSON: Wir danken den Herren Professor HOLTZER und Professor ZILLIKEN für ihre interessanten Vorträge, und ich darf nun die Diskussion eröffnen. Vielleicht wird man zunächst einmal auf den Vortrag von Herrn Holtzer zurückkommen und dann die speziellen Dinge behandeln.

FISCHER (Frankfurt/M.): Eine erste Frage betrifft die species-Spezifität der Knorpelinduktion: Lassen sich Somiten (aus Urodelenkeimen) nur durch Notochord der gleichen species zur Knorpelbildung induzieren, oder gelingt dies auch durch Notochord anderer species z. B. aus Hühnerembryonen?

Eine weitere Frage ist, ob auch in älteren Embryonen und im erwachsenen Organismus undifferenzierte Mesenchymzellen vorhanden sind, die man ähnlich wie die „Somiten" aus den frühembryonalen Stadien zur Knorpelbildung induzieren kann?

Zum Vortrag von Herrn ZILLIKEN habe ich schließlich noch die Frage, in welcher Größenordnung die kleinste Menge des chondrogenen Faktors liegt, mit welcher man eine definierte Menge induzieren kann.

HOLTZER: I hope I understand your question. The inductive interaction is not species specific. Mouse spinal cord stimulates chondrogenesis in chick somite cells and chick spinal cord acts on mouse somites. The notochords have not, as yet, been investigated. Older mesenchyme cells derived from the somites or mesenchymal cells from other areas of the body do not respond to the spinal cord or notochord.

FISCHER: Can older somites be induced?

HOLTZER: This leads us to a similar question. An older somite will make, of course, cartilage without being induced and this is one of the things that makes an induction system so difficult to handle. There appeared, I think, a very fine exposition on the part of Dr. ZILLIKEN on the chemical nature of a factor that he gets from the spinal cord. Whether this in fact, is the inducer I submit there is no chance (to know) right now. All that can be said is that when this stuff is put into the cultures, cartilage appears with greater frequency. That does not say, in fact, that what is being put in, is material, that the spinal cord or the notochord released. For example you know, that you got cartilage in the lymphatic glands, cartilage in the semi-circular canals, clearly the spinal cord and notochord have nothing to do with this reaction. You can induce cartilage in the liver by certain viral conditions, you can induce cartilage in muscle just by traumatizing muscle. These are kinds of reactions that clearly can induce cartilage, that have nothing to do with either Dr. ZILLIKEN's factor or the spinal cord or notochord. I think though it is of interest that when some somite cells remember of going to form muscle. It has been shown by .... and myself when a cell commences the synthesis of myosin it is refractory to these inducing tissues. Does that answer your question, Sir?

Nachtrag: Older somites chondrify *in vitro* in the absence of inducing tissues. The accumulation of chondroitin *in vitro* is merely the consequence of the earlier *in vivo* inductive act.

This is an aspect of induction systems which make them so difficult to analyze. Thus when cartilage appears in the experiments of LASH and ZILLIKEN or STRUDEL after the addition of extracts, it still cannot be said that these substances are really inducers. I do not view the factor described by Dr. ZILLIKEN as the cartilage inducer. The added extracts may merely *stimulate* induced cells to carry out already determined synthetic activities. It is worth re-calling that *in vitro* cells may leak complex molecules into the ambient medium. The "inducing substances" may prevent the leakage of molecules required for chondroitin synthesis, and thus not stimulate *in vivo* induction at all (eg. Avery, CHOW and HOLTZER, 1956).

Lastly, cartilage appears in other regions (legs, arms, sternum, etc.) and it is clear that neither the spinal cord nor notochord are involved. Ectopic cartilage formation in muscle, or cartilage in liver resulting from viral infection likewise require other inducers. In brief, there must be several cartilage inducing agents, each acting on different kinds of responsive cells. To talk of the isolation of a cartilage inducing agent, is, in my estimation, premature. Though I hasten to add, I expect that in the future such substances will be found: but to find them will require an experimental design different from that used in the above experiments.

BRACHET (Brüssel): I am almost in general agreement with Dr. HOLTZER's views concerning the difficulties in utilizing the modern concepts of molecular genetics to explain cell differentiation. The cytoplasm in eggs is very important and one of the best explanations for differentiation remains the idea of competition between cytoplasmic particles (ribosomes?). I would like to ask Dr. HOLTZER whether the cartilage cells, which are not differentiated any more after 4 cell divisions, are still competent to respond to inductive stimuli?

HOLTZER: The de-differentiated cartilage cells do not respond to the notochord, spinal cord or nucleotide extracts of LASH and ZILLIKEN. These cells make DNA, mitotic-spindle proteins, respiratory enzymes and other molecules associated with cell reproduction, but what are they doing in terms of cell differentiation? Currently we have little to say on this point, other than that they do not revert to embryonic somite cells. Further work on this problem will probably lead us into the fields of neoplastic growths.

KARLSON: I would like to mention that it is important to stress the difference between microbial systems and tissue culture systems. However, a lot can be learned in terms of general principles of morphogenesis by appropriate comparison. Perhaps Dr. HALVORSON would like to comment further on this theme.

HALVORSON (Madison): Controls in bacteria are probably exercised by means of DNA. The organisms are subject to wide changes of environment and selective pressures for rapid and reversible control are required. More subtile variation by means of DNA-control may exist in cellular systems. It is not necessary for the inductive phenomena to be completely reversible, but they often are reversible. An interesting example of an irreversible effect is that of sporulation. Complete suppresion of certain enzymic activities occurs, although the genetic potentiality for vegetative growth remains. The irreversible changes operating when sporulation occurs must be controlled by a process similar to that of induction. Cytoplasmic regulation may be very important and control by DNA must not be excluded. There have been some interesting experiments in which an induced mutation of the surface of paramaecium remained even after nuclear transplants. This result suggested that the surface was not under direct nuclear control and therefore that one must be willing to accept variations of this kind.

TIEDEMANN (Heiligenberg): Ich möchte zu dem Vortrag von Dr. HOLTZER noch eine kurze Bemerkung machen. Dr. HOLTZER sagte, daß die primären Induktionssysteme, also die Induktion von Muskulatur, Knochen und Neuralsystemen für eine Analyse zu kompliziert wären. Man kann aber die primäre Induktion weder an E. coli noch am Knocheninduktionssystem untersuchen, und man darf wohl aus der Tatsache, daß die Analyse dieser Systeme komplizierter ist als die Analyse rein biochemischer Systeme nicht den Schluß ziehen, daß man sie überhaupt nicht untersuchen soll. Zur Frage der Spezifität, die nachher noch erörtert wird, möchte ich nur sagen, daß auch andere Vorgänge simuliert werden können, so kann bekanntlich die Insulinwirkung bis zu einem gewissen Grad durch bestimmte Sulfonamide ersetzt werden. Im übrigen gibt es bei der Knorpelinduktion das gleiche Problem. Nach Untersuchungen von SELYE kann die Knorpelbildung durch rein mechanische Reize ausgelöst werden. Aber man darf aus diesen Untersuchungen wohl nicht den Schluß ziehen, daß in der Normalentwicklung die Knorpelbildung rein unspezifisch erfolgt, sondern eben durch die Prozesse, die Dr. ZILLIKEN und Dr. HOLTZER dargelegt haben.

BROCKMANN (Mosbach): Inducer, Induktion, Information setzen ein Substrat voraus, in bezug auf das induziert, informiert wird, analog zum relationellen Substrat im anatomischen Geschehen. Hier gilt das Hertwigsche Prinzip des ungleichartigen Wachstums: z. B. die Zerlegung von Milchleiste, Zahnleiste, Ganglienleiste in Anteile durch anderes Wachstum des morphologischen Substrats, das schon oder noch vorhanden sein muß, genetisch oder funktionell auch bei der Inducer-Funktion. Das Hertwigsche Prinzip ist in genetische, funktionelle Analogien hinein zu erweitern, eine Idee, die meines Wissens hier erstmals vorgetragen wird. Physiologisch-chemisch erfaßbare H-Ionen aus der Muskelaktion stimulieren das Atemzentrum, aber nur falls ein solches, sei es phylogenetisch, sei es ontogenetisch, sei es hinsichtlich des aktuellen physiologischen Ansprechbarkeitszustandes schon oder noch vorhanden. Das Verhältnis der Wachstumsgeschwindigkeiten der Organsubstrate untereinander ist das Thema des Hertwigschen Prinzips, dessen damit sich abzeichnende Möglichkeit einer generalisierten Fassung die Kenntnis von Beziehungen der Organsphären untereinander fördern kann.

KARLSON: Ich glaube nicht, daß die Hertwigschen Ideen vergessen sind, ich glaube, sie sind heute bloß differenzierter geworden und werden anders interpretiert als HERTWIG selbst sie seinerzeit formuliert hatte.

HESS (Heidelberg): Nachdem Sie, Herr ZILLIKEN, in ihrem Vortrag auf die Kinetik der Wirkung des chondrogenen Faktors hingewiesen haben, wäre es interessant zu erfahren, welches die Unterschiede der Kinetik von Induktion und Differenzierung sind.

ZILLIKEN: Die Kinetik der induzierten β-Galaktosidase- (Monod), Penicillinase- (Pollock) oder α-Glucosidase- (HALVORSON und SPIEGELMAN) synthese ist in Bakterien und Hefen bestens untersucht. Nach erfolgter Induktion tritt eine mehr oder weniger kurze Latenzphase auf, sodann häuft sich in linearer Konzentrationszunahme das neu-induzierte Enzym an. Nach Wegnahme des Induktors fällt das System sehr oft in kurzer Zeit in den „nicht induzierten" Zustand zurück. Die Rate der neu-induzierten Enzymbildung ist solange konstant wie der Induktor anwesend ist. Die Latenzphase ist von der Induktorkonzentration unabhängig. Der $\mathrm{tg}\,\alpha$ der linearen Zunahme ist jedoch der Induktorkonzentration direkt proportional.

Nun interessiert im Rahmen dieses Colloquiums die Frage: Folgt die Kinetik der induzierten Zelldifferenzierung ebenfalls den Gesetzen der induzierten Enzymsynthese? Für die Beantwortung dieser Frage ist das Holtzersche System sehr geschickt, da es — neben anderen Vorteilen — eine Latenzphase von 3 Tagen hat. Man hat also 3 Tage Zeit z. B. den 2fach markierten Induktor mit Hilfe der Ultrazentrifuge und der Autohistoradiographie in den verschiedenen „Zellcompartements" aufzusuchen.

Die Kinetik der Chondrogenese gemessen an der $Na_2S^{35}O_4$ Inkorporierung ist derjenigen der induzierten Enzymsynthese sehr ähnlich. Auch hier finden wir eine Latenzphase (3 Tage), die von der Induktorkonzentration unabhängig ist und eine lineare Zunahme von neusynthetisiertem Chondroitinsulphat die der Induktorkonzentration parallel geht.

Wir haben solche Kurven einer mathematischen Analyse unterzogen (12). Das Ergebnis habe ich auf S. 153 und S. 168, 169 eingehend diskutiert. Ich nehme an, daß damit Ihre Frage beantwortet ist.

GRASSMANN (München): Die Ähnlichkeit des Peptidteils des chondrogenen Faktors mit Kollagen, insbesondere der hohe Hydroxyprolingehalt, ist äußerst interessant. Es bestehen aber auch sehr auffällige Unterschiede, z. B. fehlen die basischen Aminosäuren völlig, dafür sind die sauren Aminosäuren wesentlich höher. Die elektrostatische Anziehung kationischer und anionischer Gruppen hat große Bedeutung für den Zusammentritt der Kollagenmoleküle zur Faser. Es wäre aufschlußreich, das Verhalten gegen Kollagenase zu prüfen. Dieses äußerst spezifische Enzym ist auf die Sequenz: —Pr—X—↓Gly—Pr— eingestellt, die man bisher nur im Kollagen kennt (Pr = Prolin oder Hydroxyprolin, X = Aminosäure geringer Spezifität, ↓ Angriffsstelle des Enzyms). Präparate des Enzyms, die frei von anderen proteolytischen Fermenten sind, sind jetzt zugänglich.

ZILLIKEN: Ich danke Ihnen sehr für diesen Hinweis.

HOLTZER: I guess I failed to make my point clear. After three decades of intensive work no more is known of the biochemistry of induction in cell differentiation than was known after the work of SPEMAN and HOLTFRETER. About the so-called "primary induction system": (1) It is not, in all probability, the primary inductive event, but the Nth induction after fertilization, and (2) many experiments have demonstrated that the induction of brain, spinal cord, etc., is a most complex system to analyze biochemically. My suggestion is if you want to learn something about induction work with as simple systems as can be found, not the most complex. For example, some of the systems described by GROBSTEIN would be promising in this light.

KLENK (Köln): Ich wollte nur kurz auf die interessanten Befunde von Herrn ZILLIKEN eingehen. Ihr chondrogener Faktor hat ja, wenn wir von der Nucleotidkomponente absehen, eine große Ähnlichkeit mit den biologisch aktiven Mucoiden, die Neuraminsäure enthalten, und die man z. B. aus Erythrocytenstroma isolieren kann. In all diesen Fällen, auch beim Mucin, welches die Influenzavirus-Hämagglutination hemmt, ist die Neuraminsäure endständig. Sie nehmen an, daß die Neuraminsäure mitten ins Molekül eingebaut ist. Nun wollte ich fragen, ob dies experimentell schon gut begründet ist. Wenn wir Neuraminidase einwirken lassen, so wird immer Acetyl- oder Acylneuraminsäure abgespalten und zwar freie Acylneuraminsäure. Der Warrentest ist doch bei Ihnen auch positiv?

ZILLIKEN: Ja, aber atypisch. Man nimmt an, daß das Chromogen der freien NANA nach Periodsäurespaltung Formylbrenztraubensäure ist. Dieses liefert mit Thiobarbitursäure einen Farbstoff, der ein Maximum bei $\lambda = 550\,m\mu$ aufweist. Der chondrogene Faktor liefert einen positiven Warren-Test mit einem Maximum bei $\lambda = 535\,m\mu$, das nach Neuraminidase-Einwirkung bei gleichem λ-Wert stark zunimmt. Wir glauben, daß dies für eine COOH-Substitution der NANA spricht. Letztere Bindung ist derart (peptidisch), daß sie die glykosidische Bindung gegenüber H^+ stabilisiert. Gesichert ist diese Ansicht noch nicht. Es handelt sich im Augenblick lediglich um eine Deutung.

KLENK: Wenn man auf die biologisch aktiven Mucoide Neuraminidase einwirken läßt, geht die biologische Aktivität zurück, bzw. geht sie ganz verloren. Es wäre doch interessant zu sehen, ob das bei Ihnen auch der Fall ist.

BUDDECKE (Tübingen): My question is directed to both Prof. HOLTZER and Prof. ZILLIKEN. As you have shown in your very exciting investigation spinal cord and notochord are required to insure that the mesodermal cell becomes differentiated into the cartilage cell and starts to synthesize chondroitin-sulphate. Furthermore Prof. ZILLIKEN was able to demonstrate that a chemically well characterized nucleotide and carbohydrate containing peptide acts as inducer for this conversion. Now my question: As you know there is a shift in the composition of polysaccharides produced by the cartilage cell in the course of its life. While chondroitin-sulphate A is synthesized mainly in the earlier stages of life, later chondroitin-sulphate C and keratosulphate are synthesized too. Would you assume that there a second or maybe a few more factors exist to induce the synthesis of chondroitin-sulphate C and keratosulphate? I think the fact that the chemical composition of your chondrogen factor changes depending on age of the chick embryo gives some evidence for this assumption.

ZILLIKEN: Dr. BUDDECKE this is very true. I do assume that there are more than one factor and we know of a few findings which support such thinking. A time study of the occurrence of the factor in chick embryo indicates an increase from day 0—12 followed by a decrease up to day 20. From day 10 on, a gradual decrease in nucleotide content and an increase in molecular size of the chondrogenic factor occurs. This may be interpreted as a self-regulatory mechanism. Another observation made by HOLTZER and LASH shows that older chondrocytes which have lost the ability to form cartilage can not be re-induced with our factor.

But let me clarify one point. I did not intend to speak of an Inducer in the strict embryological sense. I just have described the isolation and some chemical features of a compound which seems to promote chondrogenesis. Whether or not we deal here with an Inducer, a primer or an effector remains to be shown.

HOLTZER: The succession of synthetic activities even in such a simple system as cartilage but underscores the difficulties and necessity for caution when attempting to isolate "the inducer" I seriously doubt if the spinal cord or notochord produces a molecule which directly and immediately causes somite cells to synthezise condroitin A. My prejudices favor the possibility that the inducer promotes, say, the synthesis of the epimerase which converts glucose into galactose. Subsequently the epimerase itself, or some other molecule, induces the sulfating systems and so forth until all the enzymes and co-factors required for chondroitin sulphate A are present. Emphasis is on the sequential nature of embryonic inductions and that the induction of a cartilage cell is the result of many inductive actions. As for the favored synthesis of chondroitin-sulphate C and keratosulphate in older cartilages, all I can say is that I would be surprised if it correlates with ZILLIKEN's isolation experiments with older material. To my knowledge there is no experimental evidence on this point.

Biochemische Untersuchungen über die Induktionsstoffe und die Determination der ersten Organanlagen bei Amphibien

Von

Heinz Tiedemann

Heiligenberg-Institut (Abt. Mangold), Heiligenberg (Bodensee)

Mit 15 Abbildungen

Alle vielzelligen Organismen gehen normalerweise aus einer einzigen Zelle, der befruchteten Eizelle, hervor. In ihr ist bereits die gesamte Information für die vielfältige Differenzierung zum fertigen Organismus niedergelegt. Welche Faktoren entscheiden nun, daß ein bestimmter Zellkomplex zu Muskulatur, ein anderer aber zu Nervengewebe wird? Werden die ersten Differenzierungsschritte autonom durch die Zellkerne und die in ihnen gelegenen Erbfaktoren gesteuert oder spielen hierbei weitere Faktoren eine Rolle, die bestimmten Cytoplasmabereichen zugeordnet sind?

Als bevorzugtes Objekt zur experimentellen Klärung dieser Fragen verwendet die Entwicklungsphysiologie seit langem Molchembryonen, weil Molchembryonen sich relativ einfach handhaben lassen. Die Ergebnisse haben aber weit über die Amphibien hinaus allgemein für die Wirbeltiere und sehr wahrscheinlich auch für den Menschen grundlegende Bedeutung.

Zunächst möchte ich die Normalentwicklung der Molche kurz rekapitulieren.

Die je nach Molchart $1^1/_2$—2 mm großen Eier beginnen sich 5—7 Std nach der Ablage zu teilen. Nach dem Morulastadium, in welchem die einzelnen Zellen mit der Lupe noch gut erkennbar sind, erreicht der Keim das Blastulastadium. Die Blastula stellt, wie schon der Name sagt, eine Blase mit einem Hohlraum, dem Blastocoel, dar. Auf die Furchung folgt die Gastrulation, bei der ausgedehnte Materialverschiebungen stattfinden. Auf der Unterseite bildet sich der sog. Urmund, der dem späteren Hinterende des Keimes entspricht. Durch den Urmund wandert das Material für Mesoderm und Entoderm in das Innere des Keimes ein (Abb. 1a und b). Nach beendeter Gastrulation liegt innen der dotterreiche Urdarm, darüber das Urdarmdach, aus dem Chorda, Myomeren und Nierensystem hervorgehen. Außen wird der Keim vom Ektoderm umhüllt (Abb. 1c). Während der nun folgenden Neurulation entsteht im dorsalen Ektoderm die Neuralplatte (Abb. 1d) als Anlage des Nervensystems.

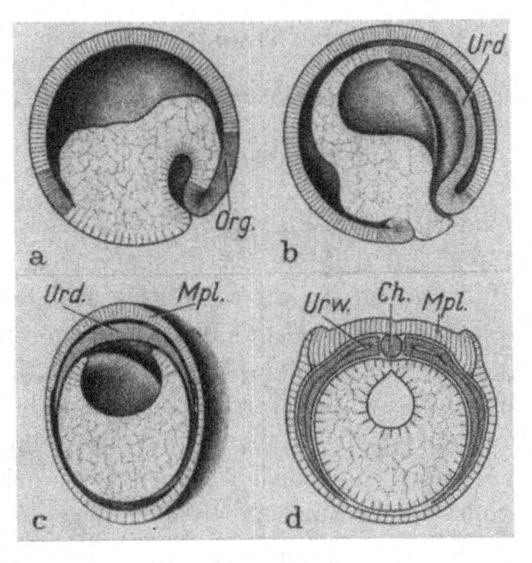

Abb. 1. Schematische Darstellung der Amphibiengastrulation. a) Längsschnitt durch junge Gastrula: beginnende Einstülpung von Entoderm und Mesoderm (*Org.*). b) Längsschnitt durch späte Gastrula: Mesoderm und Entoderm fast vollständig eingestülpt. c) Querschnitt nach beendeter Gastrulation: Urdarmdach (*Urd.*) unter präs. Medullarplatte (*Mpl.*). d) Querschnitt durch junge Neurula: Anlage der Medullarplatte (Mpl.) auf dem Rücken des Keims, Sonderung des Mesoderms in Chorda (*Ch.*), Urwirbel (*Urw.*) und Seitenplatten. — Ektoderm weit schraffiert, Mesoderm eng schraffiert, Entoderm mit netzartigen Zellgrenzen (aus Spemann: Experimentelle Beiträge zu einer Theorie der Entwicklung. Berlin: Springer 1936)

Während der Gastrulation und Neurulation werden also die großen Organsysteme angelegt. Wann werden sie aber endgültig zu ihrem späteren Schicksal determiniert? Diese Frage konnten HANS SPEMANN und seine Schüler durch sinnreiche Transplantationsversuche beantworten[1]. Wird in der frühen Gastrula der Teil des Ektoderms, welcher später zu Gehirn wird, gegen spätere Rumpfepidermis ausgetauscht, so passen sich die ausgetauschten Gewebe in ihrer Entwicklung dem neuen Ort an. Sie sind also noch nicht determiniert. Ganz anders verhält sich dagegen die sog.

obere Urmundlippe, also derjenige Teil der Gastrula, welcher nach der Einwanderung in das Keiminnere das Urdarmdach bildet[2]. Nach Transplantation in das ventrale Ektoderm behält sie die eingeschlagene Entwicklungsrichtung bei und induziert darüber hinaus an der Bauchseite des Wirtskeimes eine sekundäre Embryonalanlage mit Nervensystem, die sich chimärisch aus Teilen des Wirtes und des Transplantates zusammensetzt. Das spätere Schicksal der oberen Urmundlippe ist also im Gastrulastadium schon festgelegt. Außerdem übt sie auf das Ektoderm eine induzierende Wirkung aus. Die Reaktionsfähigkeit oder Kompetenz[3] des Ektoderms ist zeitlich begrenzt. Sie beginnt im frühen Gastrulastadium.

Da die Fähigkeit der oberen Urmundlippe, Nervengewebe zu induzieren, nach Alkoholbehandlung oder Erhitzen nicht verloren geht, war zu vermuten, daß die Induktion durch diffusible chemische Stoffe erfolgt (SPEMANN, MANGOLD, HOLTFRETER, BAUTZMANN)[4]. Die Versuche zur Isolierung der Induktionsfaktoren stießen aber zunächst auf große Schwierigkeiten, da durch eine ganze Reihe von chemisch recht verschiedenartigen Substanzen neurale Induktionseffekte hervorgerufen werden konnten, die jedoch meist nur schwach waren. Auf die Ursache dieser unspezifischen Induktionseffekte komme ich später noch zurück.

Andererseits konnte durch Versuche von O. MANGOLD[5], sowie daran anschließende Versuche von TER HORST[6] und anderen, gezeigt werden, daß verschiedene Abschnitte des Urdarmdaches eine unterschiedliche Induktionswirkung haben. Die vorderen Abschnitte rufen vor allem Vorderkopf-, die mittleren Hinterkopf- und die hinteren Rumpfschwanzinduktionen hervor (Abb. 2). Die Abschnitte des Urdarmdaches wurden in das Blastocoel einer Gastrula hineingesteckt[7]. Durch die Gastrulationsbewegungen wird das eingesteckte Material gegen das ventrale Ektoderm gedrückt, auf das es dann induzierend einwirken kann. Nach LEHMANN[8] bezeichnet man Vorderkopfinduktionen als archencephale, Hinterkopfinduktionen als deuterencephale und Rumpf-Schwanz-Induktionen als spinocaudale Induktionen.

Weitere Versuche zeigten überraschenderweise, daß das Induktionsvermögen vor allem im Wirbeltierreich und auch in erwachsenen Individuen weit verbreitet ist[9], wobei manchen der untersuchten Organe, wie CHUANG[10] und vor allem TOIVONEN[11] fanden, eine regionsspezifische Wirkung zukommt. Diese Ergebnisse ließen eine Isolierung regionsspezifischer Induktionsstoffe wieder aussichtsreicher erscheinen.

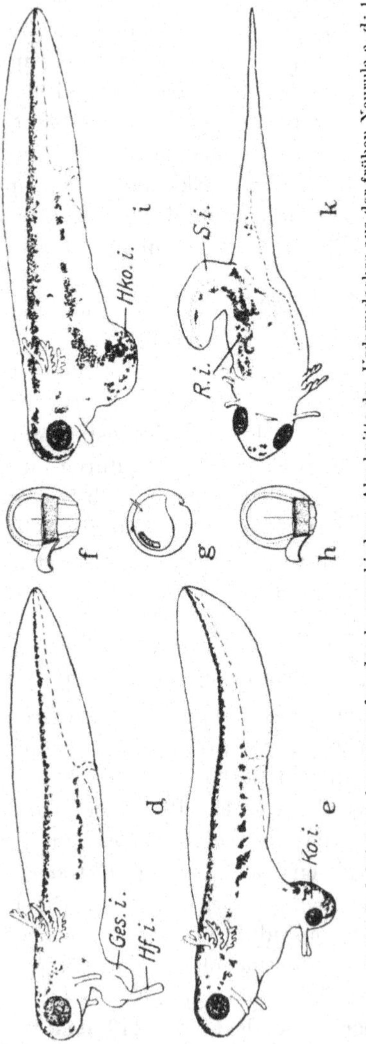

Abb. 2. Regionsspezifische Induktionen, hervorgerufen durch verschiedene Abschnitte des Urdarmdaches aus der frühen Neurula a, d: 1. Urdarmdachviertel induziert Gesicht (*Ges. i.*) und Balancer (*Hf. i.*). c, e: 2. Urdarmdachviertel induziert Vorderkopf. f, i: 3. Urdarmdachviertel induziert Hinterkopf h, k: 4. Urdarmdachviertel induziert Rumpf-Schwanzbildungen. b, g: Operationsschema (aus MANGOLD: Grundzüge der Entwicklungsphysiologie der Wirbeltiere mit besonderer Berücksichtigung der Mißbildungen auf Grund experimenteller Arbeiten an Urodelen. In: L. GEDDA „De Genetica medica", Rom 1961)

Unsere Experimente sollten nun folgende Fragen einer Lösung näher bringen: 1. Die Frage nach der chemischen Natur der Induktionsstoffe und 2. die Frage, in welcher Hinsicht die Wirkung der Induktionsstoffe und die Reaktionsweise des Gewebes spezifisch genannt werden kann.

Als Ausgangsmaterial wählten wir 9 Tage alte Hühnerembryonen, da diese sehr wirksame Induktionsfaktoren enthalten, und da wir vermuteten, daß die aus älteren Embryonen isolierten Stoffe mit den Faktoren chemisch verwandt sein könnten, welche in den ersten Entwicklungsstadien den Determinationsvorgang auslösen.

Die Stoffe wurden als Fällungen nach der schon erwähnten Einsteckmethode von MANGOLD an Triturus alpestris getestet (Abb. 3). Die fortschreitende Reinigung wurde neben der Zunahme der Gesamtinduktionshäufigkeit vor allem nach der prozentualen Zunahme der archencephalen,

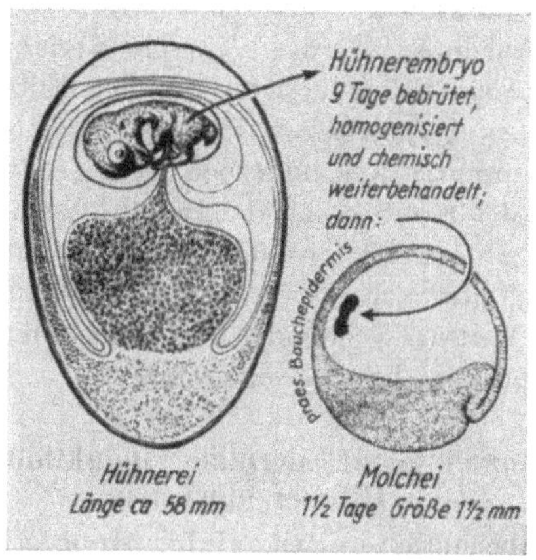

Abb. 3. Operationsschema: Einstecken des aus Hühnerembryonalextrakt gewonnenen Implantats unter die präsumptive Bauchepidermis einer frühen Triton-Gastrula (aus TIEDEMANN: Neue Ergebnisse zur Frage nach der chemischen Natur der Induktionsstoffe beim Organisatoreffekt Spemanns. Naturwissenschaften **46**, 613 (1959)

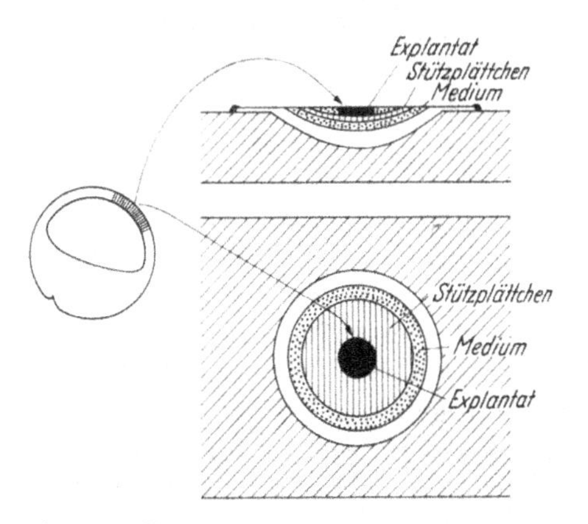

Abb. 4. Operationsschema zur Explantation des Gewebes nach der Stützplättchenmethode (aus BECKER u. TIEDEMANN: Zell- und Organdetermination in der Gewebekultur, ausgeführt am präsumptiven Ektoderm der Amphibiengastrula. Zool. Anz. **25**. Suppl.-Bd., Verh. Dtsch. Zool., Saarbrücken 1961)

deuterencephalen oder spinocaudalen Induktionen beurteilt. Eine mehr kraniale oder mehr caudale Lage der Induktionen im Wirt hat auf die regionale Spezifität der induzierten Organe keinen Einfluß, wenn gereinigte Induktionsfaktoren ausgetestet werden.

Als Ergänzung zum Einstecktest wurde von U. BECKER und HILDEGARD TIEDEMANN eine quantitative Testmethode entwickelt[12]. In Anlehnung an das klassische Verfahren der Gewebezüchtung wird ein Stück undeterminiertes Ektoderm in einem hohlgeschliffenen Objektträger in Induktionsstofflösungen von abgestufter Konzentration aufgezogen. Das Abkugeln des Ektoderm, welches den Kontakt mit der Induktionsstofflösung hemmt, da die Außenhaut (coat) für Induktionsstoffe undurchlässig ist, wird durch eine Stützschicht aus Seide oder Filtrierpapier verhindert (Abb. 4). YAMADA verwendet bei einem ähnlichen, etwas später entwickelten Verfahren Nylongewebe*.

1. Isolierung eines mesodermalen Induktionsfaktors aus Hühnerembryonen

Zunächst behandelten wir Hühnerembryo-Homogenat zur Gewinnung von *Ribonucleinsäure* nach einem ursprünglich von WESTPHAL[13] zur Extraktion von Bakterien-Polysacchariden ausgearbeiteten Verfahren mit Phenol[14]. Ähnliche Verfahren zur schonenden Darstellung von Ribonucleinsäure wurden etwa gleichzeitig auch von SCHRAMM[15] und KIRBY[16] angegeben. Die in der wäßrigen Phase angereicherte Ribonucleinsäure induziert aber nur schwach. Sie ruft in geringem Prozentsatz Mesenchym und Melanophoren hervor. Dagegen erwies sich die *Proteinfraktion*, welche in der Phenolschicht angereichert wird, als ein guter Rumpf-Schwanz-Induktor[17]. Die Proteinfraktion ist wirksamer, wenn die Phenolextraktion statt bei 20° bei 60° erfolgt. Bei 60° wird offenbar ein größerer Teil des spinocaudal induzierenden Faktorenkomplexes von den Mikrosomen abgelöst, an die er in z. T. inaktiver Form gebunden ist[18,25]. Die weitere Reinigung der Proteinfraktion ist auf Schema 1 dargestellt. Während die rohen Fraktionen vollständige Schwänze mit Neuralrohr induzieren (Abb. 5), ruft der gereinigte Stoff bis zu 90% meist unpigmentierte Rumpfinduktionen hervor, die vom Wirtsembryo oft nur wenig abgesetzt sind, an denen man aber bei genauerer Betrachtung oft

* Mit einer andersartigen Methode konnten auch NIU und TWITTY durch Lösungen, welche induzierende Stoffe enthielten, eine Zelldifferenzierung erreichen (Proc. NAS **39**, 985 (1953)].

Schema 1. *Vereinfachtes Schema des Phenolverfahrens zur Gewinnung mesodermaler Induktionsstoffe*

Homogenat aus 9 Tage alten Hühnerembryonen
mit Phenol extrahiert

Phenolschicht + Methanol — wäßrige Schicht + Mittelschicht verworfen

↓

Proteinfällung
bei p_H 3 gelöst, mit Chloroform-Octylalkohol geschüttelt

Wäßrige Lösung mit Pyridin fraktioniert — Chloroformschicht + Mittelschicht verworfen

Überstand → p_H 6 + Ammoniumsulfat — Rückstand verworfen

Fällung nach Dialyse (p_H 3), bei p_H 6,0 isoelektrisch gefällt — Überstand verworfen

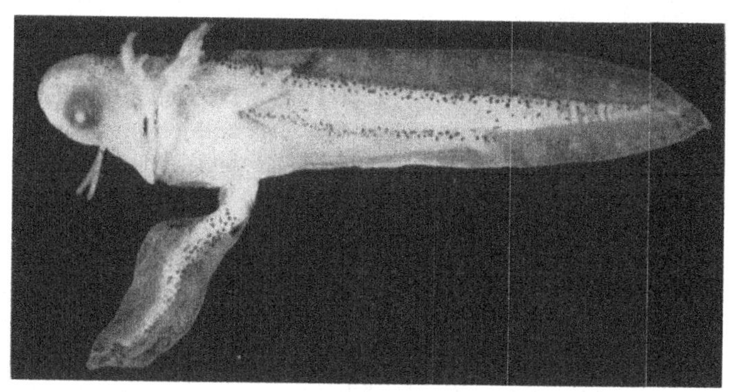

Abb. 5. Tritonlarve mit großer Rumpf-Schwanz-Induktion in der Leberregion

die Gliederung in Myomeren erkennen kann. Auf dem Schnittbild sieht man, daß es sich um sehr große Induktionen aus Chorda, Muskulatur und Nierenkanälchen handelt, also nur aus Geweben.

die sich vom Mesoderm ableiten (Abb. 6). Diese Induktionen werden deshalb als mesodermale Induktionen bezeichnet und der Induktionsfaktor, der sie hervorruft, als *mesodermaler Faktor*.

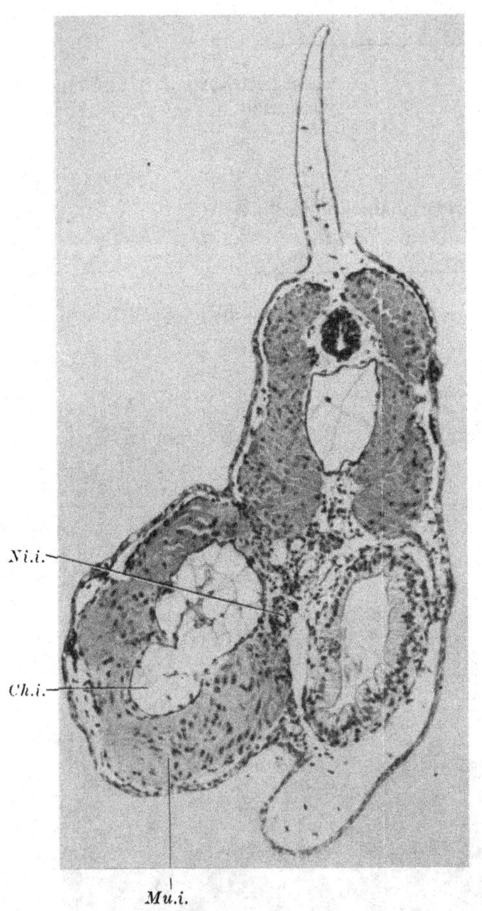

Abb. 6. Querschnitt durch eine Triton-Larve mit rein mesodermaler Induktion links-seitlich. *Ch.i.*, *Mu i.*, *Ni.i.* = induzierte Chorda, Rumpfmuskulatur, Nierensystem

Die gereinigte Fraktion hat ein Proteinspektrum. Das Elektrophoresediagramm (a) und das Sedimentationsdiagramm (b) sind auf der nächsten Abbildung dargestellt (Abb. 7). Bei schwach alkalischer Reaktion erfolgt durch Tiselius-Elektrophorese eine weitere Aufspaltung. Die Substanz ist also molekular noch nicht einheitlich. Für die Hauptkomponente errechnet sich aus Sedimentation und Diffusion bzw. Sedimentation und Viscosität ein Molekulargewicht von 43000 bis 50000.

Die mit Phenol extrahierten Proteine haben eine hohe innere Viscosität, welche darauf hindeutet, daß es sich um partiell denaturierte Proteine handelt. Das Erhaltenbleiben einer hohen biologischen Aktivität könnte so gedeutet werden, daß hierfür nicht das gesamte Molekül notwendig ist, sondern bestimmte „aktive“ Stellen, deren Konformation erhalten bleibt. Vielleicht kommt es unter den Testbedingungen aber auch zu einer teilweisen Renaturierung.

Die weitere Reinigung wird dadurch erschwert, daß der mit Phenol extrahierte Stoff zwischen p_H 6 und 9 praktisch un-

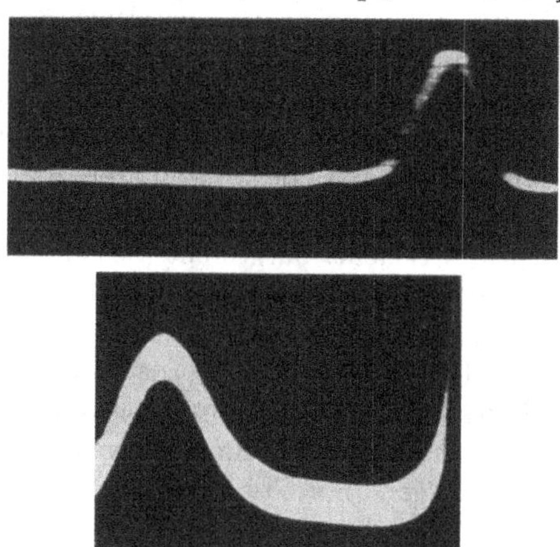

Abb. 7. a) Elektrophoresediagramm (0,1 m Glykokoll-Puffer, p_H 3,6) b) Sedimentationsdiagramm, der nach dem Phenol-Pyridinverfahren gewonnenen mesodermal induzierenden Fraktion

Schema 2. *Vereinfachtes Schema zur gleichzeitigen Darstellung des neuralen und des mesodermalen Induktionsfaktors aus Hühnerembryo-Homogenat*

Extraktion mit Phosphat-Desoxycholsäure (p_H 7,8)

Fällung mit Ammoniumsulfat (0,4 Sättigung)

Fraktionierung mit Protaminsulfat (oder Streptomycinsulfat)

Fällung	Überstand
Chromatographie an DEAE-Cellulose	Fällung mit Ammoniumsulfat (0,4 Sättg.)
	Fraktionierung durch Ultrazentrifugieren
	Chromatographie an DEAE-Cellulose und CM-Cellulose
„neuraler Faktor"	„mesodermaler Faktor"

löslich ist und eine vollständige Renaturierung noch nicht möglich war.

Unter Ausnutzung der bisherigen Erfahrungen arbeiteten wir deshalb ein neues Fraktionierungsverfahren aus[19]. Nach der Entfernung von Gehirn und Augen, die nur wenig Rumpfinduktor und viel störende Lipoide enthalten, wird das Homogenat mit Phosphatpuffer und Desoxycholsäure bei p_H 7,8 behandelt. Dabei werden der größte Teil des mesodermalen Induktionsfaktors sowie ein Teil des Kopfinduktors extrahiert. Die weitere Reinigung durch Fällung mit Ammoniumsulfat und Fraktionierung mit Protaminsulfat ist im nächsten Schema dargestellt (Schema 2). Der Überstand der Nucleoproteidfällung induziert mesodermal-spinocaudal (Rümpfe und Schwänze), während die gut ausgewaschene Nucleoproteidfällung nur Hinterköpfe und Vorderköpfe induziert. Die Nucleoproteidfällung kann auch mit Streptomycinsulfat erfolgen. Der Niederschlag läßt sich dann für die Weiterverarbeitung leichter wieder in Lösung bringen. Die Trennung der Faktoren ist aber nicht so scharf.

Der *mesodermale Faktor im Überstand der Nucleoproteidfällung* kann durch Chromatographie an Cellulose-Ionenaustauschern sehr wirksam weiter gereinigt werden. Die Substanz wird zunächst an den basischen Austauscher DEAE-Cellulose* adsorbiert und mit Phosphat-NaCl Puffer steigender Ionenstärke eluiert. Die dabei erhaltene aktive Fraktion kann an dem sauren Austauscher CM-Cellulose noch weiter aufgetrennt werden (Abb. 8). Die Substanz wird bei saurer Reaktion adsorbiert und bei steigendem p_H wieder eluiert. Die wirksame Proteinfraktion stellt nur einen kleinen Teil der insgesamt auf die Säule gegebenen Proteine dar. Durch Rechromatographie kann die Fraktion noch weiter aufgespalten werden. Die weitere Reinigung durch Chromatographie und Zonenelektrophorese ist im Gange.

Im Einstecktest sind vom gereinigten Faktor 1—2 γ pro Keim noch wirksam**. Da der mesodermale Faktor bei dem zuletzt beschriebenen Reinigungsverfahren nativ bleibt und bei physiologischem p_H löslich ist, kann er auch in der Gewebekultur aus-

* DEAE = Diäthylaminoäthyl, CM = Carboxymethyl.

** Um die kleinen Mengen handhaben zu können, wurde zum Induktionsfaktor Eialbumin oder γ-Globulin, die keine Induktionswirkung besitzen, hinzugefügt.

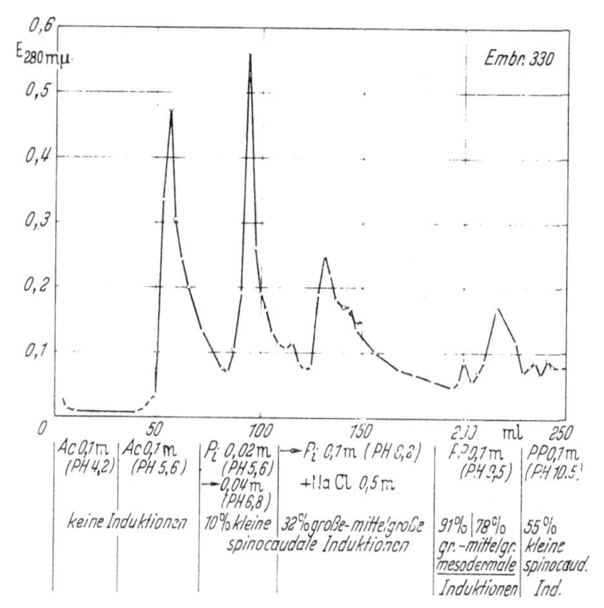

Abb. 8. Rechromatographie einer an DEAE-Cellulose gereinigten, spinocaudal-mesodermal induzierenden Fraktion an CM-Cellulose

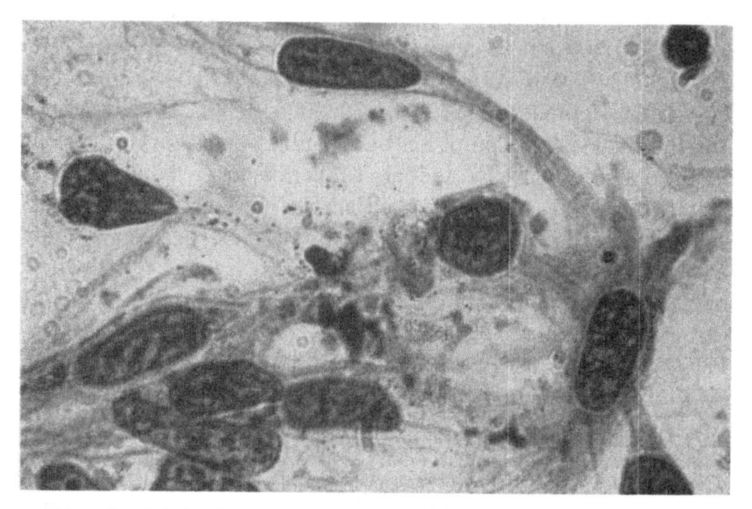

Abb. 9. Durch Induktionsstofflösung in der Gewebekultur zu gestreifter Muskulatur determiniertes präs. Gastrulaektoderm. (U. Becker, unveröffentl.)

getestet werden*. Er induziert in der Gewebekultur, wie BECKER fand, quergestreifte Muskulatur (Abb. 9), sowie Chorda.

Die Sedimentationskonstante des mesodermalen Faktors ist nach präparativen Sedimentationsversuchen < 5 S. Gelfiltrationsversuche mit Dextrangelen zeigten, daß das Molekulargewicht unter 100000 liegt.

Über das Molekulargewicht können auch Dialyseversuche Aufschluß geben. Der nicht weiter behandelte mesodermale Faktor

Tabelle 1. *Dialyse von Induktionsstoffen nach Behandlung mit 95% Essigsäure (10 min, 40° C) gegen* $\frac{n}{1000}$ HCl. *Dialysedauer 24—48 Std*

	Zahl der Fälle	positiv %	Größe d. Ind. (% d. pos. Fälle)			induzierte Körperregion (% d. pos. Fälle)				
			groß	mittel	klein	Vorderkopf	Hinterkopf	Rumpf	Schwanz	unbest.
nicht dialysierter Anteil . .	103	79	47	31	22	0	14	49	53	20
Dialysat . . .	147	38	13	37	50	9	16	13	25	47

dialysiert nicht durch Visking-Celluloseschläuche. Nach 10′ langer Inkubation mit 95% Essigsäure bei 30° dialysieren in 18 Std etwa 8% des Protein durch Celluloseschläuche[20]. Die Versuche wurden mit Fraktionen ausgeführt, die außer dem mesodermalen Faktor einen Teil des später noch zu besprechenden Kopfinduktors enthielten. Tab. 1 gibt Aufschluß über das Induktionsvermögen des dialysierten und des nicht dialysierten Anteiles. Der dialysierte Anteil ruft sowohl Rumpf-Schwanz-Induktionen als auch Kopfinduktionen hervor. Er induziert aber weniger häufig als der nicht dialysierte Anteil und meist nur kleine bis mittelgroße Gebilde. Die Sedimentationskonstante des dialysierten Anteiles beträgt $s_{20, H_2O} \sim 1{,}2$ Svedberg. Die Dialyseversuche lassen es möglich erscheinen, daß die Induktionsfaktoren Aggregate aus kleineren, dialysablen Einheiten darstellen, oder daß Bruchstücke noch aktiv sind**. Die vorhin schon erwähnten Versuche mit Phenol weisen in die gleiche Richtung.

* Direkt nach der Protaminfraktionierung ist der Überstand wegen des in ihm vorhandenen Protamin für das Ektoderm in der Gewebekultur toxisch.

** *Anmerkung bei der Korrektur:* Die Sedimentationskonstante des am weitesten gereinigten mesodermalen Faktors beträgt in 6 M Harnstoff $s_{20, H_2O} \sim 1{,}3$.

Außerdem war in Betracht zu ziehen, daß der Faktor ein Polypeptid sein könnte, welches an Proteine adsorbiert ist. Bei der Gegenstromverteilung des essigsäurebehandelten mesodermalen Induktionsfaktors konnten wir aber keine kleineren aktiven Polypeptide isolieren. Im System 0,2% Dichloressigsäure + 3% Essigsäure/sec. Butylalkohol bleibt er am Startpunkt liegen, während er im System 0,01 m p-Toluolsulfonsäure + 0,175 m Essigsäure/sec. Butylalkohol-Äthylalkohol (50 : 1) in der organischen Phase angereichert wird und rasch wandert (Abb. 10). Im zweiten System verhält der Faktor sich ähnlich wie das somatotrope Hormon der Hypophyse. Der mesodermale Faktor ist mit diesem Hormon aber nicht identisch.

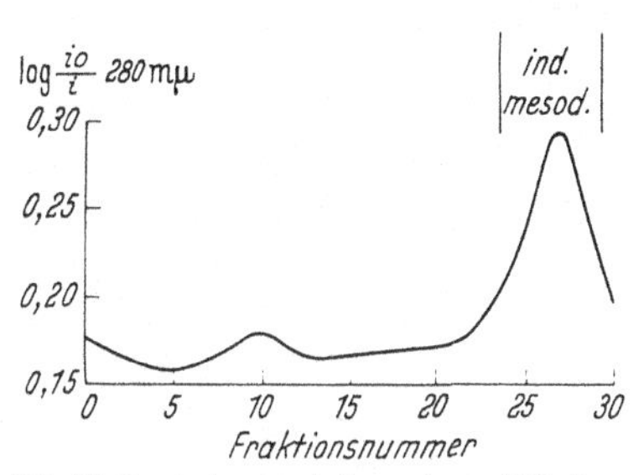

Abb. 10. Gegenstromverteilung eines mit Essigsäure behandelten mesodermalen Induktionsfaktors. Lösungsmittelsystem siehe Text

Aus Meerschweinchenknochenmark wurde von YAMADA ein mesodermaler Faktor angereichert, der wahrscheinlich ebenfalls ein Protein darstellt[21].

2. Induktionsleistung von Ribonucleoproteiden und Ribosomen

Die *Ribonucleoproteidfällung* induziert, wie ich vorhin schon erwähnte, Hinterköpfe und in geringem Prozentsatz auch Vorderköpfe[22,23]. Abb. 11 zeigt eine Tritonlarve in Totalansicht mit einer

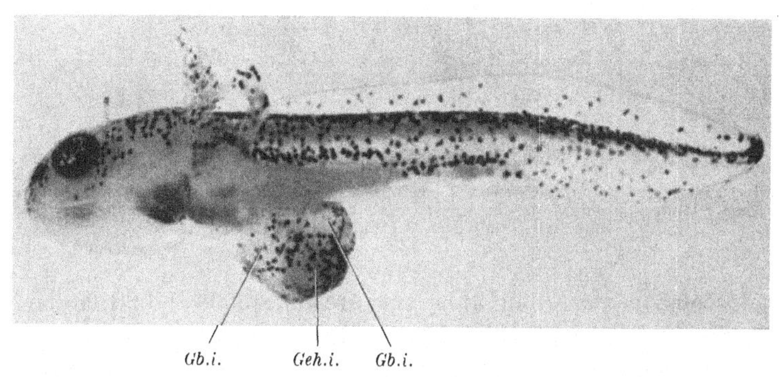

Abb. 11. Tritonlarve mit großer Hinterkopf-(deuterencephaler) Induktion am Bauch. Im Höcker distal gelegen das Rautenhirn (*Geh.i*), basal die Gehörblasen (*Gb.i.*)

großen Hinterkopfinduktion am Bauch. Abb. 12 einen Schnitt durch eine Larve mit Hinterkopfinduktion. Die Hinterkopfinduktionen enthalten außer Hinterhirn, Gehörblasen und Kopfmesenchym z. T. auch Kopfmuskulatur und kleine Chordastückchen.

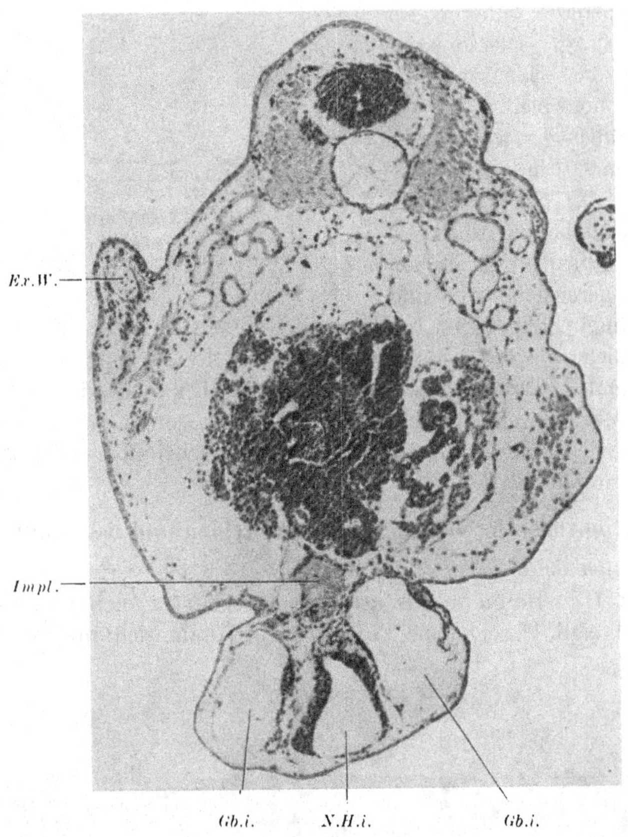

Abb. 12. Querschnitt durch eine Tritonlarve in der Extremitätenregion mit ventral-median gelegener Hinterkopfinduktion. *Ex.W.* Extremität der Wirtslarve, *Impl.* Implantat, *N.H.i.* induziertes Nachhirn, *Gb.i.* induzierte Gehörblasen

Auf der nächsten Abb. (13) ist eine archencephale Induktion dargestellt. — Da der Kopfinduktor in Hühnerembryo-Homogenaten an Zellstrukturen gebunden ist, vermuteten wir, daß die cytoplasmatischen Ribonucleoproteidpartikel, die Ribosomen, den

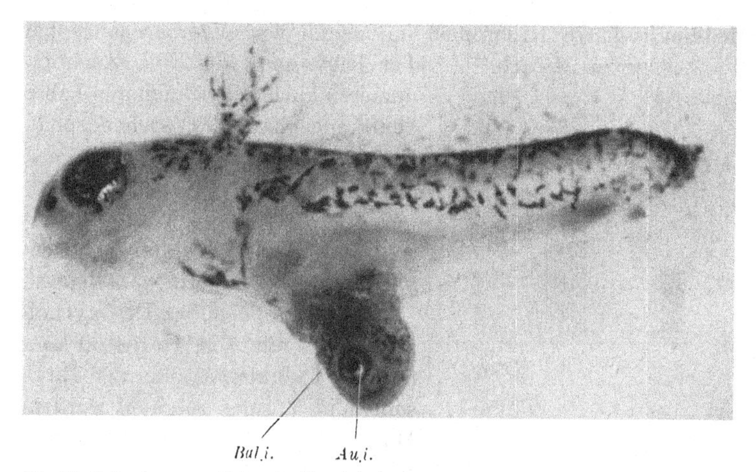

Abb. 13. Tritonlarve von links. Am Bauch induzierter Vorderkopf mit großem Auge (*Au.i.*) und Balancer (*Bal.i.*)

Faktor enthalten. Tatsächlich induzieren Ribosomen aus der Microsomenfraktion von Hühnerembryonen, die in Anlehnung an ein Verfahren von ZAMECNIK[24] isoliert wurden, sehr gut deuterencephal und in geringerem Prozentsatz auch archencephal[25]. Der desoxycholsäurelösliche Anteil der Mikrosomen induziert dagegen vor allem spinocaudal-mesodermal (Abb. 14). Aus Hühnerembryonen unter drastischen Bedingungen bei hoher DOC-Konzentration in Mg-freiem

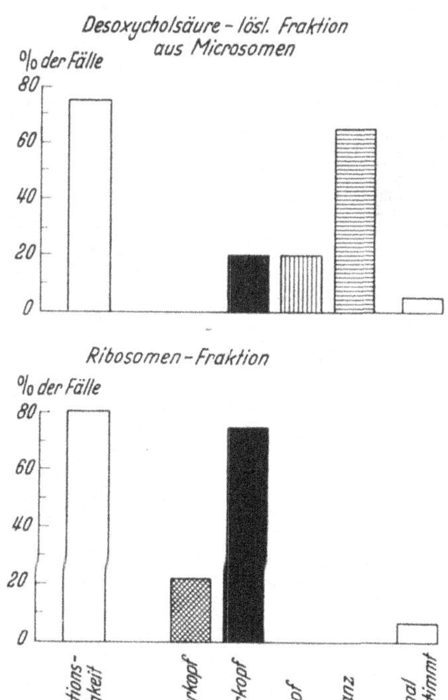

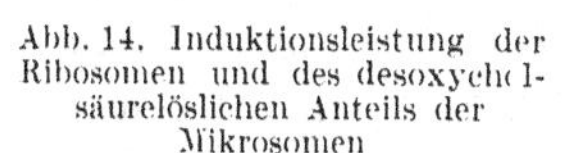
Abb. 14. Induktionsleistung der Ribosomen und des desoxycholsäurelöslichen Anteils der Mikrosomen

Medium isolierte Ribosomen induzieren vor allem archencephal (Kawakami u. Mitarb.[26]). Außer Ribosomen aus Embryonen induzieren auch Ribosomen aus Leber deuterencephal und archencephal. Da sich wahrscheinlich Ribosomen aus anderen Organen ebenso verhalten, läßt sich so die weite Verbreitung des deuterencephal-archencephalen Induktionsvermögens deuten.

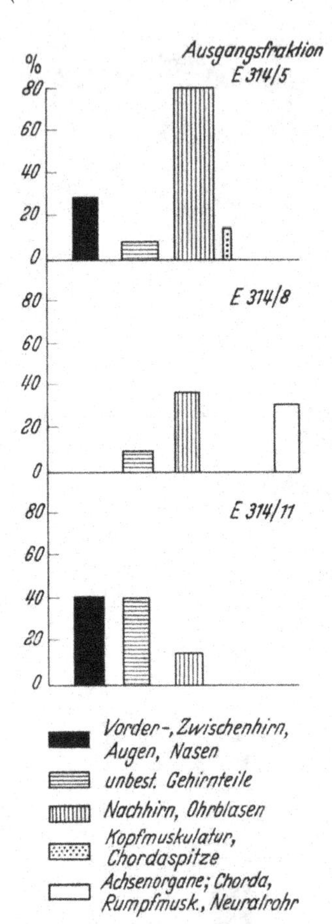

Abb. 15. Aufspaltung eines vorwiegend deuterencephal induzierenden Ribosomenextraktes (E 314/5) in eine vorwiegend spinocaudal induzierende (E 314/8) und eine vorwiegend archencephal induzierende (E 314/11) Komponente durch Chromatographie an DEAE-Cellulose

Mit Pyrophosphat-Desoxycholsäure oder mit 4 M Harnstoff können die Induktionsstoffe der Ribosomen in Lösung gebracht werden. Die Lösungen enthalten auch die in Ribosomen zuerst von Elson nachgewiesene Ribonuclease[27]. Doch steht dieses Enzym wahrscheinlich nicht in Beziehung zur Induktionswirkung.

3. Chromatographische Auftrennung deuterencephal induzierender Fraktionen. Zusammenwirken des neuralen und des mesodermalen Induktionsfaktors bei der Bildung komplexer Hinterkopfinduktionen

Durch Chromatographie an DEAE-Cellulose konnte der Ribosomenextrakt in eine Fraktion zerlegt werden, die neben Hinterköpfen Rumpfmuskulatur und Chorda induziert, sowie in eine Fraktion, die vorwiegend Vorderköpfe mit Vorderhirn, Zwischenhirn und Augen induziert (Abb. 15). Diese letzte Fraktion muß also einen Faktor enthalten, der ausschließlich zum Nervensystem gehörende Organe induziert. Wir möchten diesen Faktor den *neuralen Faktor* nennen. Neben freier Nucleinsäure enthält die Fraktion ein Ribonucleoproteid, welches für die Induktionswirkung verantwortlich ist. Eine deuterencephal induzierende Fraktion aus Hühnerembryonen-Gesamthomogenat ließ sich ebenfalls chromatographisch in eine spinocaudal-mesodermal induzierende Fraktion und ein fast nur Vorderköpfe induzierendes Nucleoproteid aufspalten. Für die Induktion von Hinterköpfen ist offenbar das Zusammenwirken von neuralem und mesodermalem Faktor erforderlich. Vielleicht wird aus dem neuralen Teil der Hinterkopfinduktion ein Hinterhirn gebildet, wenn es mit den Anlagen für Kopfmesenchym und Kopfmuskulatur, die unter dem Einfluß des mesodermalen Faktors (oder einer Komponente des mesodermalen Faktors) entstehen, in Wechselwirkung tritt. In die gleiche Richtung weisen Versuche von TOIVONEN und SAXÉN, die gleichzeitig vorwiegend archencephal und vorwiegend mesodermal induzierende Gewebe implantierten und dann eine prozentuale Zunahme der spinocaudalen und deuterencephalen Induktionen beobachteten[28].

4. Enzymatischer Abbau und chemische Inaktivierung der Induktionsfaktoren

Bei der Vorderköpfe induzierenden Fraktion, die den neuralen Induktionsfaktor enthält, handelt es sich, wie erwähnt, um ein Nucleoproteid. Abbau des Ribonucleinsäureanteils zu Polynucleotiden durch Pankreas-Ribonuclease führt nicht zur Inaktivierung, wie HAYASHI[29] und andere Autoren [30,31] schon für Nucleoproteide aus anderen Geweben nachgewiesen haben.

Durch Pepsin und Trypsin werden dagegen beide Induktionsfaktoren inaktiviert[20, 32]. Die Ergebnisse unserer Abbauversuche mit Trypsin sind in der nächsten Tabelle zusammengestellt (Tab. 2). Die Ausgangsfraktion war ein nicht weiter gereinigter Extrakt aus Hühnerembryonen, der beide Faktoren enthielt. Er induzierte spinocaudal-deuterencephal und in sehr geringem Prozentsatz auch archencephal. Nach Inkubation mit Trypsin nimmt die Induktionshäufigkeit gegenüber den Kontrollversuchen ohne Trypsin stark ab. In den nächsten Spalten der Tabelle sind die Größe und die Art der Induktionen, bezogen auf die Zahl der positiven Fälle, angegeben. Nach Abbau mit Trypsin werden vorwiegend kleine Induktionen gebildet, die makroskopisch keiner bestimmten Region zuzuordnen sind. Die Tabelle enthält außerdem

Tabelle 2. *Abnahme der Induktionsfähigkeit von Extrakten aus 9 Tage alten Hühnerembryonen und aus Triton-Gastrulen und -Neurulen nach Inkubation mit Trypsin.* Inkubationsdauer 90—120 min, anschließend mit Trypsin-Inhibitor abgestoppt

	Zahl der Fälle	positiv %	Größe d. Ind. (% d. pos. Fälle)			ind. Körperregion (% d. pos. Fälle)				
			groß	mittel	klein	Vorderkopf	Hinterkopf	Rumpf	Schwanz	unbest.
Extrakt aus 9 Tage alten Hühnerembryonen										
mit Trypsin . .	102	28	7	17	76	3	10	10	21	69
Kontrolle . . .	138	79	36	43	21	2	37	37	48	24
Extrakt aus Gastrula- u. Neurulastadien, Triton										
mit Trypsin . .	52	4	—	—	100	50	—	—	—	50
Kontrolle . . .	72	33	8	25	67	33	8	—	—	58

Tabelle 3. *Veränderungen der Aktivität der Induktionsfaktoren nach verschiedenartiger chemischer Behandlung*

	Erhitzen	Thioglykolsäure	Perameisensäure	Acetylierung
neuraler Faktor	+	++	+	
mesodermaler Faktor	—	—	—	+

++ Wirksamkeit bleibt voll erhalten
\+ Wirksamkeit teilweise erhalten, langsame Inaktivierung
— Vollständiger Verlust der Wirksamkeit, schnelle Inaktivierung.

Ergebnisse von Versuchen mit einem Extrakt aus Triton-Gastrulen und -Neurulen, der vorwiegend archencephal induzierte. Da der Extrakt noch eine größere Menge inaktiver Dotterproteine enthielt, rief er meist kleine Induktionen hervor. Nach Inkubation mit Trypsin erlosch die Aktivität des Extraktes weitgehend[33]. Die Induktionsfaktoren der Meerschweinchenleber werden ebenfalls durch Pepsin und Trypsin inaktiviert[34, 35].

Unsere weiteren Versuche zur chemischen Abwandlung der Stoffe sind in der nächsten Tabelle zusammengestellt (Tab. 3). Durch Erhitzen bei schwach alkalischer Reaktion wird der mesodermale Faktor schneller inaktiviert als der neurale Faktor[14]. Die unterschiedliche Hitzestabilität der beiden Faktoren kann einen Effekt erklären, der schon wiederholt bei Verwendung von Geweben oder von rohen Fraktionen, die noch beide Faktoren enthielten, beobachtet wurde. Der Effekt besteht in einer Abnahme der spinocaudalen und einer Zunahme der archencephalen Induktionsleistung nach Erhitzen[10, 21]. Der nach Inaktivierung des mesodermalen Faktors allein vorhandene neurale Faktor veranlaßt die Ausbildung von Vorderkopfinduktionen. Wenn dagegen außer dem neuralen ein aktiver mesodermaler Faktor vorhanden ist, wird entweder durch den Faktor oder die unter seinem Einfluß entstehenden Organanlagen die Ausbildung von Vorderkopfinduktionen gehemmt.

Durch Thioglykolsäure wird nur der mesodermale Faktor inaktiviert[22]. Bei rohen Fraktionen tritt infolgedessen ein ganz ähnlicher Effekt wie beim Erhitzen auf, also eine erhebliche prozentuale Zunahme der archencephalen Induktionen.

Durch Perameisensäure, welche vor allem die Aminosäuren Cystein, Cystin, Methionin, Tryptophan, Tyrosin und Serin oxydiert, wird der mesodermale Faktor schneller inaktiviert als der neurale Faktor[14].

Nach Acetylierung des mesodermalen Faktors mit Keten oder Essigsäureanhydrid nimmt sein Induktionsvermögen um 50% bis 100% ab, wenn 70% bis 90% der freien Aminogruppen und 30% bis 40% der Tyrosinhydroxylgruppen substituiert sind[36].

Aus Hühnerembryonen können also zwei wirkungsspezifische Faktoren angereichert werden. Sie stellen Proteine und Nucleoproteide dar, deren Proteinanteil für die Wirkung unentbehrlich ist. Vielleicht gibt es noch einen besonderen Induktionsfaktor für entodermale Organe. Hierauf weisen Versuche von TAKATA und YAMADA hin[37], die Oesophagus und andere entodermale Darmabschnitte durch Meerschweinchenknochenmark induzieren konnten.

In *Molchkeimen* des Gastrula- und Neurulastadiums sind Induktionsstoffe, ähnlich wie bei älteren Hühnerembryonen, in Cytoplasmastrukturen sowie vielleicht auch in der Außenschicht der Dotterplättchen enthalten. Wegen der geringen Menge und wegen des hohen Gehaltes an inaktiven Dotterproteinen ist eine Isolierung dieser Stoffe aber recht schwierig. Der neurale Faktor der Molchembryonen wird durch Trypsin inaktiviert, wie aus der vorhin schon gezeigten Tabelle (Tab. 2) hervorging. Der mesodermale Faktor ist in Phenol löslich. Beides spricht dafür, daß die Induktionsfaktoren der Molchembryonen ebenfalls Proteinnatur haben.

5. Die Wirkungsspezifität der angereicherten Induktionsfaktoren

Hier muß ich nun Befunde erwähnen, die auf den ersten Blick etwas verwirrend erscheinen. Sie geben aber eine Erklärung für die eingangs schon erwähnten „unspezifischen" Induktionseffekte. In Molchgastrulen sind Induktionsfaktoren nicht nur im Urdarmdach vorhanden, sondern auch im gesamten Ektoderm. Im Ektoderm liegen sie aber in vollständig inaktiver Form vor. Sie können durch Erhitzen sowie durch Behandlung mit Säure, Alkali, Harnstoff, Phenol oder Alkohol aktiviert werden. Das undeterminierte, normalerweise nicht induzierende Ektoderm gewinnt dann induzierende Eigenschaften[38].

Wenn undeterminiertes Gastrula-Ektoderm in Ca-freier Lösung nur kurzzeitig mit Ammoniak oder schwachen Säuren behandelt wird, so daß die Zellen zwar vorübergehend geschädigt, aber nicht abgetötet werden, kann sich das Ektoderm nun spontan zu neuralen Geweben differenzieren. Wahrscheinlich wird durch die vorübergehende Zellschädigung ein neuraler Induktionsfaktor aus Zellstrukturen freigesetzt. Die Neuralisierung erfolgt bei diesen Versuchen also über eine Art Relais-Mechanismus[41].* Das Ektoderm verschiedener Amphibienarten ist gegen zellschädigende Agentien verschieden empfindlich (HOLTFRETER, BARTH[38,39,40]). Im Ektoderm von Triturus alpestris, mit dem unsere Testversuche ausgeführt wurden, läßt sich der „Relais-Mechanismus" nur schwer auslösen.

Nach Behandlung mit LiCl oder Li_2CO_3 differenziert sich undeterminiertes Gastrula-Ektoderm zu Muskulatur und Chorda, wie MASUI[42] kürzlich fand und BECKER[43] bestätigen konnte. Da nach unseren Versuchen im Ektoderm außer dem aktivierbaren neuralen Faktor wahrscheinlich auch ein aktivierbarer mesodermaler Faktor vorhanden ist[33], könnte Li_2CO_3 ebenfalls über eine Art Relais-Mechanismus wirken. Doch ist es auch möglich, daß Lithium erst auf einer späteren Stufe in die Wirkstoffkette eingreift, welche zur Differenzierung von mesodermalen Geweben führt.

Die aus Hühnerembryonen isolierten Induktionsfaktoren wirken dagegen nicht über einen allgemeinen Relais-Mechanismus. Sie

---

* Ursprünglich bezeichnete HOLTFRETER mit Relais-Mechanismus die Abtötung eines Teiles der Ektodermzellen, aus denen dann Induktionsstoffe freiwerden, die auf noch intakte Zellen induzierend wirken können.

besitzen auch keinerlei zellschädigende Wirkung. Wahrscheinlich können sie als chemisch verwandte Stoffe die im Triturus-Ektoderm in inaktiver Form vorhandenen Faktoren ersetzen.

Die Verteilung des mesodermalen Induktionsfaktors in verschiedenen Entwicklungsstadien spricht ebenfalls für eine spezifische Wirkung des Faktors. In jungen Molch- und Hühnerembryonen ist auch nach Aktivierung nur wenig mesodermaler Faktor nachzuweisen. In älteren Embryonen fanden wir in der Muskulatur

Schema 3. *Schematische Darstellung des Zusammenwirkens von neuralem und mesodermalem Faktor bei der Bildung komplexer Induktionen*

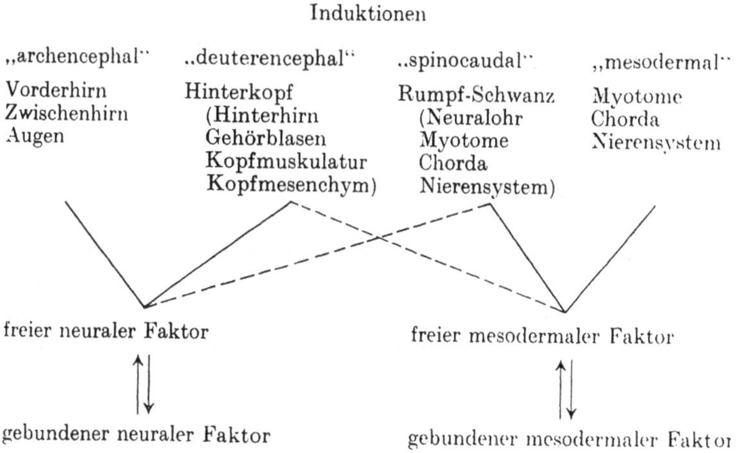

Induktionen

„archencephal"	„deuterencephal"	„spinocaudal"	„mesodermal"
Vorderhirn Zwischenhirn Augen	Hinterkopf (Hinterhirn Gehörblasen Kopfmuskulatur Kopfmesenchym)	Rumpf-Schwanz (Neuralohr Myotome Chorda Nierensystem)	Myotome Chorda Nierensystem

freier neuraler Faktor ⇅ gebundener neuraler Faktor

freier mesodermaler Faktor ⇅ gebundener mesodermaler Faktor

eine viel höhere Aktivität, die dann in adulter Muskulatur wieder absinkt. Diese Verteilung der Aktivität spricht dafür, daß der mesodermale Faktor beim Determinationsvorgang seine eigene Neubildung in Gang setzt; welche Aufgabe der Faktor in älteren Embryonen hat, ist aber noch unbekannt[18]. Serologische Versuche zur weiteren Klärung der chemischen Verwandtschaft zwischen Induktionsstoffen aus Hühner- und Molchembryonen und zur Klärung der Wirkungsspezifität dieser Stoffe sind im Gange.

Unsere derzeitigen Kenntnisse über die Induktionsleistung des neuralen und des mesodermalen Faktors sind in Schema 3 zusammengefaßt, das aber sicher noch der späteren Revision bedarf. Der aktive neurale Faktor induziert nur Vorderhirn und Augen. Die Ausbildung der weiter caudal gelegenen Abschnitte des Nervensystems (Hinterhirn, Neuralrohr) erfordert ein Zusammenwirken mit dem mesodermalen Faktor. Wahrscheinlich spielt das Mengenverhältnis vom neuralen zum mesodermalen Faktor eine Rolle dabei, ob deuterencephale Induktionen mit Hinterhirn oder spinocaudale Induktionen mit Neuralrohr gebildet werden. Durch den aktiven mesodermalen Faktor werden nur Skeletmuskulatur, Chorda und Nierenkanälchen induziert. Für das Zusammenwirken der Faktoren ist auch die zeitliche Aufeinanderfolge ihres Wirksamwerdens von Bedeutung[43a].

Auf eine Lücke unserer Kenntnisse möchte ich hier noch hinweisen: Wir wissen noch nicht, ob in der Normalentwicklung bei der Neuralinduktion tatsächlich der neurale Faktor vom Urdarmdach in das kompetente Ektoderm wandert. Es könnte ein Enzym wandern, welches den neuralen Faktor im Ektoderm selbst freisetzt.

6. Untersuchungen zum Wirkungsmechanismus der Induktionsfaktoren

Durch die angereicherten Induktionsfaktoren werden z. T. Induktionen hervorgerufen, die fast so harmonisch aufgebaut sind wie die normalen Organsysteme. Beispiele hierfür gaben die vorhin gezeigten Schnitte durch mesodermale und deuterencephale Induktionen. Die harmonische Gliederung (Segregation)[44] der ersten Anlagen ist sicher weitgehend eine Leistung des reagierenden Gewebes, wobei kurz nach der Determination noch eine erstaunliche Regulationsfähigkeit besteht. Sehr eindrucksvoll zeigten dies Versuche von Holtfreter[45] mit Urdarmdach und von Nieuwkoop und Boterenbrod[46] mit Neuralektoderm. Die Gewebe wurden in Ca-freier Lösung in Zellen und kleinere Zellkomplexe dissoziiert. Nach der Reaggregation können sie wieder morphologisch erkennbare Organstrukturen bilden*.

Die Induktionsstoffe setzen im reaktionsfähigen Gewebe nur bestimmte Reaktionsketten in Gang. Die Eigenart der dann ablaufenden Vorgänge hängt vor allem auch von der genetischen

* Bei der Wechselwirkung zwischen verschiedenen Zelltypen spielen sicher Veränderungen der Glyko- und Lipoproteide der Zellgrenzflächen eine Rolle, worauf besonders P. Weiss[47] hingewiesen hat. Chemische Untersuchungen fehlen aber noch.

Konstitution des reagierenden Gewebes ab. Sehr schön zeigen dies von SPEMANN und SCHOTTÉ[48] ausgeführte heteroplastische Transplantationsversuche zwischen Urodelen und Anuren. Molche besitzen als Haftorgane einen Haftfaden, Frösche dagegen einen Saugnapf. Nach Transplantation in die Gesichtsregion eines Molches bildet Froschektoderm seiner Herkunft gemäß einen Saugnapf und umgekehrt Molchektoderm nach Transplantation in die Gesichtsregion einer Froschlarve einen Haftfaden. Die Reaktionsweise des Mundektoderm bei der Bildung verschiedener Arten von Mundbewaffnung ist offenbar genetisch festgelegt. Ähnliches gilt für andere Merkmale. Die in den Zellkernen lokalisierte genetische Information wird aber erst wirksam, wenn bestimmte, nicht artspezifische Induktionsstoffe des Wirtes auf das Ektoderm einwirken. Wie wir gesehen haben, sind diese Induktionsfaktoren vor allem im Cytoplasma lokalisiert. Hier treffen wir also wieder auf das grundlegende, eingangs schon kurz gestreifte Problem der Wechselwirkung von Kern und Cytoplasma.

Aus den Versuchen von BALTZER und HADORN[49] mit Bastardmerogonen, Versuchen von HADORN[50] über die Wirkungsweise der Letalfaktoren und Versuchen von BEERMANN[51] mit Polytaenchromosomen geht hervor, daß schrittweise bestimmte Gene in aufeinanderfolgenden Phasen der Entwicklung aktiv werden und in die Gewebe- und Organdifferenzierung eingreifen. Ein Einfluß im Zellkern gelegener Faktoren auf die Entwicklung läßt sich bei Molchembryonen vom Gastrulastadium an sicher nachweisen.

Sucht man nun nach Stoffwechseländerungen, die zu dem Prozeß der Differenzierung in Beziehung stehen, so wird man vor allem an die Ribonucleinsäure- und Proteinsynthese denken. Eine Reihe von Untersuchern haben übereinstimmend gefunden, daß der Einbau von $^{14}CO_2$ und anderen Vorstufen in Proteine und Nucleinsäuren während der frühembryonalen Entwicklung von Molchkeimen zunimmt (EAKIN, WADDINGTON, SIRLIN, FLICKINGER, COHEN, TENCER, TIEDEMANN)[52]. In der Gastrula folgt der Einbau einem animal-vegetativen Gradienten, der ebenso auch für die Atmungsaktivität gefunden wurde. Dies ist nicht verwunderlich, da die Inkorporierung eines Teiles des markierten CO_2 über den Citronensäurecyclus erfolgt, dessen Funktion bekanntlich mit der Atmung gekoppelt ist.

In den Pyrimidinring wird $^{14}CO_2$ von Molchkeimen außerdem über Carbamylphosphat eingebaut[53], also auf dem gleichen Wege wie in adulten Geweben. Isoliert man aus Molchkeimen Ribonucleinsäure, hydrolysiert diese und trennt die Nucleotide, so findet man die höchste Aktivität in der 2′, 3′-Uridylsäure. Diese ist wiederum in der C_2-Position, die aus Carbamylphosphat stammt, am stärksten markiert. Auch die Biosynthese des Purinringes erfolgt in Embryonen wahrscheinlich auf dem gleichen Wege wie in adulten Geweben.

Die Verwendung von $^{14}CO_2$ hat den großen Vorteil, daß es ungehindert in Molchkeime eindringen kann und sich schnell mit CO_2 und $NaHCO_3$ in den Keimen ins Gleichgewicht setzt. CO_2 wird aber in sehr verschiedenartige Vorstufen eingebaut. Diese Schwierigkeit läßt sich umgehen, wenn man die interessierenden Vorstufen, im Falle der Ribonucleinsäuresynthese also die Ribonucleosidtriphosphate, durch Fällung als Ba-Salz und anschließende Papierchromatographie[54] isoliert und dann ihre spez. Aktivität bestimmt.

Um weiteren Einblick in den Nucleinsäurestoffwechsel zu erhalten, ermittelten wir die spezifische Aktivität der Ribonucleinsäure in einzelnen Zellfraktionen. Keime verschiedener Entwicklungsstadien wurden 1 Std mit $^{14}CO_2$ inkubiert, sehr schonend homogenisiert und fraktioniert zentrifugiert. Aus den Zellfraktionen wurde dann in Anlehnung an das Verfahren von Schmidt-Thannhauser die Ribonucleinsäure isoliert. Die Ribonucleinsäurefraktionen [mit Ausnahme der l (löslichen)-RNS] enthalten eine Verunreinigung, die papierchromatographisch abgetrennt werden kann und nur wenig aktiv ist. Die Verunreinigung stammt

Tabelle 4. *Spezifische Aktivität der freien Nucleotide und der Ribonucleinsäure in verschiedenen Zellfraktionen und verschiedenen Entwicklungsstadien von Triturus alpestris*

	25—50 × g Sediment (Kernsediment)		105000 × g Sediment	105000 × g Überstand	
	RNS	freie Nucleotide	RNS	l-RNS	freie Nucleotide
frühe Gastrula	3600	19000	1600	8500	52900
späte Neurula	18000	31100	1800	10100	72800
Schwanzknospe	22000	—	1950	13100	—

Keime 60′ bei 25° mit $^{14}CO_2$ inkubiert.

wahrscheinlich aus dem Dotter. In Tab. 4 ist die spezifische Aktivität der Ribonucleinsäure verschiedener Zellfraktionen und verschiedener Keimstadien zusammengestellt. Wir fanden, daß die spezifische Aktivität der Zellkernribonucleinsäure während der Gastrulation und Neurulation viel stärker ansteigt als die spezifische Aktivität der Cytoplasma-Ribonucleinsäure und der löslichen Ribonucleinsäure aus dem Überstand. Die spezifische Aktivität der Nucleosidtriphosphate (und Nucleosiddiphosphate), der direkten Vorläufer der Ribonucleinsäuresynthese, steigt dagegen lange nicht so steil an wie die spezifische Aktivität der Zellkernribonucleinsäure, so daß es sich also wirklich um eine Beschleunigung der Ribonucleinsäuresynthese und nicht nur um einen Einbau von Nucleotiden höherer spezifischer Aktivität handelt, der natürlich ebenfalls zu einer Erhöhung der spezifischen Aktivität der Nucleinsäure führen würde. — Im Zellkern gibt es mindestens 3 verschiedene Arten von Ribonucleinsäuren. Ob der Anstieg der Aktivität alle Arten gleichmäßig betrifft, ist noch nicht bekannt. Autoradiographische Untersuchungen von TENCER[55] im Laboratorium von BRACHET ergaben ebenfalls ein Ansteigen der Ribonucleinsäure-Aktivität in den Zellkernen während der Gastrulation und Neurulation.

Da die Synthese der Zellkernribonucleinsäure von der Desoxyribonucleinsäure abhängt[56,57,58,59], weist die Aktivierung der Ribonucleinsäuresynthese auf eine Aktivierung genabhängiger Prozesse hin, die mit den primären Induktions- und Determinationsvorgängen im Gastrula-Neurula-Stadium zeitlich zusammenfällt. Ob die Induktionsfaktoren direkt am genetischen Apparat angreifen oder ob sie zunächst mit Cytoplasmastrukturen reagieren, die dann auf den Kern zurückwirken, muß aber noch offen bleiben. Außerdem muß noch untersucht werden, in welchen Keimteilen die Synthese der Zellkernribonucleinsäure zuerst gesteigert wird, sowie vor allem auch, wie die neugebildeten Ribonucleinsäuren in Keimteilen, die eine verschiedene Entwicklungsrichtung einschlagen, sich strukturell unterscheiden.

Auf die weitere biochemische und morphologische Differenzierung möchte ich nicht eingehen, um dem nächsten Vortrag von Herrn Professor DUSPIVA nicht vorzugreifen.

Ich möchte noch einmal zusammenfassen, daß wir über die chemische Natur der Faktoren, welche die primären Determinationsschritte auslösen, schon bestimmte Kenntnisse besitzen. Die

Suche nach den biochemischen Mechanismen, welche der Differenzierung in verschiedene Gewebe und Organe zugrunde liegen, hat aber erst begonnen. Es ist nun möglich, diese Frage mit modernen biochemischen und biologischen Methoden weiter zu klären.

Die im Vortrag erwähnten eigenen Untersuchungen wurden mit Unterstützung der Deutschen Forschungsgemeinschaft ausgeführt. Hierfür möchte ich der Deutschen Forschungsgemeinschaft auch an dieser Stelle danken.

Literatur

1 SPEMANN, H.: Experimentelle Beiträge zu einer Theorie der Entwicklung. Berlin: Springer 1936.

2 SPEMANN, H., u. HILDE MANGOLD: Arch. mikroskop. Anat. u. Entwicklungsmechan. **100**, 599—638 (1924).

3 WADDINGTON, C. H.: Organizers and genes. Cambridge: University Press 1947.

4 BAUTZMANN, H., J. HOLTFRETER, H. SPEMANN u. O. MANGOLD: Naturwissenschaften **20**, 971 (1932).

5 MANGOLD, O.: Naturwissenschaften **21**, 761 (1933).

6 TER HORST, J.: Wilhelm Roux'Arch. Entwicklungsmech. Organ. **143**, 275 (1948).

7 MANGOLD, O.: Arch. mikroskop. Anat. u. Entwicklungsmech. **100**, 198 (1923).

8 LEHMANN, F. E.: Einführung in die physiologische Embryologie. Basel u. Stuttgart: Birkhäuser 1945.

9 MANGOLD, O.: Naturwissenschaften **16**, 387 (1928).

10 CHUANG, H. H.: Wilhelm Roux'Arch. Entwicklungsmech. Organ. **140**, 25 (1940).

11 TOIVONEN, S.: Ann. Acad. Sci. fenn. Ser. A **4**, 5 (1940).

12 BECKER, U., H. TIEDEMANN u. H. TIEDEMANN: Z. Naturforsch. **14** b, 608 (1959).
BECKER, U., u. H. TIEDEMANN: Verh. dtsch. Zool. Ges. Saarbrücken Zool. Anz. 25. Suppl. Bd., (1961).

13 WESTPHAL, O., O. LÜDERITZ u. F. BISTER: Z. Naturforsch. **7** a, 148 (1952).

14 TIEDEMANN, H., u. H. TIEDEMANN: Hoppe-Seyler's Z. physiol. Chem. **306**, 132 (1956).

15 SCHUSTER, H., G. SCHRAMM u. W. ZILLIG: Z. Naturforsch. **11** b, 339 (1956).

16 KIRBY, K. S.: Biochem. J. **64**, 405 (1956).

17 TIEDEMANN, H., u. H. TIEDEMANN: Hoppe-Seyler's Z. physiol. Chem. **314**, 156 (1959).

18 BECKER, U., H. TIEDEMANN u. H. TIEDEMANN: Embryologia (Nagoya) **6**, 185 (1961).

19 TIEDEMANN, H., K. KESSELRING, U. BECKER u. H. TIEDEMANN: Biochim. et Biophys. Acta **49**, 603 (1961)

[20] Tiedemann, H., H. Tiedemann u. K. Kesselring: Z. Naturforsch. **15** b, 312 (1960).
[21] Yamada, T.: Experientia **14**, 81 (1958).
[22] Tiedemann, H., u. H. Tiedemann: Experientia **13**, 320 (1957).
[23] Hayashi, Y., and K. Takata: Embryologia (Nagoya) **4**, 149, (1958)
[24] Littlefield, J. W., E. B. Keller, J. Gross and P. C. Zamecnik: J. biol. Chem. **217**, 111 (1955).
[25] Tiedemann, H., K. Kesselring, U. Becker u. H. Tiedemann: Develop. Biol. **4**, 214 (1962).
[26] Kawakami, I., S. Iyeiri and A. Matsumoto: Embryologia (Nagoya) **6**, 1 (1961).
[27] Elson, D.: In Protein Biosynthesis, S. 291. London-New York: Academic Press 1961.
[28] Toivonen, S., u. L. Saxén: Ann. Acad. Sci. Fennicae **4**, 30 (1955).
[29] Hayashi, Y.: Embryologia (Nagoya) **2**, 145 (1955).
Hayashi, Y.: Develop. Biol. **1**, 247 (1959).
[30] Kuusi, T.: Ann. Zool. Soc. Zool. Botan. Fennicae. Vanamo **14**, 1 (1951).
[31] Engländer, H., A. G. Johnen u. W. Vahs: Experientia **9**, 100 (1953).
[32] Tiedemann, H., u. H. Tiedemann: Hoppe-Seyler's Z. physiol. Chem. **306**, 7 (1956).
[33] Tiedemann, H., U. Becker u. H. Tiedemann: Embryologia (Nagoya) **6**, 204 (1961).
[34] Hayashi, Y.: Embryologia (Nagoya) **4**, 33 (1958).
[35] Hayashi, Y.: Embryologia (Nagoya) **4**, 327 (1959).
[36] Tiedemann, H., u. H. Tiedemann: Hoppe-Seyler's Z. physiol. Chem. **314**, 90 (1959).
[37] Takata, Ch., and T. Yamada: Embryologia (Nagoya) **5**, 8 (1960).
[38] Barth, L. G.: J. Exp. Zool. **87**, 371 (1941).
[39] Holtfreter, J.: J. Exp. Zool. **95**, 307 (1944).
[40] Weitere Literatur s. Holtfreter, J., u. V. Hamburger: Amphibia in: Analysis of Development, 230—296. Philadelphia-London: W. B. Saunders Comp. 1955.
[41] Holtfreter, J.: J. Exp. Zool. **106**, 197 (1947).
[42] Masui, Y.: Memoirs Konan Univ. Science Ser. 4. Art. 17, 79—102.
[43] Becker, U.: unveröffentl. Versuche.
[43a] Nieuwkoop, P. D.: Acta Embryol. Morphol. exp. **2**, 13, (1958).
Johnen, A. G.: Wilh. Roux'Arch. Entwicklungsmech. Org. **153**, 1 (1961).
[44] Lehmann, F. E.: Arch. Klaus-Stift. Vererb.-Forsch. **23**, 568 (1948).
[45] Townes, Ph. L., and J. Holtfreter: J. Exp. Zool. **128**, 53 (1955) (dort weitere Literatur).
[46] Nieuwkoop, P. D., and E. C. Boterenbrod: Symposium on the Germ Cells and Earliest Stages of Development. Fondazione A. Baselli Milano 1961, S. 714.
Boterenbrod, E. C.: Koninkl. Ned. Akad. Wetenschap.. Proc., Ser. C, **61**, 471 (1958).
[47] Weiss, P.: Principles of Development. New York: Henry Holt 1939.
Weiss, P.: Quart. Rev. Biol. **25**, 177 (1950).

[48] SPEMANN, H., u. O. SCHOTTÉ: Naturwissenschaften **20**, 463 (1932).
[49] HADORN, E.: Naturwissenschaften **40**, 85 (1953) (dort weitere Literatur).
[50] HADORN, E.: Letalfaktoren in ihrer Bedeutung für Erbpathologie und Genphysiologie der Entwicklung. Stuttgart: Thieme 1953.
[51] BEERMANN, W.: Verh. dtsch. Zool. Ges. Saarbrücken Zool. Anz. **25**. Suppl. Bd. (1961)
[52] Literatur s. H. TIEDEMANN. Verh. dtsch. Zool. Ges. Saarbrücken Zool. Anz. **25**. Suppl. Bd., (1961).
[53] COHEN, ST.: J. Biol. Chem. **211**, 337 (1954).
[54] Methodik s. TIEDEMANN, H.: Biochim. et Biophys. Acta **23**, 385 (1957).
[55] TENCER, R.: Int. Embryol. Conference London, (1961).
[56] HURWITZ, J., J. J. FURTH, M. ANDERS, P. S. ORTIZ u. J. T. AUGUST: Cold Spring Harbour Symposia Quant. Biol. **26**, 91 (1961).
HURWITZ, J., J. J. FURTH and M. GOLDMAN: V. Int. Congr. Biochemie Moskau Symp. I.
[57] WEISS, S. B.: V. Int. Congr. Biochemie Moskau Symp. I.
[58] OCHOA, S., D. P. BURMA, H. KRÖGER u. J. D. WEILL: V. Int. Congr. Biochemie Moskau, Symp. I.
[59] EISENSTADT, J. M., W. H. SPELL u. G. D. NOVELLI: Federation Proc. **21**, Nr. 2, 411 (1962).

Die Amphibienentwicklung in biochemischer Sicht

Von

FRANZ DUSPIVA

Zoologisches Institut der Universität Heidelberg

Mit 9 Abbildungen

Das Ei ist eine unspezialisierte Zelle, die durch ihre bedeutende Größe auffällt. Es verfügt über keine speziellen Einrichtungen, um eine permanente Organisation hervorzubringen, und gleicht darin unspezialisierten Somazellen mancher wirbelloser Tiere, die ebenfalls eine komplette Organisation hervorbringen können. Die Eizelle ist arm an räumlicher Mannigfaltigkeit. Der adulte Organismus ist hingegen als hochintegriertes System, aufgebaut aus Organen, Geweben und differenzierten Zellen, reich an Mannigfaltigkeit. Wir wissen, daß die Potenzen für diese Formbildungsleistung im Erbgut verankert sind. So erscheint uns die Morphogenese als ein Prozeß, der den in den Molekularstrukturen des Genoms enthaltenen „Plan" über alle Stufen physikalischer, chemischer und biologischer Organisation zur Realisation bringt. Der Bau- und Energiestoffwechsel ist nur als *eine* dieser Organisationsstufen zu betrachten. Der unaufhaltsam fortschreitende Entwicklungsprozeß stellt den Physiologen vor die einzigartige Aufgabe, an einem biologischen System zu arbeiten, das sich von Stunde zu Stunde immer mehr und mehr differenziert.

1. Ontogenie der Enzymmuster

Es lag nahe zu vermuten, daß diesem Prozeß der Formbildung auch eine *Ontogenie der Stoffwechselmuster* zugrunde liegt. In Anbetracht der Schlüsselrolle, die den *Enzymen* im Stoffwechsel zukommt, erwartete man, daß die Eizelle unmittelbar nach der Befruchtung ein armes Enzymmuster aufweist, das aber im Verlauf der Entwicklung immer mehr komplettiert und differenziert wird. Man ging hierbei von der Anschauung aus, daß Enzyme für die Ausbildung von Strukturen primär verantwortlich sind und eine ursächliche Wirkung auf die weitere Entwicklung der Keimregion ausüben, in der sie erstmalig synthetisiert oder aktiviert wurden.

Was man aber auf diesem Gebiete bisher tatsächlich beobachten konnte, hat diese Erwartungen nicht erfüllt. Es hat sich gezeigt, daß bereits die unbefruchtete Eizelle über ein reichhaltiges Enzymmuster verfügt. Die Befruchtung übt keinen signifikanten Einfluß auf die Aktivität der Enzyme aus. Eine Anzahl von Enzymen behält bis zum Beginn der larvalen Entwicklungsperiode eine nahezu konstante Aktivität bei. Hierzu zählen die Hydrolasen: Dipeptidase, Tripeptidase, saure Phosphatase, Adenosintriphosphatase und Cholinesterase, die LØVTRUP (1955)[1] an Axolotl-Keimen untersucht hat. Ähnliche Ergebnisse erhielt auch URBANI bei Bufo- und Rana-Arten. Leider ist die Rolle, welche die genannten Enzyme im Stoffwechsel spielen, nahezu unbekannt. Aber kürzlich konnte WALLACE (1961)[2] bei Rana pipiens-Keimen zeigen, daß auch die Aktivität der in ihrer physiologischen Bedeutung gut bekannten Enzyme, wie Aldolase, Lactatdehydrogenase, Pyruvatkinase, Malatdehydrogenase, Glutamat-Aspartat- und Glutamat-Alanin-Transaminase sowie die TPNH-Cytochrom-c-Reduktase, während der ganzen Frühentwicklung bis zur schlüpfreifen Larve nahezu konstant bleibt.

An unserem Institut hat unabhängig und ungefähr gleichzeitig Herr ZEBE[3] solche Untersuchungen an Bufo bufo durchgeführt und ähnliche Aktivitätsverhältnisse vorgefunden (Tab. 1). Diese

Tabelle 1. *Enzymaktivitäten in Keimen von Bufo bufo* (Nach ZEBE[3])*
(μMole Substratumsatz pro 25 Keime und Std, Temp. 25° C).

	frisch befruchtet	Morula	späte Blastula	späte Gastrula	frühe/mittl. Neurula
Aldolase	47	50	50	48	53
Glycerophosphatdehydrogenase	5	6	9	6	9
Lactat-dehydrogenase	137	140	165	139	101
Isocitrat-dehydrogenase	<1	<1	<1	<1	<1
Malat-dehydrogenase	300	448	356	438	346
Malic enzyme	<1	<1	<1	<1	<1
Glucose-6-phosphat-dehydrogenase	11	12	10	12	10
6-Phospho-gluconat-dehydrogenase	4	4	4	3	4

* Proben von je 25 Eiern wurden in 1,5 ml Phosphatpuffer, M/15, pH 7.2, homogenisiert und extrahiert. Im klaren Extrakt wurden die Enzymaktivitäten im wesentlichen unter den von DELBRÜCK, ZEBE und BÜCHER [Biochem. Z. **331**, 273 (1959)] angegebenen Bedingungen gemessen.

Befunde dürften demnach für Amphibien eine allgemeine Gültigkeit besitzen. Die fundamentalen morphogenetischen Prozesse, welche die Eizelle in das reichgegliederte System der Larve überführt haben, das den Bauplan der betreffenden Art bereits in allen wesentlichen Merkmalen repräsentiert, werden also nicht durch markante Änderungen des Enzymmusters angekündigt. Erst nach dem Ausschlüpfen der Larve erfolgt ein *steiler Aktivitätsanstieg* der genannten Enzyme, der das nun einsetzende rasche Wachstum und die Differenzierung des Keimes begleitet. Manche Enzyme verhalten sich allerdings etwas anders. So beginnt der Aktivitätsanstieg der Glucose-6-phosphatdehydrogenase, 6-Phosphogluconsäure-dehydrogenase, α-Glycerophosphatdehydrogenase und Isocitrat-dehydrogenase etwas früher, bereits während der Neurulation, während die Aktivität der DPNH-Cytochrom-c-Reduktase erst von dem Zeitpunkt an vermehrt wird, wenn sich die Kiemendeckelfalten der Larve schließen. Nur wenige Enzyme gehen einen völlig anderen Weg. So nimmt die Aktivität der alkalischen Phosphatase beim Axolotl schon während der Gastrulation erstmalig etwas zu, um dann als Larve einen steilen Anstieg aufzuweisen, während die Amylase schon zu Beginn der Gastrulation wirksamer wird und ihre Aktivität bis zum Neurulationsbeginn ungefähr verdoppelt. Ein steiler endgültiger Anstieg erfolgt auch hier erst bei der Larve (Løvtrup, 1955)[1].

Zusammenfassend kann man feststellen, daß die deskriptive Biochemie ein ziemlich monotones Bild von der Ontogenie der Enzyme liefert, sofern enzymatische Aktivitäten auf den Keim als Ganzes bezogen werden. Sucht man nach einer Erklärung für dieses unerwartete Ergebnis, so muß man daran denken, daß die Zellen des Amphibienkeimes mit Dotterkörnchen vollgepackt sind; 72% des Proteingehaltes der Zellen ist auf Rechnung des Dotters zu setzen. Es ist aber bekannt, daß der Dotter ein enzymatisch inertes Material ist, wenigstens was die obengenannten Stoffwechselenzyme betrifft. Ältere quantitative Untersuchungen über den Dotterverbrauch der Froschkeime im Verlauf der Frühentwicklung, die mit verschiedenen Methoden durchgeführt wurden, stimmen darin überein, daß der Umbau von Dotter in Zellplasma in größerem Umfang nicht vor dem Ausschlüpfen der Larven einsetzt (Gregg und Ballentine, 1946; Løvtrup, 1953)[4]. Unter diesem Aspekt könnte man den Verdacht hegen, daß man durch quantitative Bestimmungen der Enzymaktivität — bezogen auf den Embryo als Einheit – nichts anderes als Maßzahlen gewinnt, die der Menge des Keimes an „aktivem Zellplasma" proportional sind. Auf diese Weise würde sich sowohl die anfängliche Konstanz der Aktivität zahlreicher Enzyme als auch ihr steiler Anstieg nach dem Ausschlüpfen zu einer Zeit, da Dotter in großem Umfang in Zellplasma umgewandelt wird, am einfachsten deuten lassen. Bei dieser Betrachtungsweise erscheinen die Enzyme lediglich als Komponenten des Zellplasmas. Das Muster ihrer Aktivität scheint artspezifisch, d. h. genetisch festgelegt (HOLTER, 1949)[5] und den morphogenetischen Ereignissen während der Frühentwicklung nicht enger zugeordnet zu sein.

Es ist jedoch möglich, daß diese oben entwickelte Auffassung von der Ontogenie der Enzyme nur eine äußerst grobe Annäherung an die tatsächliche Situation ist. Denn es fehlen heute noch exakte Daten über den Dotter, sowohl hinsichtlich seiner chemischen Zusammensetzung als auch seiner Verwertung durch den Keim. Ich möchte darauf hinweisen, daß heute bereits einzelne chemische (KUTZKY; ROUNDS und FLICKINGER, 1958; DEUCHAR, 1958)[6] sowie cytologische (KARASAKI, 1959)[20] Beobachtungen vorliegen, die glaubhaft machen, daß der Dotter bereits während der Neurulation partiell angegriffen wird. Auffällig ist auch, daß die Aktivitäten der bisher untersuchten Enzyme in der jungen Larve nicht konform ansteigen; die relativen Anstiegsraten der verschiedenen Enzyme verlaufen keineswegs proportional (BOELL, 1948; MOOG, 1952, 1958; WALLACE, 1961)[7]. Dies hat sicher seine Ursache darin, daß der Keim um so weniger als eine Einheit aufgefaßt werden kann je älter er ist. Verschiedene Keimregionen werden sich wahrscheinlich mit steigendem Entwicklungsalter sowohl in ihrer Wachstumsrate und auch in ihrem Enzymmuster immer stärker unterscheiden. Man darf auch nicht vergessen, daß viele Enzyme in mehreren Formen (sog. „Isozyme") vorkommen, deren Verhalten zueinander sowohl in den verschiedenen Keimregionen als auch innerhalb der Zellräume (Mitochondrien, Zellkerne und Cytoplasma) variieren könnte (MARKERT u. MØLLER, 1959)[8]. Eine umfassende Bearbeitung der Frage, welche morphogenetischen Ereignisse zur regionalen Aufgliederung des Enzymmusters hauptsächlich beitragen, ist bis heute noch nicht begonnen worden.

Nur eine Teilfrage aus diesem Gebiet wurde bereits eingehender bearbeitet, es ist die *regionale Verteilung biochemisch wichtiger Faktoren in der jungen Gastrula.* Das Carlsberg-Team hat ausgezeichnete quantitative Mikromethoden entwickelt, mit denen sich diese Frage prüfen ließ.

Aus einer jungen Gastrula läßt sich durch 2 Schnitte beiderseits der Urmundgrube ein meridionaler Ring isolieren, der in 5 Stücke derart zerteilt werden kann, daß man Gewebeproben von einheitlicher und bekannter prospektiver Potenz und Bedeutung erhält (BARTH, 1939, 1942; GREGG und LØVTRUP, 1950; SZE, 1953; BARTH und SZE, 1952; NEEDHAM, ROGERS und SHEN, 1939)[9]. An diesen Untersuchungen haben sich zahlreiche Autoren beteiligt. Welche Stoffe, Enzyme, Stoffwechselleistungen u.a.m. auch immer geprüft wurden, man erhielt stets das gleiche Resultat, sofern die analytischen Ergebnisse auf Trockengewicht oder Gesamt-N bezogen wurden: Die Aktivität der isolierten Regionen fällt nach folgender Ordnung ab: präsumptives Neuroektoderm > präsumptive Epidermis > dorsale Marginalzone (Organisator) > ventrale Marginalzone und Entoderm. Eingehend analysiert wurden folgende Stoffe oder Stoffwechselprozesse:

Atmung (GREGG u. LØVTRUP, 1950; SZE, 1953)[9]; RNS (TAKATA, 1953)[10]; Total-Kohlenhydrat (GREGG u. LØVTRUP, 1950)[9]; Glykogen (HEATLEY u. LINDAHL, 1937)[11]; Dipeptidase (GREGG u. LØVTRUP, BARTH z. SZE, 1953)[9]; β-Glycerophosphatase (GREGG u. LØVTRUP)[9]. Weniger gut untersucht aber wahrscheinlich ebenso verteilt sind: ATP (FUJII)[12] und Kathepsin (D'AMELIO u. CEAS, DEUCHAR)[13]. Das allgemeine, sich aus der Verteilung dieser Stoffe ergebende Muster wurde als Überlagerung eines steileren Konzentrationsgradienten längs der animal-vegetativen Achse des Keimes und eines flacheren dorso-ventralen Gradienten gedeutet. *Die Abstufung in der Konzentration der genannten Stoffe hat zweifellos eine auffallende Ähnlichkeit mit den morphogenetischen Gradienten der Entwicklungsphysiologie.* Aber für viele Autoren wirkte es überraschend, daß sich nicht *der Organisator*, sondern das präsumptive Neuroektoderm als ein Zentrum physiologischer Aktivitäten manifestierte.

Bei der Interpretation dieser Resultate muß man sich vor Augen halten, daß man bei der Bestimmung des Trockengewichtes die gesamten nichtflüchtigen Stoffe, bei der Bestimmung des N-Gehaltes vor allem die Proteine der untersuchten Keimregion erfaßt *einschließlich des als stoffwechselinert geltenden Dotters.* Beide genannten Bezugsgrößen sind eigentlich nur unter der Voraussetzung brauchbar, daß der Dotter in allen Keimregionen gleichmäßig verteilt ist. Nun stößt aber die exakte Bestimmung der Dotterverteilung in den verschiedenen Regionen der Gastrula auf besondere Schwierigkeiten. Man benutzt heute zur Dotterbestimmung das Verfahren von GREGG u. BALLENTINE (1946)[14], das auf der Homogenisation der Proben in einem Medium beruht, das aus einem Phosphatpuffer, p_H 7,4 mit einem Zusatz von 0,65% NaCl besteht. Es geht hierbei viel Zellmaterial in Lösung, aber die Dotterkörnchen bleiben (visuell beurteilt) intakt und lassen sich durch Zentrifugieren abtrennen. Die im Überstand verbleibende „*Nichtdotterfraktion*" läßt sich in Form des Trockenrückstandes bzw. N-Gehaltes quantitativ erfassen. Die Methode bietet jedoch keine Sicherheit, daß hierbei nicht auch gewisse Dotterkomponenten mitextrahiert werden. Eine mit dieser Methode durchgeführte Untersuchung zeigt, daß der Dotter im Keim ungleichmäßig verteilt ist. *Die Gastrula besitzt einen Dottergradienten entlang der obengenannten Achsen*[15]; die vegetative Keimhälfte ist dotterreicher als die animale. Es erhebt sich somit die Frage, ob der Stoffwechselgradient der jungen Gastrula nicht einfach durch den Dottergradienten bedingt wird. Die „Nichtdotterfraktion" könnte zumindest in erster Annäherung als Maßstab für den stoffwechselaktiven, von Reservestoffen befreiten Zellraum gelten. Bezieht man nun die in den oben beschriebenen Teilstücken der Gastrula ermittelten Atmungsraten nicht auf den Gesamt-N-Gehalt, der zugleich auch den Dotter erfaßt, sondern auf den N-Gehalt der „Nichtdotterfraktion" der betreffenden Keimabschnitte, so kommt man tatsächlich zu einem anderen Resultat, nämlich, daß *alle Regionen der Gastrula gleich stark atmen*[15]. Bei dieser Art von Beurteilung kann also der Gastrula kein Atmungsgradient zuerkannt werden. Diese Schlußfolgerung ist aber nur dann berechtigt, wenn man den Nachweis erbringen kann, daß die „Nichtdotterfraktion" in allen Keimabschnitten die gleiche Zusammensetzung hat. Nun ist der Dotter unter anderem auch frei an Dipeptidase (DUSPIVA, 1942)[16]. Wenn also die „Nichtdotterfraktion" in allen Regionen des Keimes die gleiche Zusammensetzung hätte, dann müßte es für die Suche nach einem „Atmungsgradienten" belanglos sein, ob man die Atmungsraten der einzelnen Keimregionen auf die „Nichtdotterfraktion" oder die „Dipeptidaseaktivität" bezieht.

Da man weiß, daß die Dipeptidase im Grundcytoplasma lokalisiert ist[17], kann man die Aktivität der Dipeptidase als einen Maßstab für die Menge an Grundcytoplasma betrachten. Wählt man also die Dipeptidaseaktivität der einzelnen explantierten Keimregionen als Bezugsgröße für die in diesen Proben ermittelten Atmungsraten, so findet man, daß die respiratorische Aktivität am vegetativen Pol höher ist als am animalen[15]; das heißt also, daß die Gastrula einen *umgekehrten vegetativ-animalen Atmungsgradienten hätte*, sofern das „Grundcytoplasma" als Repräsentant des „aktiven Zellplasmas" gelten darf. Sehr wahrscheinlich kommt aber dieses Resultat dadurch zustande, daß auch die Dipeptidase im Keim ungleichmäßig verteilt ist. Das heißt aber mit anderen Worten, daß das Cytoplasma in den verschiedenen Regionen des Keimes uneinheitlich ist.

Bei dieser Sachlage muß man sich fragen, ob die Suche nach einfachen biochemischen Gradienten im Amphibienkeim noch Aussicht auf einen Erfolg hat. Gibt es denn überhaupt eine quantitativ erfaßbare Größe, die den „stoffwechselaktiven Raum" einer Zelle repräsentieren könnte ? Die Zellen der verschiedenen Regionen der Gastrula unterscheiden sich nicht nur durch ihren Dottergehalt, sondern auch dadurch, daß ihre Kerne verschieden groß, ihre Mitochondrien verschieden zahlreich und mehr oder weniger reich strukturiert und ihr Plasma mehr oder weniger gut mit Reticulumstrukturen ausgestattet sind. Wir können heute den morphogenetischen Gradienten der Entwicklungsphysiologie noch kein adäquates biochemisches Gradientensystem an die Seite stellen.

2. Ontogenie der Stoffwechselsysteme und Zellkomponenten

Mehrere Indizien deuten darauf hin, daß bereits die Eizelle über ein komplettes *glykolytisches System* verfügt; hierzu zählen der Nachweis von DPN (LINDAHL u. LENNERSTRAND, 1942)[18], der Triosephosphatdehydrogenase (BRACHET)[19] und anderer Enzyme des anaeroben Kohlenhydratstoffwechsels, über die bereits berichtet wurde (WALLACE[2], ZEBE[3]). A. I. COHEN hat gezeigt, daß die Homogenisate sehr junger Keime von Rana pipiens mit Glykogen oder verschiedenen phosphorylierten Zuckern angereichert anaerob Lactat bilden. Die im Homogenisat ermittelte Kapazität zur Glykolyse nimmt im Verlauf der Entwicklung zu; sie ist stets ein mehrfaches höher als der intakte Embryo jemals beansprucht, wie man auf Grund des Sauerstoffverbrauches abschätzen kann. Man kann hieraus schließen, daß die Aktivität der glykolytischen Enzyme während der Frühentwicklung bis mindestens zum Neurulastadium nicht der limitierende Faktor des Stoffumsatzes ist (WALLACE[2]). Da die Amphibienkeime über eine bedeutende Reserve an Glykogen verfügen, kommen als regulierende Faktoren hauptsächlich die stationäre Konzentration an Orthophosphat und ADP in Betracht. Schon seit langem vermuten die Embryologen, daß dem Dotter in dieser Beziehung eine sehr wichtige Rolle zukommt. Wir haben den Dotter bisher nur als ein stoffwechselinertes Depot betrachtet, das Material zum Aufbau aktiver Zellkomponenten bereitstellen kann. Diese Beurteilung ist nur teilweise richtig. Das Dotterplättchen muß mit zu den Zellorganellen gezählt werden; es ist strukturell und chemisch komplex. Nach KARASAKI (1959)[20] besteht das scheibenförmige Dotterplättchen von Triturus aus einem großen proteinreichen Kern von regelmäßiger kristallgitterartiger Struktur und einer Rinde, die elektronendichte Teilchen von etwa 100 Å im Durchmesser enthält. Während der Entwicklung macht das Dottergranulum charakteristische Veränderungen durch, die im Zusammenhang mit der fortschreitenden Differenzierung der Zellen stehen. Zunächst wird die Hülle angegriffen, später der Kern, der eine lamelläre Struktur gewinnt und möglicherweise in Membranstrukturen des Cytoplasmas verwandelt wird. Das Dotterplättchen enthält mehrere Arten von Makromolekülen, die Hauptkomponente ist das Phosphoprotein „Vitellin", das etwa 85% der Totalmasse ausmacht, sowie mehrere organische Bestandteile, darunter RNS (GROSS u. GILBERT)[21]. Die Dotterpartikel können Orthophosphat abgeben. Die Keime enthalten eine Phosphoprotein-phosphatase, die in der Fraktion der Pigment- und kleinen Dotterkörner lokalisiert ist und durch Hydrolyse aus Vitellin Orthophosphatat freisetzt ohne gleichzeitige Proteolyse und morphologische Veränderung der Dotterkörnchen (HARRIS, 1946[22]; FLICKINGER, 1956[23]; NASS, 1956[24]). Der Dotter ist ohne Zweifel für den Phosphathaushalt der embryonalen Zellen von größter Bedeutung. Über den Gehalt an RNS und Nucleotiden gehen jedoch heute die Meinungen noch sehr stark auseinander. Während nach ROUNDS und FLICKINGER (1958)[25] die Fraktion der Dotterplättchen mehr Nucleinsäuren enthält als alle anderen Fraktionen des Keimes einschließlich der

Mikrosomen zusammen, eine Meinung, der sich kürzlich auch VAS (1961)[26] angeschlossen hat, fanden GROSS und GILBERT im Dotter nur sehr kleine Mengen an Pentosenucleotiden. Japanische Autoren bezweifeln neuerdings, daß überhaupt merkliche Mengen an Nucleotiden in den Dotterkörnchen vorkommen, da weder eine gegen Ribonuclease empfindliche Basophilie vorhanden sein soll, noch die typische Absorption bei 260 mμ im Ultraviolett-Mikroskop zu erzielen sei (TAKATA u. ONO)[27]. Da die Transformation von Dotter in aktiv stoffwechselnde Zellkomponenten von größter Bedeutung für die Morphogenese und Differenzierung der Zellen des Keimes ist, bedarf dieser Fragenkomplex weiterer eingehender Untersuchungen.

Es ist heute noch unklar, ob der *Citronensäurecyclus* in der Frühentwicklung bereits in allen seinen Teilstufen funktioniert. Auffällig ist der bedeutende Aktivitätsunterschied zwischen Malatdehydrogenase und TPN-spezifischer Isocitratdehydrogenase. Diese hat am Anfang der Entwicklung bis zur frühen Neurula eine so geringe Aktivität, daß man sie für den Schrittmacher des Citratcyclus halten könnte, zumal eine DPN-spezifische Isocitratdehydrogenase fehlt. Die Aktivität ist so niedrig, daß selbst unter optimalen Bedingungen von p_H und Substratkonzentration der Durchsatz durch den Citratcyclus nicht mehr als etwa $^1/_{50}$ des Wertes betragen kann, den man aus der Atmungsrate der intakten Gastrula errechnet (WALLACE). Die mehr als 300mal höhere Aktivität der Malatdehydrogenase wirft die Frage auf, ob die Extraktionstechnik strukturgebundene Enzyme tatsächlich quantitativ in Lösung zu bringen vermag. Nur dann wären Überlegungen über den Durchsatz durch Enzymketten sinnvoll. Man muß auch bedenken, daß die auffallend hohe Aktivität der Malatdehydrogenase wahrscheinlich nur dadurch bewirkt wird, daß es im Amphibienembryo 2 verschiedene Malatdehydrogenasen mit unterschiedlicher intercellulärer Lokalisation gibt, die durch den Test gemeinsam erfaßt werden. ENGLARD u. Mitarb.; DELBRÜCK, ZEBE u. BÜCHER[28]. Das „Mitochondrien"-Enzym könnte hinsichtlich seiner Aktivität besser zur Isocitrathydrogenase passen als die Summe beider Malatdehydrogenasen.

Für eine nicht unbeträchtliche Wirksamkeit des Citratcyclus spricht hingegen die Fähigkeit der Entwicklungsstadien, ($^{14}CO_2$) zu inkorporieren (s. COHEN, 1954; FLICKINGER, 1954)[29]. In der

Liste von COHEN werden Malat, Citrat, Fumarat, Succinat und Ureidosuccinat als radioaktiv aufgeführt, nicht aber Aconitat, Isocitrat und α-Ketoglutarat. Das Fehlen dieser Spots im Papierchromatogramm mag an der niedrigen stationären Konzentration dieser Metabolite liegen. WALLACE (1961) meint, daß der Hauptweg der Aufnahme von CO_2 über die Carboxylierung von Pyruvat und Bildung von Malat bei gleichzeitiger Oxydation von TPN.H führe. Auffällig ist aber, daß nach dem Befund von ZEBE das "malic enzyme" vom Anfang der Entwicklung an bis zur Neurula eine ebenso geringe Aktivität besitzt wie die Isocitratdehydrogenase. So wissen wir immer noch nicht mit Sicherheit, auf welchem Wege CO_2 in den Stoffwechsel der Amphibienembryonen eingeschleust wird.

Aspartat und Glutamat sind radioaktiv, ein Zeichen, daß die Transaminierung von Oxalacetat und α-Ketoglutarat schon frühzeitig funktioniert.

In diesem Zusammenhang sei bemerkt, daß auch die Struktur einzelner Zellkomponenten, wie Mitochondrien, eine fortschreitende Entwicklung durchmacht (EAKIN u. LEHMANN[30], KARASAKI[20]). In der früheren Gastrula gleichen die Mitochondrien Kugeln von 0,3—0,7 μ Durchmesser und haben nur wenige unvollständig ausgebildete Cristae. Etwas größere Mitochondrien kommen später in der Neuralplatte vor, sie sind hier auch etwas zahlreicher. Aber erst im Schwanzknospenstadium finden sich hochdifferenzierte stabförmige Mitochondrien mit reichlicherer Innenstruktur.

Hand in Hand mit dem Wachstum und der Innenausstattung der mitochondrialen Population geht der exponentielle Anstieg der Atmungsrate des Keimes. Die mit dem Entwicklungsalter progressiv steigende Cytochromoxydaseaktivität der Mitochondrien, die BOELL und WEBER (1955)[31] beobachtet haben, findet durch die neueren elektronenmikroskopischen Befunde (KARASAKI)[20] eine plausible Erklärung.

Sowohl EAKIN und LEHMANN (1957)[30] wie KARASAKI 1959)[20] beschreiben morphologische Unterschiede der Mitochondrien in verschiedenen Regionen des Embryo. In einer demnächst erscheinenden Arbeit zeigen WEBER und BOELL[31], daß die Mitochondrien einiger larvaler und embryonaler Gewebe distinkte Eigenschaften haben, die als signifikante quantitative Unterschiede in der spezifischen Aktivität von Cytochromoxydase, ATP-ase, saurer Phosphatase und Kathepsin erscheinen. Diese Arbeit zeigt, daß Mitochondrien eines jeden bisher untersuchten Gewebes ein für das betreffende Gewebe charakteristisches Enzymprofil haben. Hier schließt sich eine interessante Beobachtung über einen ganz anderen Aspekt bei der Reifung von Mitochondrien im Verlauf der Zelldifferenzierung an, die wir SOLOMON (1959)[32] verdanken. In der embryonalen Hühnerleber kommt Glutamatdehydrogenase in 2 Formen vor: ein Mitochondrienenzym mit dem pH-Optimum 7,6 und ein „lösliches"-Cytoplasma-Enzym mit dem pH-Optimum 4,5—4,8. Nach dem 12. Bebrütungstag steigt die Aktivität des mitochondrialen Enzyms bei gleichzeitigem Abfall der des löslichen Enzyms. SOLOMON nimmt die Möglichkeit einer Transformation des Enzyms von der löslichen in die unlösliche Form an.

Noch ein Hinweis auf den Dickens-Horecker-Weg des Kohlenhydratstoffwechsels. Es ist bereits viel über die besondere Bedeutung dieser Reaktionsfolge vor allem bezüglich der Bereitstellung von Pentose zur Nucleinsäuresynthese geschrieben worden. Von den beiden Schlüsselenzymen ist 6-Phosphogluconat-dehydrogenase nur wenig aktiv (WALLACE, ZEBE); der sog. Hexosemonophosphat-Shunt kann also keine dominierende Rolle spielen, sofern Enzymteste überhaupt geeignet sind, den Durchsatz durch Enzymketten „in vivo" abzuschätzen. Das wichtigste Ergebnis aller bisher referierten Untersuchungen ist der Nachweis einer potenten anaeroben Glykolyse und einer Atmung, die im intakten Keim derart gegenseitig abgewogen funktionieren, daß keine aerobe Milchsäurebildung auftritt. Citronensäurecyclus und Hexosemonophosphat-Shunt dürften höchstwahrscheinlich bis zum Stadium der Gewebedifferenzierung eine nur geringe physiologische Bedeutung besitzen.

3. Beziehungen zwischen Stoffwechsel und Formwechsel

Da Stoffwechsel und Formwechsel auf 2 verschiedenen Ebenen der Organisation ablaufen, lassen sich Einzelbefunde auf dem Gebiet des Stoffwechsels nur sehr schwer und mit starker hypothetischer Belastung zu bestimmten Ereignissen im Bereiche der Morphogenese in Beziehung setzen. Ein gangbarer Weg zur Aufklärung von Wechselwirkungen zwischen Stoff- und Formwechsel ist das Experiment. *Hemmstoffe der Zellatmung* beeinflussen den Energiestoffwechsel und schaffen so eine Möglichkeit, die Energieabhängigkeit verschiedener morphogenetischer Prozesse zu untersuchen. Der Wirkungsmechanismus der *Blausäure* ist durch die grundlegenden Arbeiten von O. WARBURG gut bekannt. Die Blausäure geht mit dem Eisen des Atmungsfermentes eine dissoziierende Bindung ein, die dem Massenwirkungsgesetz gehorcht. Mit diesem Befund im Einklang steht die Beobachtung, daß die Atmung aerober Zellen verschiedenen Ursprungs durch Blausäurelösungen bestimmter Konzentration stets um ungefähr denselben Betrag gehemmt wird. So wird die Atmung junger Entwicklungsstadien verschiedener Amphibienarten durch Blausäure in einer Konzentration von 10^{-3} Mole je Liter, je nach Alter der Keime, bis auf einen Rest von 25—10% gesenkt. *Auf der Organisationsstufe der Enzyme (Makromoleküle) verhalten sich alle Amphibienkeime ungefähr gleich.* Die Wirkung der Blausäure auf die Cytochromoxydase ist artunabhängig (vgl. Tab. 2 bei TIEDEMANN und TIEDEMANN)[33,1].

Prüft man hingegen den Einfluß von Blausäure auf die *Entwicklungsleistung*, so sieht man ein bunteres Bild. Während Trituruskeime ihre Entwicklung in einer 10^{-3} M HCN-Lösung in kürzester Zeit einstellen, entwickeln sich Xenopus-Keime stets noch eine gewisse Zeit lang weiter und können, als Blastulae in die HCN-Lösung eingetragen, das Neurulastadium mit Verspätung erreichen, stellen aber auf diesem Stadium ihre Weiterentwicklung ein (Abb. 1).

Morphogenetische Prozesse in der Frühentwicklung beruhen teilweise auf der Synthese zell- und regionalspezifischer Makromoleküle, Vermehrung von Zellkernen, Zell- und Kernteilungsvorgängen und aktiven Bewegungen von Zellverbänden. Alle diese Prozesse benötigen Energie. Dem laufenden Energieverbrauch der Keime muß daher eine dauernde Energieproduktion die Waage halten, sie stammt aus der Atmung und der Glykolyse. Schaltet man die Atmung aus, so wird Energie nur noch von der Glykolyse und eine Zeitlang auch aus gewissen Reserven nachgeliefert. ATP steht mit zahlreichen anderen Nucleosidtriphosphaten und energiereichen Verbindungen im Gleichgewicht. Außerdem ist die in Perchlorsäureextrakt bestimmbare ATP-Konzentration eine recht komplexe Größe, und spiegelt, da sie sehr schnell aus mehreren

Quellen nachgefüllt wird, kurzfristige Energieumsetzungen nicht wieder.

Man kann aber die stationäre Konzentration von ATP, bezogen auf den ganzen Keim, als einen Maßstab zur groben Abschätzung einer eventuellen *Insuffizienz* des gesamten energieliefernden Systems der Zellen heranziehen. Bei allen von uns untersuchten

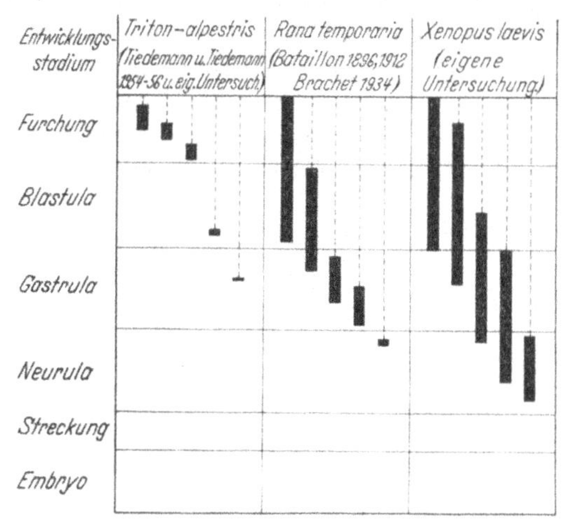

Abb. 1. Schematische Darstellung des Entwicklungsabschnittes, der von Amphibienkeimen durchlaufen wird, die auf verschiedenen Entwicklungsstadien in eine auf p_H 6,5 gepufferte 10^{-4} m HCN-Lösung eingebracht wurden

Amphibienarten bleibt die stationäre ATP-Konzentration normalerweise von der Furchung bis zum Schwanzknospenstadium nahezu unverändert. Während der Frühentwicklung herrscht daher stets eine ausgeglichene Energiebilanz, obwohl alle dem Energiestoffwechsel zugrundeliegenden Teilsysteme progressiv verlaufenden Änderungen unterworfen sind. Im Verlauf der Entwicklung steigt die Kapazität zur anaeroben Laktatproduktion (COHEN, A. I.) [34]. Ebenso steigt die Respirationsrate in mehreren Perioden an (MOOG, 1944; BARNES, 1944; TUFT, 1953)[33,35]. Da jedoch die Atmungsrate schneller ansteigt als die Glykolyse, nimmt der Meyerhof-Quotient $\left[\frac{Q_L \text{ anaerob} - Q_L \text{ aerob}}{Q O_2}\right]$ progressiv ab (COHEN)[34].

Diese Tatsache erklärt die höhere Empfindlichkeit älterer Entwicklungsstadien gegen Atmungsgifte oder Sauerstoffmangel. Regulative Prozesse passen die Systeme der Energieproduktion den energieverbrauchenden Prozessen so gut an, daß in der Normentwicklung keine aerobe Lactatproduktion auftritt und die stationäre ATP-Konzentration eine bestimmte Höhe niemals wesentlich unterschreitet.

Hemmt man die Atmung von Amphibienkeimen mittels einer 10^{-3} mol. HCN-Lösung, so beobachtet man einen markanten Anstieg der stationären Milchsäurekonzentration (Pasteursche Reaktion)[33]. Der Anstieg der Lactatkonzentration nimmt einen ungefähr exponentiellen Verlauf. Nach mehreren Stunden nähert sich die Kurve einem asymptotischen Endwert. Mit dem Anstieg der Lactatkonzentration, bezogen auf ganze Keime, geht ein Abfall der stationären ATP-Konzentration (je ganzer Keim) parallel.

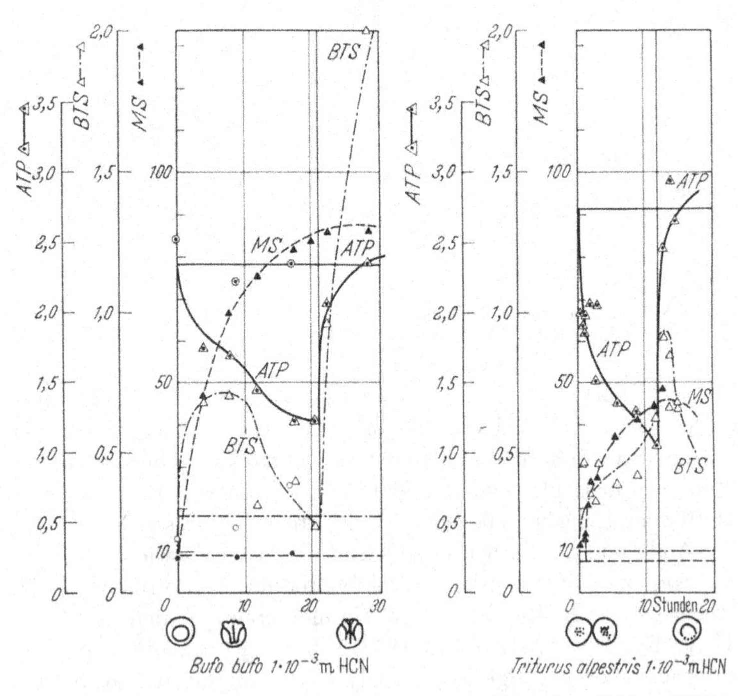

Abb. 2. Der Verlauf des Adenosintriphosphat (ATP), Brenztraubensäure (BTS)- und Milchsäure (MS)-gehaltes (in n Mol je Keim) von Bufo bufo und Triturus alpestris-Keimen auf dem Gastrulastadium nach mehrstündiger Behandlung mit einer 10^{-3} m HCN-Lösung und anschließender Erholung in HCN-freiem Kulturwasser. Bestimmung der Metabolite: Perchlorsäureextraktion bei 0° C. Bestimmung von ATP: Optischer Test mittels Glycerinaldehydphosphatdehydrogenase und Phosphoglyceratkinase. Best. von Milchsäure: Optischer Test mittels Lactatdehydrogenase. Best. von Brenztraubensäure: Optischer Test mittels Lactatdehydrogenase (Nach F. DUSPIVA u. H. W. HAGENS, unveröffentlicht)

Der Verlauf dieser Kurve ist jedoch artspezifisch (Abb. 2). Am steilsten fällt die Kurve bei Triturus alpestris, langsamer bei Bufo bufo ab; Xenopus laevis wird im Laboratorium künstlich mittels Gonadotropin-Injektion zur Eiablage gezwungen. Die Gelege sind daher individuell sehr verschieden. Man erhält gelegentlich Eier, die gegen 10^{-3} mol HCN relativ resistent sind. Bei den meisten Gelegen fällt die ATP-Konzentration in Gegenwart von HCN auf ein tieferes Niveau, ohne daß gleichzeitig ADP und AMP meßbar ansteigen. In dieser Phase der Hypoxydose geht die Entwicklung, wenn auch verlangsamt weiter*. Nach einigen Stunden beobachtet man oft einen zweiten Abstieg der ATP-Konzentration, der aber im Gegensatz zur ersten Phase der Hypoxydose von einem Anstieg der ADP- und AMP-Konzentration begleitet wird. Während in der ersten Phase die Milchsäure exponentiell ansteigt, fällt der Milchsäurespiegel in der 2. Phase erst langsam und schließlich steiler ab bei gleichzeitigem Entwicklungsstopp sowie progressiv fortschreitender Quellung und endlich postmortaler Auflösung der Keime (Abb. 3).

Die Versuche zeigen, daß die artspezifischen Unterschiede in der Empfindlichkeit der Entwicklungsleistung gegen eine Atmungshemmung durch HCN in einer deutlicheren Korrelation zur *Energieproduktion* stehen, als zur Empfindlichkeit des Atmungsfermentes gegen HCN. Das Organisationsniveau der cellulären biochemischen Regulationen scheint dem Organisationsniveau der morphogenetischen Prozesse näher zu stehen als das Enzym-Substrat-System.

Von besonderem Interesse ist die Wirkung einer zeitlich befristeten schweren Atmungshemmung auf die *spätere Entwicklung* der Amphibienkeime. Seit den 90iger Jahren des vergangenen Jahrhunderts ist bekannt, daß die experimentelle Abwandlung von Außenbedingungen während der Frühentwicklung von teratogener Wirkung ist (Hertwig, 1892—1896; Gurwitsch, 1895; 1896 u. a.). Der Einfluß verschiedener Zellgifte auf den jungen Amphibienkeim hat erstmals Bellamy (1919)[36] genauer beschrieben. Es sind 3 Typen von pathologischen Veränderungen des Keimes (Rana pipiens)

* Es hat den Anschein, auch noch aus anderen als hier genannten Gründen, daß in dieser Phase der Hypoxydose eine *Energiereserve* verwertet wird, deren Natur wir noch nicht kennen. Möglicherweise spielt der Dotter hierbei eine Rolle.

zu unterscheiden: 1. Nekrosen der oberflächlich liegenden Zellen des Keimes bei prolongierter Wirkung. 2. Atypische Furchung und Gastrulation und 3. *Spätfolgen* nach Behandlung junger Entwicklungsstadien, die das charakteristische Entwicklungsbild von Mikrocephalie mit Annäherung bis Verschmelzung der Augenblasen und Nasengruben zeigen. Bei prolongierter Behandlung von Furchungsstadien mit 10^{-3} mol HCN in Kulturmedium sterben die

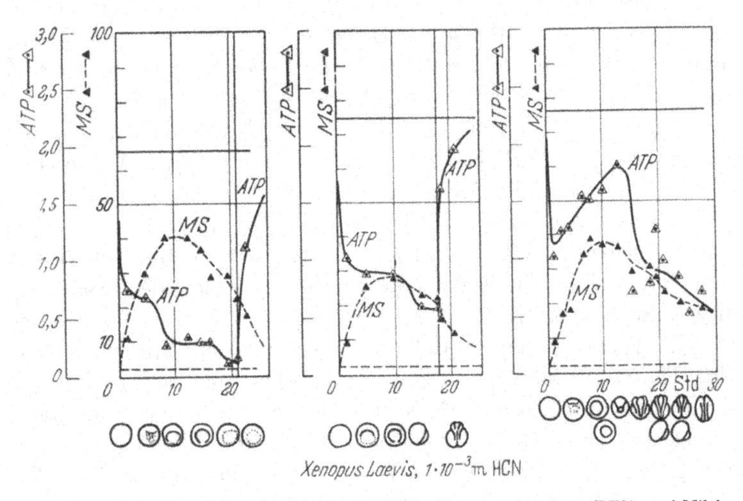

Abb. 3. Der Verlauf des Adenosintriphosphat (ATP)-, Brenztraubensäure (BTS)- und Milchsäure (MS)-gehaltes (in n Mol je Keim) von Xenopus laevis-Keimen auf dem Blastulastadium aus verschiedenen Gelegen nach mehrstündiger Behandlung mit einer 10^{-3} m HCN-Lösung, und z. T. nach anschließender Erholung in HCN-freiem Wasser. Analytische Methoden wie bei Abb. 2

Keime ab; Regionen höchster Empfindlichkeit, in denen die Zellen zuerst trüb werden und platzen, sind im Furchungsstadium der animale Pol und das präsumptive Neurektoderm. Der Prozeß der Auflösung breitet sich von diesen beiden Zentren über den gesamten Keim aus (animal-vegetativer und dorso-ventraler Empfindlichkeits-Gradient). Bei der jungen Gastrula hingegen fällt der Bereich der oberen Urmundlippe durch eine noch höhere Empfindlichkeit auf. Holtfreter (1943) bezweifelt, daß es sich bei dem KCN-Effekt Bellamys um eine Stoffwechselwirkung handelt und deutet das Empfindlichkeitsmuster als ein regional verschiedenes Verhalten der oberflächlichen Hüllschicht (coat) des Keimes gegen die Alkalität von KCN. In unserem Laboratorium wurde die teratogenetische Wirkung von HCN nachgeprüft. Um den Einwand HOLTFRETERs zu entkräften, wurden auf p_H 6,8 eingestellte HCN-Lösungen verwendet. Es zeigte sich, daß eine mehrstündige Behandlung von Triturus alpestris-Keimen mit 10^{-3} mol HCN-Lösungen im allgemeinen keinen höheren Prozentsatz an einer mißbildeten Larve hervorbringt als ein HCN-freies Kulturmedium als Kontrollversuch. *Eine kurzfristige starke Hemmung der Atmung genügt allein nicht, um zahlreiche Hypomorphosen zu erreichen.* Eine hohe Ausbeute an mißbildeten Larven erhält man, wenn man TIEDEMANN und TIEDEMANN[33] folgt, und Triturus alpestris-Eier unmittelbar nach der Befruchtung in eine nur $0{,}50$—$1{,}00 \times 10^{-4}$ mol, auf p_H 6,8 eingestellte HCN-Lösung einträgt. Unter diesen Bedingungen wird die Atmung auf 70—50% herabgesetzt und die Eier entwickeln sich mit progressiver Verzögerung bis zum Neurulastadium weiter; hier bleibt die Entwicklung stehen. Bringt man solche Keime in ein normales Kulturmedium zurück, so geht ein größerer Prozentsatz dieser Population in den beiden folgenden Tagen zugrunde; der Rest entwickelt sich weiter und zeigt ein breites Spektrum von Hypomorphosen, von völlig normalen

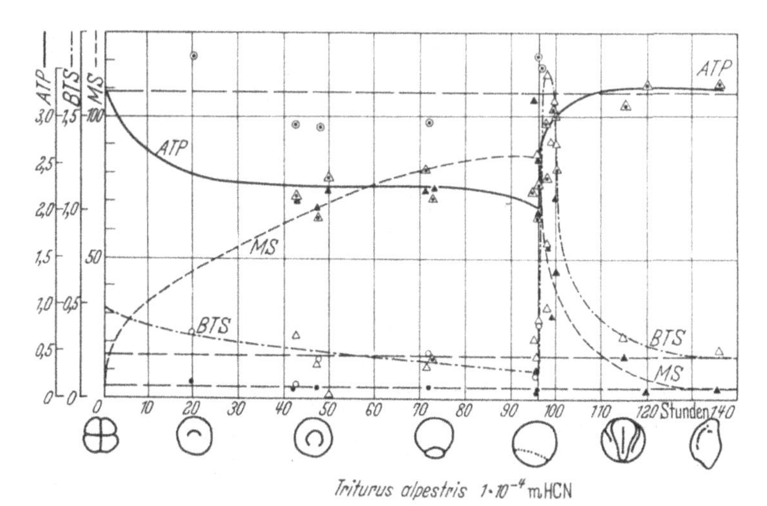

Abb. 4. Der Verlauf des Adenosintriphosphat (ATP)-, Brenztraubensäure (BTS)- und Milchsäure (MS)-gehaltes (in n Mol je Keim) von Triturus alpestris-Keimen auf dem Gastrulastadium nach mehrstündiger Behandlung mit einer $1{,}0 \times 10^{-4}$ m-HCN-Lösung und anschließender Erholung in HCN-freiem Wasser. Man beachte den hohen BTS-Gipfel kurz nach Beginn der Erholung und die anschließende Normalisierung des ATP-, BTS- und MS-Gehaltes. Analytische Methoden wie bei Abb. 2

Larven bis zu acephalen Kümmerformen. Eine Prüfung der stationären ATP- und Milchsäurekonzentration ergab, daß die ATP-Konzentration längere Zeit auf einem erniedrigten Niveau verbleibt und erst in der Phase des Entwicklungsstillstandes, steiler abfällt. Die stationäre Lactatkonzentration steigt zunächst an, fällt aber in der Endphase steil ab (Abb. 4). Die überlebenden Keime liefern nur dann in größerer Anzahl mißbildete Larven, wenn man die Neurulae *nicht früher als in dieser Endphase der Hypoxydose* in normales Kulturmedium überführt. Wir vermuten, daß erst ein völliger „Zusammenbruch" des Energiestoffwechsels *irreversible Veränderungen* im Keim setzt[38], die abgestuft nach ihrem Umfang zu einer progressiv fortschreitenden cranio-caudalen Reduktion des Zentralnervensystems führen, wobei sehr regelmäßig synophthalme und cyclopische Larven auftreten. Daß der *Umfang* der irreversibel geschädigten Region des Keimes *nicht sehr groß sein kann*, ergibt sich daraus, daß sich der Stoffwechsel nach Aufhebung dei Hyp-

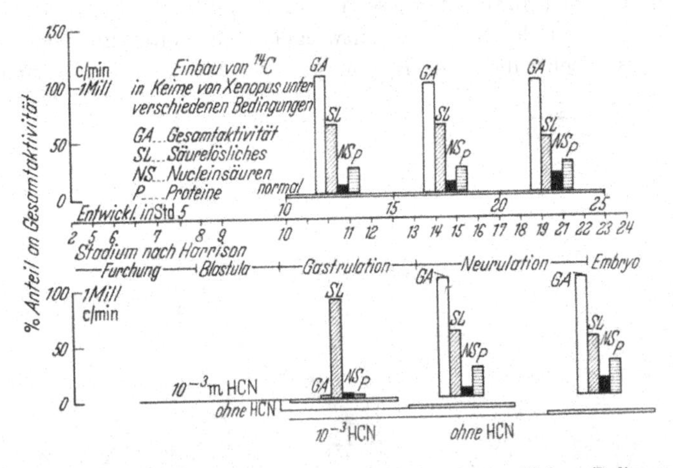

Abb. 5. Der Einbau von $^{14}CO_2$ im Keim von Xenopus laevis unter verschiedenen Bedingungen. Je 30 Keime wurden nach einer im Diagramm bezeichneten Vorbehandlung (normal, bzw. mit 10^{-3} m HCN, bzw. Erholung nach HCN-Behandlung) im kleinen Warburggefäß in normalem Kulturmedium oder in HCN-Lösung geschüttelt; der Gasraum enthielt Luft unter Zusatz von $^{14}CO_2$ (2×10^9 I.p.m.). Die Keime wurden gewaschen, mit Alkoholäther (3:1) und Äther behandelt, anschließend im Exsiccator getrocknet. Die Fraktionierung erfolgte mit 5%iger Trichloressigsäure. Die in der Kälte gewonnene Fraktion wird „Säurelösliches" (SL), nach 10minütiger Extraktion bei 90° C (Gesamtnucleinsäure" (NS), der sorgfältig mit Trichloressigsäure gewaschene Rückstand „Proteinfraktion" (P) genannt. AG bedeutet „Gesamtaktivität" der Trockensubstanz der Keime. Die Messung der Radioaktivität erfolgte mit dem Methandurchflußzähler FH 51 in Verbindung mit dem Strahlungsmeßgerät FH 49 von Frieseke & Hoepfner (Erlangen-Bruck) nach direkter Auftragung aliquoter Teile der Fraktionen auf Aluminiumschalen. Die Gesamtaktivität wird im I.p.m. pro mg Trockengewicht der Keime, die Aktivität der Fraktionen in Prozenten der Gesamtaktivität angegeben

oxydose sehr rasch normalisiert. Die ATP-Konzentration erreicht bald die Norm, die Lactatkonzentration sinkt langsamer ab, gelegentlich ist in den ersten Stunden der Erholung ein steiler, aber rasch wieder verschwindender Anstieg von Brenztraubensäure zu beobachten. Auch die Einbaurate von $^{14}CO_2$ in die Fraktionen der Nucleinsäuren und Proteine normalisiert sich rasch (Abb. 5).

Es ist schon seit etwa 70 Jahren bekannt, daß das erwähnte Muster der Hypomorphosen ganz unspezifisch ist; es kann, außer durch eine Atmungshemmung (Sauerstoffmangel, HCN), auch durch Kälte, Druck, Strahlung, Li-Jonen u. a. erreicht werden. Es muß betont werden, daß dieser Monotonie des Erscheinungsbildes der Hypomorphosen nicht immer eine Insuffizienz des Energiestoffwechsels zugrunde liegt. So üben Li-Jonen in einer Konzentration und Einwirkungsdauer, die einen hochgradig teratogenen Einfluß haben, keinen merklichen Einfluß auf die stationäre ATP-Konzentration der behandelten Keime aus (Abb. 6). Es mag sein, daß sowohl

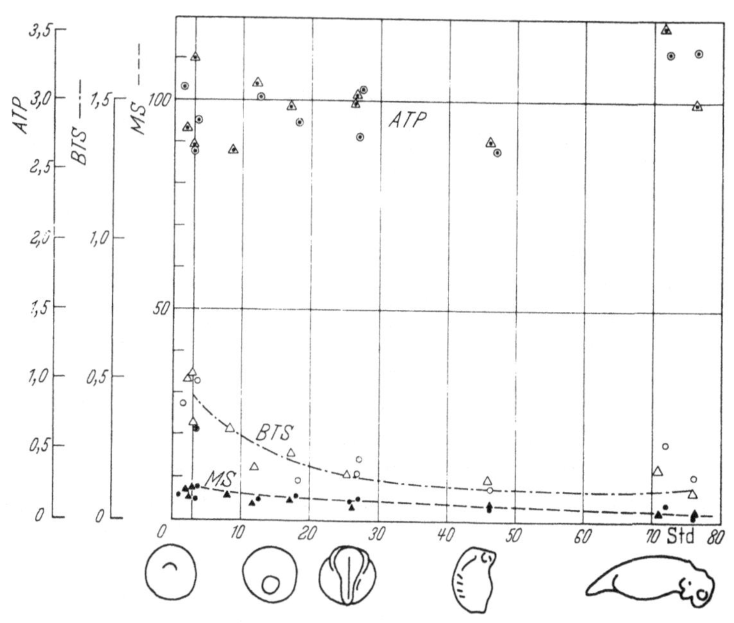

Abb. 6. Der Verlauf des Adenosintriphosphat (ATP)-, Brenztraubensäure (BTS)- und Milchsäure (MS)-gehaltes (in n Mol je Keim) von Triturus alpestris-Keimen nach 3stündiger Behandlung von jungen Gastrulae mit einer 0,55%igen LiCl-Lösung. Analytische Methoden wie bei Abb. 2

Energiemangel als auch ein verändertes Ionenmilieu auf verschiedenen Wegen schließlich die gleiche Störung der Zellfunktionen bewirken, nämlich eine *Quellung des Keimes* durch Störung des Wasserhaushaltes hervorgerufen, die direkt beobachtet werden kann[33,36]. Der junge Keim antwortet auf alle diese verschiedenen Einflüsse in gleicher Weise mit einer Unterentwicklung der neuralen Differenzierungen. Mit diesem Phänomen beschäftigt sich eine umfangreiche Literatur. Besonders eingehende Untersuchungen über die Morphologie und Genese der durch Sauerstoffmangel hervorgerufenen Mißbildungen haben in neuerer Zeit BÜCHNER und RÜBSAAMEN vorgelegt. Es fehlt auch nicht an Hypothesen über den primären entwicklungsphysiologischen Angriffspunkt der exogenen Faktoren, vor allem des Sauerstoffmangels. RÜBSAAMEN (1955)[39] hält die Hemmung des embryonalen Wachstums unter der Wirkung des Sauerstoffmangels für den Angelpunkt, da eine primäre Störung des Invaginationsprozesses der Gastrula die normalen Lageverhältnisse von Aktions- und Reaktionssystem verändert. Dadurch kommt der Spemannsche Organisator weder zeit- noch lagegerecht zur Wirkung. Auch eine direkte Schädigung des Aktionssystems könnte dessen induktive Minderleistung und dadurch eine ungenügende Entwicklung der Neuralanlage bewirken. Es wird dabei nicht an eine morphologisch faßbare Zellveränderung, sondern an die Schwächung eines biochemischen Prozesses gedacht, der das System der biologischen Eiweißsynthese betrifft. BÜCHNER (1956)[40] vertritt die Vorstellung, „daß durch Sauerstoffmangel von einigen Stunden die oxydativen Prozesse stark gehemmt und insbesondere die Synthesen von Ribonucleinsäure und Proteinen stark gestört werden, und daß in der nachfolgenden Entwicklungsphase die gesamten Synthesen und die ihnen nachfolgenden Strukturbildungsprozesse zu einem Teil nicht mehr aufgeholt werden können“ und „daß im weiteren Entwicklungsverlauf bestimmte Schritte der Strukturbildung nicht mehr vollzogen werden und phasenspezifische Mißbildungen entstehen“. Unsere Untersuchungen über den Energiestoffwechsel konnten bisher diese Auffassung nicht stützen, sondern machen vielmehr wahrscheinlich, daß bei Energiemangel ein Schaden gesetzt wird[38], der eng umschrieben und quantitativ so unbedeutend ist, daß er bei Stoffwechseluntersuchungen am ganzen Keim nicht deutlich genug in Erscheinung tritt. In z. Z. laufenden histologischen Untersuchungen an

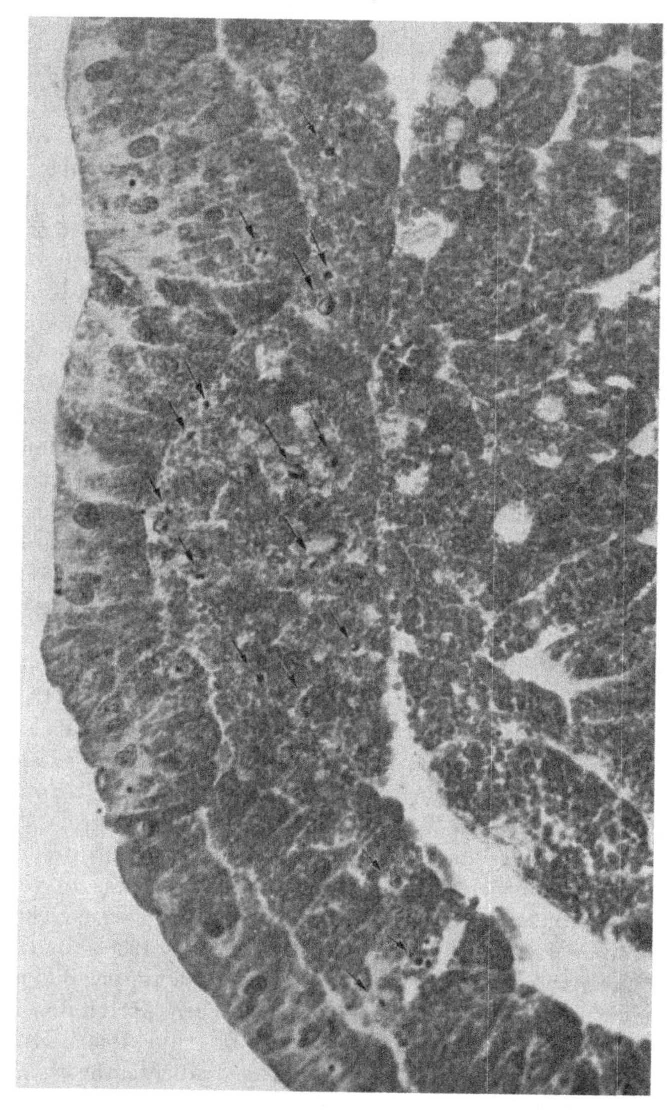

Abb. 7. Pyknosen im oberen Urdarmdach einer jungen Neurula von Triturus alpestris, die bis zum Entwicklungsstillstand in einer 0,5 × 10^{-4} m HCN-Lösung kultiviert wurde (DUSPIVA, unveröffentlicht)

Triturus-Keimen, die in 1,0 × 10^{-4} mol HCN-Lösung bis zum Entwicklungsstillstand im Neurulastadium kultiviert wurden, fielen disseminierte Pyknosen auf, die sich bei älteren Gastrulae und jungen Neurulae besonders häufig im vorderen Urdarmdach fanden, obgleich vereinzelte Pyknosen auch in der Neuralplatte und im Dotterentoderm zu sehen waren (Abb. 7). Gelegentlich treten im Urdarmdach auch größere zusammenhängende Herde nekrotischer Zellen auf, so auch unter dem präsumptiven Augenbezirk der Neuralplatte. Dieser Befund steht im Einklang mit der längst bekannten Tatsache, daß die vorderste Zone des Urdarmdaches durch verschiedene Einflüsse besonders leicht gestört werden kann, und daß eine ungenügende Entfaltung dieser Keimregion genügt, „um eine atypische Ordnung der formativ-induktiven Faktoren, die für die Topogenese des Hirnbereiches verantwortlich sind, herbeizuführen" (LEHMANN, 1945, S. 314)[41]. Es fehlt uns allerdings z. Z. noch der Nachweis, daß die Häufigkeit der Pyknosen im oberen Urmunddach und ihr Umfang mit der Häufigkeit der cranialen Hypomorphosen im Larvenstadium eng korreliert ist. Der Befund wirft aber die Frage auf, ob die marginale Region der Gastrula, die eine fundamental wichtige Rolle in der Morphogenese spielt, auch in ihren Stoffwechsel durch besondere Eigenschaften hervortritt.

4. Die chemische Basis der Entwicklung

Unter dem Einfluß der Gradiententheorie von CHILD (1907, 1941), welche *quantitative axiale Gefälle* einer physiologischen Aktivität für die maßgeblichen Kausalfaktoren hält, die den axialen Mustern der Differenzierung zugrunde liegen, erwartete man, in der Region der oberen Urmundlippe der jungen Gastrula das Zentrum eines allgemeinen physiologischen Gradienten anzutreffen. Es gelang aber in der Folgezeit nicht, diese Hypothese zu verifizieren. Obwohl anfangs über ermutigende Ergebnisse berichtet wurde (BRACHET, 1935; FISCHER u. HARTWIG, 1938; BARTH, 1939)[42], zeigten neuere Untersuchungen, wie vieldeutig das Bild ist, das man von der Verteilung der physiologischen Aktivitäten im Embryo gewinnt (vgl. SZE, 1953[15]; GREGG u. LØVTRUP, 1950[9]). Es sei darauf hingewiesen, daß die physiologische Gradiententheorie mit einer grundsätzlichen logischen Schwierigkeit behaftet ist. In der Biochemie der Entwicklung wird unter dem Begriff Gefälle die *quantitative Abstufung eines Faktors* (Enzymaktivität, Atmungsrate, Einbaurate der markierten Vorstufe eines Makromoleküls u.a.m.) längs einer Achse verstanden, während man in der Entwicklungsphysiologie unter „morphogenetischem Gefälle eine sich *qualitativ ändernde Unterschiedlichkeit* meint (Neuralplatte, Chorda, Mesoderm u.a.m.). Dieser Diskrepanz kann man dadurch nicht einfach aus dem Wege gehen, daß man die morphogenetischen Achsen als Gradienten auffaßt, die sich durch die Rate der aktuellen Proteinsynthese erfassen lassen (FLICKINGER, 1959)[43]. Der Gradient verliert dadurch nicht seinen qualitativen Charakter. Soweit wir heute informiert sind, beruht zwar jegliches differentielles Wachstum letztlich auf einer Synthese von Proteinen. Was aber biochemisch zu unterbauen gilt, ist nicht primär das Problem der Quantität, sondern das der *Qualität* der verschiedenen Proteine, die längs gewisser morphogenetischer Achsen ausdifferenziert werden und schließlich ein auch visuell erfaßbares Differenzierungsmuster, eben das der Zellstrukturen, liefern. Wenn man FLICKINGER folgt und die Einbaurate von $^{14}CO_2$ in die Proteinfraktion verschiedener Regionen des Keimes mißt und sie als *Maßstab für die Intensität der Proteinsynthese* wertet, so bekommt man mit dieser Methode an der Amphibiengastrula nichts anderes als die schon längst bekannten und bei allen derartigen quantitativen Messungen von Stoffwechselfaktoren auftretenden animal-vegetativen bzw. dorsoventralen Gradienten zu sehen. Wenn FLICKINGER zeigt, daß durch Chloramphenicolwirkung am regenerierenden Vorderende einer Planarie eine *Polarisationsumkehr* zu erzielen ist, hinsichtlich der Einbaurate von $^{14}CO_2$ in die Proteine des Tieres, und daß dann der Kopf nicht am amputierten Vorderende, sondern am ursprünglichen Hinterende des Tieres regeneriert wird, so hat er das *quantitative* des morphogenetischen Prozesses hinsichtlich der Eiweißsynthese zweifellos in der Hand. Das *Qualitative*, die Bildung eines Kopfes mit allen hierzu gehörigen Organen und Geweben, geht aus dem „Gradienten" der Proteinsynthese nicht unmittelbar hervor und bleibt ein Rätsel. Die Kernfrage ist hierbei, ob der morphologischen Differenzierung gleichzeitig auch eine chemische Differenzierung der Proteine vorausgeht. Heute kennt man 2 Methoden, um qualitative Veränderungen der Proteine zu erfassen: die Elektrophorese (FLICKINGER u. NACE 1952)[44]; SPIEGEL 1960)[45] und die serologische Technik (COOPER, 1942; SPAR, 1953; TEN CATE u. VAN DOORENMAALEN, 1950, FLICKINGER, LEVI u. SMITH, 1955; CLAYTON, 1953)[46]. Neue Antigene wurden auf dem Blastula- und Gastrulastadium und zwischen Neurula- und Schwanzknospenstadium gefunden. Aber für beide Methoden gilt, daß sie *nur für lösliche Proteine* anwendbar sind. SPIEGEL (1960)[45] fand bei Benutzung der Elektrophorese, daß die meisten Proteine, die man aus adulten Organen extrahieren kann, schon im unbefruchteten Ei nachweisbar sind. Es hat daher den Anschein, daß im Verlauf der Entwicklung manche Zellgruppen die Fähigkeit verlieren, das eine oder andere Protein zu bilden. Hand in Hand damit schreitet ihre morphologische Differenzierung fort. Unter diesem Aspekt würde *Differenzierung* mehr auf dem *Verlust* der Synthese bestimmter Proteine beruhen, als auf dem Gewinn der Fähigkeit, gewisse *neue* Proteine zu bilden. Es gibt heute schon mehrere Beispiele, die jene Auffassung stützen, z. B. die bekannte allmählich fortschreitende räumliche Einschränkung der Fähigkeit des Embryo Herzmuskel-Myosin zu bilden, bis sie schließlich nur den Zellen der beiden herzbildenden Regionen erhalten bleibt. Wie SPIEGEL betont, ist es aber heute noch ungewiß, ob die beobachteten Veränderungen im elektrophoretischen Muster nicht eben nur eine Veränderung in der Löslichkeit der Proteine bedeuten und nicht auf Änderungen bezüglich der Synthese dieser Eiweißkörper zurückgehen. Daß ein zuvor lösliches Protein auf einem bestimmten Entwicklungsstadium aus der löslichen Phase durch Einlagerung in geformte Zellkomponenten verschwinden kann, hat kürzlich SOLOMON, (1959)[32] an der Glutamatdehydrogenase wahrscheinlich gemacht. Welcher Prozeß hier tatsächlich eingreift ist heute noch gänzlich unbekannt. FLICKINGER (1959)[43] entwickelt die Vorstellung, daß die Differenzierung als eine Wechselwirkung zweier Variabler aufzufassen ist: a) der quantitativen Variation der Bedingungen zur Proteinsynthese und b) einer Art von Konkurrenz unter den verschiedenen proteinsynthetisierenden Mechanismen um Baustoffe und Cofaktoren. Die Freiheit der Konkurrenz sei aber eingeschränkt, da im Embryo eine sequentielle Hierarchie hinsichtlich des Erfolges in der Konkurrenz vorgegeben sei.

Die hohe Komplexität auch der elementarsten morphogenetischen Ereignisse bedingt, daß eine generelle Behandlung der Proteinsynthese ohne irgendwelche Details das Hauptproblem der Morphogenese nicht treffen kann.

Den älteren Arbeiten, die sich einer radioautographischen Technik bedienen, verdanken wir eine sehr wichtige Entdeckung: den Nachweis einer besonderen *Aktivität der Zellkerne* in jungen

Keimen, gleichgültig ob Glykokoll-2-^{14}C, DL-Methionin-^{35}S (SIRLIN u. WADDINGTON, 1954, SIRLIN, 1955)[47] oder Orotsäure—^{14}C (FICQ)[48] als Vorstufen gewählt wurden, immer zeigen die Zellkerne die höchste Aktivität. Wird $^{14}CO_2$ als Vorstufe verwendet, so findet man unter den Makromolekülen der Zellen die Nucleinsäuren und

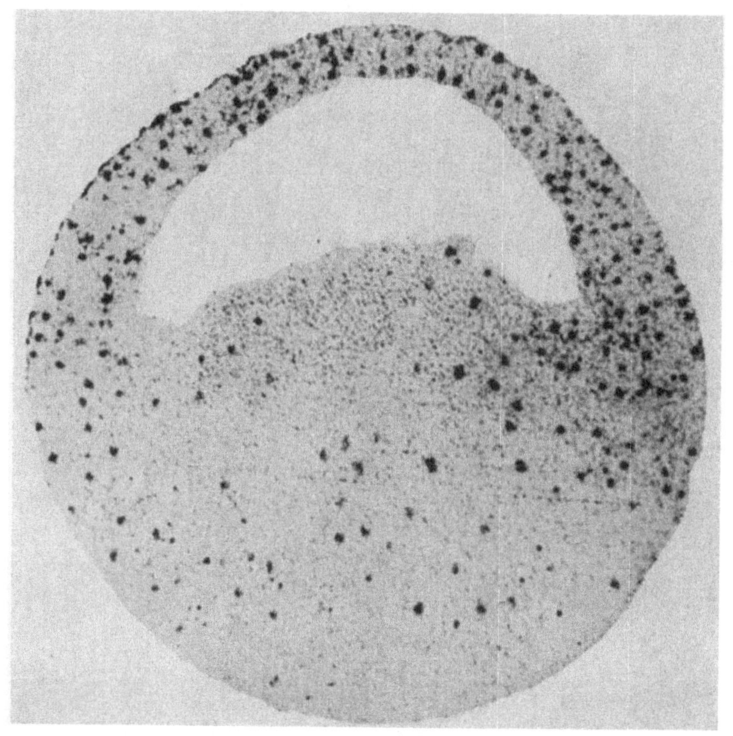

Abb. 8. Radioautogramm eines 3 μ dicken ungefärbten Transversalschnittes durch eine sehr junge Gastrula von Xenopus laevis nach 3stündiger Inkubation in $^{14}CO_2$-haltigem Kulturmedium. Man beachte die hohe Aktivität der Zellkerne (DUSPIVA u. WILLER, unveröffentlicht)

Proteine des Zellkernes und nicht die des Plasmas am stärksten markiert (TENCER, 1958)[49]. Nun erscheinen die Gradienten der Proteinsynthese (FLICKINGER, 1954[29], 1959[43]) in einem neuen Licht, denn die Region der jungen Gastrula mit der höchsten Einbaurate von ^{14}C in die Proteinfraktion (präsumptives Neurektoderm), enthält mehr Zellkerne und hat eine *höhere* Mitoserate als die übrigen

Areale des Keims. Unter diesem Aspekt erscheinen die Gradienten der jungen Gastrula als quantitative Abstufungen von stoffwechselaktivem Zellkernmaterial (Abb. 8, 9). Aber schon von der späten Gastrula an treten zwischen den Zellkernen verschiedener Regionen

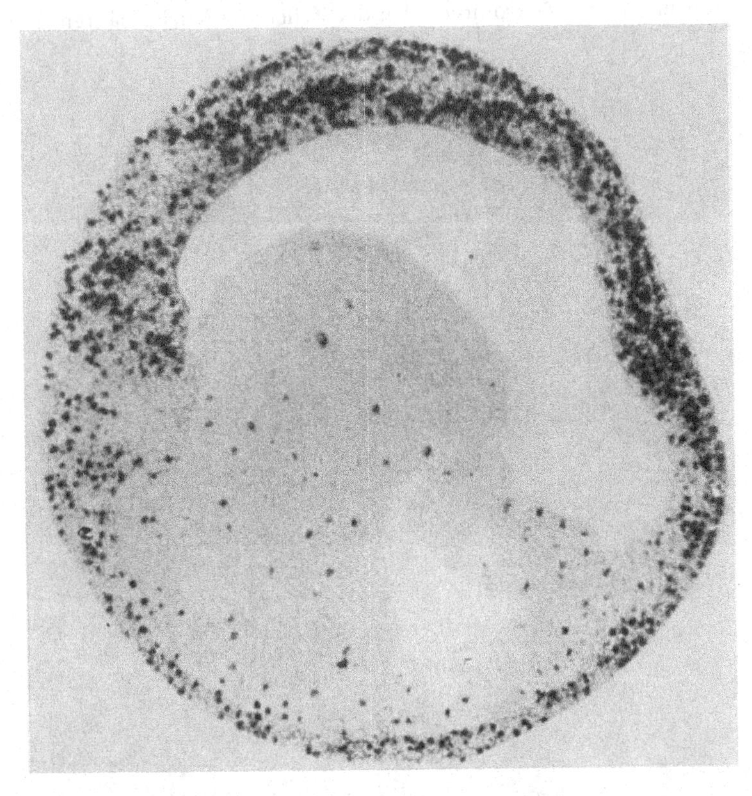

Abb. 9. Radioautogramm eines 3μ dicken ungefärbten Transversalschnittes durch eine ältere Gastrula von Xenopus laevis nach 3stündiger Inkubation in $^{14}CO_2$-haltigem Kulturmedium. Man beachte, daß neben einer hohen Aktivität der Zellkerne auch das Cytoplasma der Neuroektodermzellen Radioaktivität zeigt (DUSPIVA u. WILLER, unveröffentlicht)

des Keimes größere Aktivitätsunterschiede auf, auch weisen erstmalig die Makromoleküle des Cytoplasmas (Proteine und Nucleinsäuren) eine höhere Aktivität auf, ein Zeichen, daß zu Beginn der Neurulation die Neusynthese von Plasma-Proteinen und Nucleinsäuren meßbar und regionalspezifisch einsetzt. Dieser Befund steht in guter Übereinstimmung mit analytischen Untersuchungen, die zeigten, daß die DNS- und RNS-Menge im Keim von der Befruchtung bis zur Gastrulation nahezu konstant bleibt, um kurz vor Neurulationsbeginn steil anzusteigen (KRUGELIS, NICHOLAS u. VOSGIAN, 1952; CHEN, 1960; ZELLER, 1956)[50]. Die gut fundierten, bisher erhobenen biochemischen Befunde erscheinen also nicht als Ursachen, sondern lediglich als Symptome einer Differenzierung des Keimes und legen nahe, daß das primäre Ereignis ganz anderer Natur sein muß.

Ich muß am Schluß meines Referates gestehen, daß das Problem der chemischen Basis der Entwicklung noch offen ist. Das befruchtete Ei ist mit einem Satz von Genen ausgestattet, sowie mit einem komplizierten, aber noch labilen Muster von Stoffwechselaktivitäten. Während der Frühentwicklung fällt der Zellkern durch eine besonders hohe Aktivität im Stoffwechsel auf. Da der Zellkern dotterfrei ist, das Zellplasma junger Keime aber zum größten Teil aus Dotter besteht, geben die Radioautogramme ein sehr spezielles Bild von der Aktivitätsteilung zwischen Kern und Plasma, das sich nicht ohne weiteres mit dem adulter Zellen vergleichen läßt. Während der Furchung findet eine enorme Vermehrung von Zellkernen statt. Die neugebildeten Kerne gelangen in Plasmaregionen von unterschiedlicher Zusammensetzung (animal-vegetativer und dorso-ventraler Verteilungsgradient). Nun setzt wahrscheinlich eine Wechselwirkung zwischen Plasma und Kern ein, die man nicht genauer kennt. Die bekannten Versuche von KING und BRIGGS[51] zeigen, daß manche Zellkerne der älteren Gastrula den Eikern biologisch nicht mehr vertreten können; man kann sie als differenziert auffassen. Auch Radiogramme zeigen, daß die Zellkerne der älteren Gastrula sich untereinander in der Einbaurate markierter Vorstufen von Makromolekülen unterscheiden. In diesem Entwicklungsstadium synthetisieren die Zellkerne erstmalig RNS: Nach Gaben von Uridin-^{3}H wird nicht nur — wie bisher — die DNS der Zellkerne radioaktiv, sondern auch die RNS (BIELIAVSKY u. TENCER)[52]. In der älteren Gastrula greifen die Kerne — wie schon lange bekannt — erstmalig aktiv in die Proteinsynthese der Zellen und in den Vorgang der Differenzierung des Keimes ein. Ganz auf Hypothesen ist man angewiesen, wenn man die Frage stellt, wie die *qualitativen* Unterschiede im Keim entstehen. Die von MARKERT[53] vertretene Hypothese von der Bildung „funktioneller Gene" im Verlauf der Entwicklung hat den Vorzug, durch die Entdeckung funktioneller Differenzierungen am Chromosom (BEERMANN)[54a] und histochemischen Beobachtungen an Zellkernen (ALFERT)[54] gestützt zu werden. Unklar ist noch die Rolle der embryonalen Induktion in diesem Zusammenhang.

Ein besonderes Interesse beanspruchen alle Befunde über spezifische Reaktionen engumschriebener Regionen des Keimes. Lange bekannt ist der markante *Glykogenverbrauch* der um die obere Urmundlippe der Gastrula einrollenden Zellen des präsumptiven Chorda-Mesoderms. Überzeugende Versuche haben den Beweis geliefert, daß der Glykogenschwund mit der Invaginationsbewegung in enger Korrelation steht (HEATLEY, 1935; HEATLEY u. LINDAHL, 1937; JAEGER, 1945)[55]. Ferner möchte ich die Beobachtung von SIRLIN (1959)[56] erwähnen, daß allein die Zellkerne der präsumptiven Urmundregion markiert erscheinen, wenn man der jungen Gastrula Orotsäure-^{14}C gibt. Solche Beobachtungen deuten auf einen spezifischen Stoffwechsel des Organisators, der wahrscheinlich mit seiner Leistung bei der Induktion in Zusammenhang steht. Vielleicht wird sich später einmal die bekannte Empfindlichkeit des oberen Urdarmdaches während einer Hypoxydose und auch andersartigen Belastung auf diesem Wege aufklären lassen.

Literatur

1 LØVTRUP, S.: Compt. rend. trav. lab. Carlsberg, Sér. chim. **29**, 261 (1955).
2 WALLACE, R. A.: Develop. Biol. **3**, 486 (1961).
3 ZEBE, E.: Bisher unveröffentlicht.
4 GREGG, J. R., and R. BALLENTINE: J. Exper. Zool. **103**, 143 (1946).
LØVTRUP, S.: Compt. rend. trav. lab. Carlsberg, Sér. chim. **28**, 400 (1953).
5 HOLTER, H.: Pubbl. staz. zool. Napoli **21** (Suppl.), 60 (1949).
6 KUTZKY, P. B.: J. Exper. Zool. **115**, 429 (1950).
ROUNDS, D. E., and R. A. FLICKINGER: J. Exp. Zool. **137**, 479 (1958).
DEUCHAR, E. M.: J. Embryol. Exp. Morphol. **6**, 223 (1958).
7 BOELL, E. J.: Ann. N. Y. Acad. Sci. **49**, 773 (1948).
MOOG, F.: Ann. N. Y. Acad. Sci. **55**, 57 (1952).
WALLACE, R. A.: Develop. Biol. **3**, 486 (1961).
8 MARKERT, C. L., and F. MØLLER: Proc. Natl. Acad. Sci. U. S. **45**, 753 (1959).
9 BARTH, L. G.: Proc. Soc. Exptl. Biol. Med. **42**, 744 (1939).
Physiol. Zool. **15**, 30 (1942).
GREGG, J. R., og S. LØVTRUP: Compt. rend. trav. lab. Carlsberg, Sér. chim. **27**, 307 (1950).
SZE, L. C.: Physiol. Zoöl. **26**, 212 (1953).
BARTH, L. G., and L. C. SZE: Physiol. Zoöl. **26**, 205 (1953).
NEEDHAM, J., V. ROGERS and S. C. SHEN: Proc. Roy. Soc. (London) B **127**, 576 (1939).

[10] TAKATA, K.: Biol. Bull. **105**, 348 (1953).
[11] HEATLEY, N. G., u. P. E. LINDAHL: Proc. Roy. Soc. (London) B **122**, 395 (1937).
[12] FUJII, T., S. UTIDA, T. OHIRISHI and Y. YANAGISAWA: Annot. zool. jap. **24**, 115 (1951).
[13] D'AMELIO, V., u. M. P. CEAS: Experientia **13**, 152 (1957).
DEUCHAR, E. M.: J. Embryol. Exp. Morphol. **6**, 223 (1958).
[14] GREGG, J. R., u. R. BALLENTINE: J. Exp. Zool. **103**, 143 (1946).
[15] SZE, L. C.: Physiol. Zoöl. **26**, 212 (1953).
[16] DUSPIVA, F.: Biol. Zentr. **62**, 403 (1942).
[17] HOLTER, H.: J. Cellular. Comp. Physiol. **8**, 179 (1936).
HOLTER, H., and M. J. KOPAC: J. Cellular Comp. Physiol. **10**, 423 (1937).
HOLTER, H., og S. LØVTRUP: Compt. rend. trav. lab. Carlsberg. Sér. chim. **27**, 27 (1949).
[18] LINDAHL, P. E., och Å. LENNERSTRAND: Arkiv Kemi B, **15** 13 (1942).
[19] BRACHET, J.: Biochemical Cytology. New York 1957.
[20] KARASAKI, S.: Embryologia (Nagoya) **4**, 247 (1959).
[21] GROSS, P. R., and L. J. GILBERT: Trans. N. Y. Acad. Sci. Ser. 2, **19**, 108 (1956).
[22] HARRIS, D. L.: J. Biol. Chem. **165**, 541 (1946).
[23] FLICKINGER, R. A.: J. Exp. Zool. **131**, 307 (1956).
[24] NASS, S.: Trans. N. Y. Acad. Sci., Ser. 2, **19**, 118 (1956).
[25] ROUNDS, D. E., and R. A. FLICKINGER: J. Exp. Zool. **137**, 479 (1958).
[26] VAHS, W.: Wilhelm Roux'Arch. Entwicklungsmech. Organ. **153**, 504 (1962).
[27] TAKATA, K., and ONO: Zit. bei T. YAMADA in M. ABERCROMBIE u. J. BRACHET „Advances in Morphogenesis". Vol. 1 (1961).
[28] ENGLARD, S., L. SIEGEL and H. H. BREIGER: Biochem. Biophys. Research Commun. **3**, 323 (1960).
DELBRÜCK, A., E. ZEBE u. TH.BÜCHER: Biochem. Z. **331**, 273 (1959).
[29] COHEN, ST.: J. Biol. Chem. **211**, 337 (1954).
FLICKINGER, R. A.: Exp. Cell Research **6**, 172 (1954).
[30] EAKIN, R. M., u. F. E. LEHMANN: Wilhelm Roux'Arch. Entwicklungsmech. Organ. **150**, 177 (1957).
[31] BOELL, E. J., u. R. WEBER: Exp. Cell Research **9**, 559 (1955).
[31a] WEBER, R., u. E. J. BOELL: Develop. Biol. **4**, 452 (1962)
[32] SOLOMON, J. B.: Develop. Biol. **1**, 182 (1959).
[33] TIEDEMANN, H., u. H. TIEDEMANN: Z. Naturf. **9**b, 371 (1954);
TIEDEMANN, H.: Z. Naturf. **9**b, 801 (1954);
TIEDEMANN, H., u. H. TIEDEMANN: Z. Naturf. **11**b, 666 (1956).
[34] COHEN, A. J.: Physiol. Zool. **27**, 128 (1954). J. Embryol. Exp. Morphol. **3**. 77 (1955),
[35] MOOG, F.: J. Cellular Comp. Physiol. **23**, 133 (1944).
BARNES, M. R.: J. Exp. Zool. **95**, 399 (1944).
TUFT, P.: Arch. neérl. zool. Suppl. **1**, 59 (1953).
[36] BELLAMY, A. W.: Biol. Bull. **37**, 312 (1919).

[37] HOLTFRETER, J.: J. Exp. Zool. **93**, 251 (1943).

[38] DUSPIVA, F.: Zool. Anz. 25. Suppl., Verhdlg. d. Dtsch. Zool. Ges., Saarbrücken 1961.

[39] RÜBSAAMEN, H.: Wilhelm Roux'Arch. Entwicklungsmech. Organ. **143**, 593 (1949); **143**, 615 (1949); **144**, 301 (1950).

[40] BÜCHNER, F.: Klin. Wschr. **34**, 777 (1956); Die Pathologie der cellulären und geweblichen Oxydationen. Die Hypoxydosen. Hdb. der Allgem. Pathologie. 4. Bd., 2. Teil, 569. Berlin-Göttingen-Heidelberg: Springer 1957.

[41] LEHMANN, F. E.: Einführung in die physiologische Embryologie. Basel 1945.

[42] BRACHET, J.: Arch. biol. (Liége) **46**, 25 (1935).
FISCHER, F. G., u. H. HARTWIG: Biol. Zentr. **58**, 567 (1938).
BARTH, L. G.: Physiol. Zoöl. **12**, 22 (1939).

[43] FLICKINGER, R. A.: Growth **23**, 251 (1959).

[44] FLICKINGER, R. A., u. G. W. NACE: Exp. Cell Research **3**, 393 (1952).

[45] SPIEGEL, M.: Biol. Bull. **118**, 451 (1960).

[46] COOPER, R. S.: J. Exp. Zool. **107**, 397 (1948).
SPAR, J.: J. Exp. Zool. **123**, 467 (1953).
TEN CATE, G., u. W. S. VAN DOORENMAALEN: Kon. Med. Akad. Wetenschap. **53**, 894 (1950).
FLICKINGER, R. A. E., E. LEVI and A. E. SMITH: Physiol. Zoöl. **28**, 79 (1955).
CLAYTON, R. M.: J. Embryol. Exp. Morphol. **1**, 25 (1953).

[47] SIRLIN, J. L., u. C. H. WADDINGTON: Nature **174**, 309 (1954).
SIRLIN, J. L.: Experientia **11**, 112 (1955).

[48] FICQ, A.: Experientia **10**, 20 (1954).

[49] TENCER, R.: J. Embryol. Exp. Morphol. **6**, 117 (1958).

[50] KRUGELIS, E. J., J. S. NICHOLAS u. M. E. VOSGIAN: J. Exp. Zool. **121**, 489 (1952).
CHEN, P. S.: Exp. Cell Research **21**, 523 (1960).
ZELLER, C.: Wilhelm Roux'Arch. Entwicklungsmech. Organ. **148**, 311 (1956).

[51] KING, T. J., and R. BRIGGS: Proc. Natl. Acad. Sci. U. S. **41**, 321 (1955).

[52] BIELIAVSKY, N., u. H. TENCER: Exper. Cell Res. **21**, 279 (1960); Nature **185**, 401 (1960).

[53] MARKERT, C. L.: In W. D. MC ELROY and B. GLASS: A Symposium on the chemical basis of development. Baltimore 1958.

[54] ALFERT, M.: In 9. Coll. d. Ges. f. physiol. Chem. in Mosbach, Berlin-Göttingen-Heidelberg: Springer 1959.

[54a] BEERMANN, W.: Zool. Anz. 25. Suppl., Verhdl. d. Dtsch. Zool. Ges., Saarbrücken 1961.

[55] HEATLEY, N. G.: Biochem. J. **29**, 5268 (1955).
HEATLEY, N. G., u. P. E. LINDAHL: Proc. Roy. Soc. (London) B **122**, 395 (1937).
JAEGER, L.: J. Cellular Comp. Physiol. **25**, 97 (1945).

[56] SIRLIN, J. L.: Exp. Cell Research **18**, 598 (1959).

Zur Biochemie der Rückbildung von larvalen Organen während der Metamorphose bei Amphibien*

(Diskussionsbeitrag zum Vortrag von Prof. Dr. F. Duspiva, Heidelberg)

Von

Rudolf Weber

Abteilung für Zellbiologie des Zoologischen Instituts der Universität Bern/Schw.

Mit 5 Abbildungen

Im Amphibienkeim kommt es während der Entwicklung infolge der Umwandlung von Dottermaterial in funktionelle Strukturen des Cytoplasmas zu einer ausgeprägten Überlagerung von Abbau- und Aufbauprozessen; die Zuordnung von biochemischen Vorgängen zu bestimmten Erscheinungen der Morphogenese ist deshalb oft recht schwierig. Im Gegensatz dazu bietet die Untersuchung der larvalen Entwicklung gewisse Vorteile. Zunächst zeigen die sog. larvalen Organe, z. B. der Schwanz der Kaulquappe, eine deutliche Wachstumsphase, welche erst während der Metamorphose durch eine Phase der Geweberückbildung abgelöst wird. Am Modell der larvalen Gewebe sollte es daher möglich sein, die besonderen biochemischen Bedingungen für spezifische morphogenetische Erscheinungen, d. h. für das Wachstum und die Rückbildung der Gewebe, eindeutig zu erfassen. Von Bedeutung ist ferner die Tatsache, daß die Metamorphosereaktion durch Schilddrüsenhormone ausgelöst werden kann, womit auch die Möglichkeit gegeben ist, die hormonale Beeinflussung der biochemischen Vorgänge im larvalen Gewebe kausal zu erforschen.

Im folgenden möchte ich einige Befunde über die Rückbildung des Schwanzes von metamorphosierenden Krallenfroschlarven

* Ausgeführt mit Unterstützung des Schweizerischen Nationalfonds zur Förderung der wissenschaftlichen Forschung.

(*Xenopus laevis* Daud.) zusammenfassen und damit zu zeigen versuchen, daß die Metamorphosereaktion mit charakteristischen biochemischen Veränderungen im Gewebe einhergeht, und daß diese eine enge Beziehung zur Hormonwirkung erkennen lassen.

Biochemische Kennzeichen der Schwanzreduktion bei spontaner Metamorphose

Von den bisher untersuchten Fermenten fanden wir für die Kathepsine[1,2] und die saure Phosphatase[3] eine starke Zunahme der Aktivität im regredierenden Schwanzgewebe. Sie übertrifft

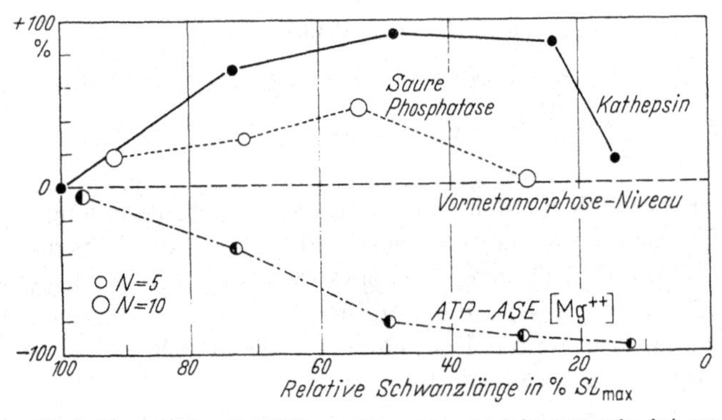

Abb. 1: Veränderungen der Aktivität von Fermenten im Schwanzgewebe bei spontaner Metamorphose. Ordinate: Relative Zunahme oder Abnahme der Aktivität je Schwanz, bezogen auf das mittlere Aktivitätsniveau von metamorphosebreiten Larven (= 100%). Abszisse: Relative Schwanzlänge zur Kennzeichnung der Metamorphosestadien in Prozent der bei Eintritt der Metamorphose gemessenen Schwanzlänge (SL_{max} = 100%). Einzelwerte für bestimmte Intervalle zusammengefaßt; ihre Zahl ist proportional den dargestellten Kreisflächen

den Stickstoffverlust beträchtlich, so daß die Gesamtaktivität je Schwanz das Niveau der metamorphosebereiten Larven am Ende der Wachstumsperiode erheblich überschreitet (Abb. 1). Ähnlich verhält sich die saure Desoxyribonuclease[4]. Es ist daher anzunehmen, daß im regredierenden Schwanzgewebe entweder die Synthese dieser Fermente noch einige Zeit weiterläuft oder aber ihre Aktivität vermutlich infolge einer selektiven Proteolyse nicht beeinträchtigt wird. Auf Grund dieses Verhaltens möchten wir die Kathepsine, die saure Phosphatase und die saure Desoxyribonuclease als *katabolische Fermente* bezeichnen. Diese dürften beim Gewebeabbau (Histolyse) eine wichtige Rolle spielen.

Für eine solche Deutung sprechen Befunde, wonach die Rückbildung von embryonalen Organanlagen mit der Aktivierung derselben Fermentsysteme einhergeht. So fanden BRACHET u. Mitarb.[5] im Gewebe der Müllerschen Gänge oder Eileiter des Hühnchenembryos während der Rückbildung eine beträchtliche Zunahme der Aktivität von Kathepsinen, saurer Phosphatase und saurer Ribonuclease. Die Parallele zum Metamorphosegeschehen wird noch eindrücklicher, wenn man berücksichtigt, daß die Rückbildung dieser Organanlagen „in vitro“ durch Testosteron mit ähnlichen biochemischen Begleiterscheinungen erzeugt werden kann[6].

Falls die Aktivitätszunahme der katabolischen Fermente für die Histolyse charakteristisch ist, so müßte man postulieren, daß die Fermentsysteme der biologischen Energiegewinnung während der Wachstumsperiode ihre höchste Aktivität entfalten. Wir haben zunächst einmal die Aktivität der Mg^{++}-abhängigen ATPase untersucht; ihre Beteiligung an der Synthese von ATP[7] wird zwar vermutet, ist jedoch noch nicht streng bewiesen. Immerhin fanden wir für dieses Fermentsystem, im Gegensatz zu den katabolischen Fermenten, einen markanten Abfall der Aktivität im metamorphosierenden Schwanzgewebe, was auf das Erlöschen der ATP-synthese hindeuten könnte. Vorläufige Ergebnisse über den Gehalt an freien Adenosinphosphaten[8] stützen diese Annahme (Tab. 1).

Tabelle 1. *Freie Adenosinphosphate im Schwanzgewebe*

Nucleotid	Gehalt in metamorphosierenden Schwänzen in Prozent der Wachstumsstadien
ATP	31
ADP	38
AMP	100

Bezogen auf die gleiche Menge Schwanzgewebe ist der Gehalt an ATP und ADP im metamorphosierenden Schwanz um etwa 60% herabgesetzt, während für AMP gegenüber der Wachstumsphase kaum eine Veränderung nachzuweisen ist.

Die Rückbildung des larvalen Schwanzes läßt sich demnach biochemisch wie folgt kennzeichnen: Die Aktivierung der katabolischen Fermente geht parallel mit einer Inaktivierung der chemischen Energiegewinnung.

Proteinverlust und Aktivierung der Kathepsine in isolierten Schwanzspitzen bei induzierter Metamorphose

Im Zusammenhang mit der beim Schwanzabbau beobachteten Aktivitätszunahme der katabolischen Fermente, insbesondere der Kathepsine, stellt sich die Frage, ob diese durch die Anreicherung von Leukocyten[9] zustande kommt oder, ob es sich um eine endogene Reaktion des Schwanzgewebes handelt. Dazu möchte ich

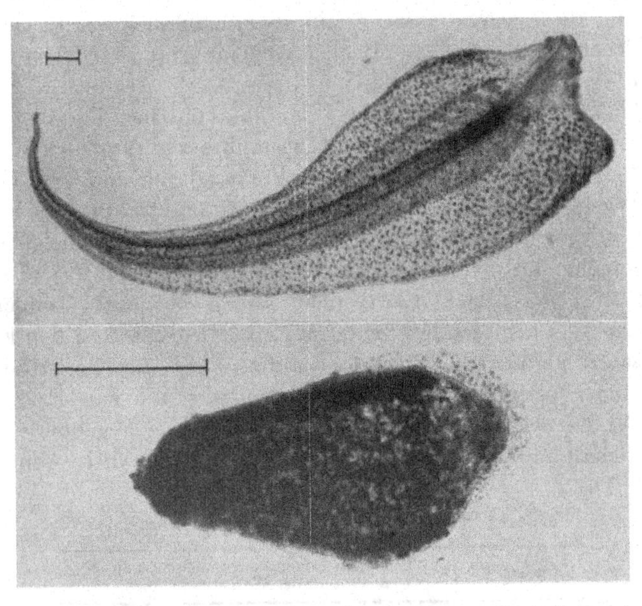

Abb. 2. Induzierte Metamorphose in isolierten Schwanzspitzen. *a* Kontrollspitze; *b* metamorphosierende Spitze nach elftägiger Behandlung mit L-Thyroxin (1 : 5 M) bildet eine mit Melaninkörnern gefüllte Epidermiskugel. Vergleichsstrecken je 0,5 mm

unsere neuesten Befunde an isolierten Schwanzspitzen von *Xenopus*larven anführen. Amputierte Schwanzspitzen von 12 mm Länge können trotz fehlender Blutversorgung ohne Schwierigkeiten in Holtfreter-Lösung mit 0,05% Sulfothiazol (Geigy) gehalten werden. Zugabe von L-Thyroxin (Roche) in Konzentrationen von 1:1—1:5 M bewirkt nach einer *Latenzzeit* von etwa 3—5 Tagen eine typische Metamorphosereaktion (Abb. 2)[10]. An diesem Modell konnten wir bisher die folgenden biochemischen Befunde erheben: Isolierte Schwanzspitzen verlieren im N-freien Kulturmedium N-haltige Verbindungen; der spontane Verlust an Totalstickstoff, bezogen auf die frisch amputierten Spitzen, beträgt etwa 40%. Thyroxin bewirkt eine zusätzliche Abnahme des Totalstickstoffs, und zwar erscheint dieser Vorgang bei höherer Thyroxinkonzentration beschleunigt. Nach neun Tagen Behandlung beträgt der Gehalt an Totalstickstoff von „*in vitro*" metamorphosierenden Schwanzspitzen noch etwa 20% der entsprechenden Kontrollspitzen (Abb. 3). Dazu paßt nun das Verhalten der Kathepsine. In den Kontrollspitzen ändert sich die Aktivität, von einer geringen Aktivierung abgesehen, im Verlauf des Versuches unwesentlich. Die behandelten Spitzen reagieren auf Thyroxin mit einer erheblichen Zunahme der katheptischen Aktivität, wobei auch hier eine Latenzphase vorausgeht (Abb. 4). Die für die Gesamtaktivität je Schwanzspitze errechneten Werte (Abb. 5) zeigen, daß die Zunahme der Kathepsinaktivität nicht allein auf den Verlust von Totalstickstoff zurückgeführt werden kann.

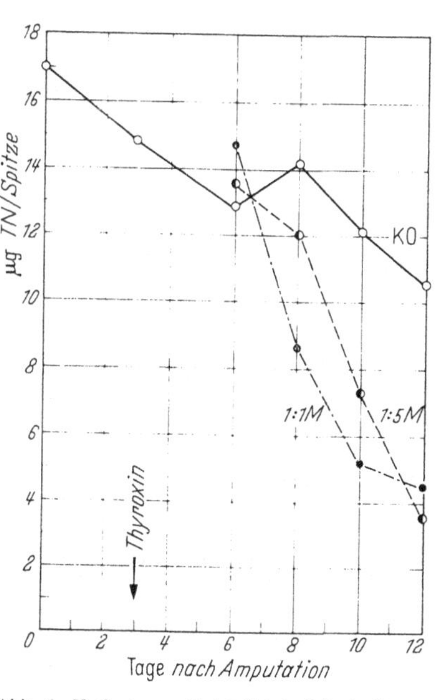

Abb. 3. Verlust von Totalstickstoff in isolierten Schwanzspitzen. Mittelwerte aus drei Einzelbestimmungen. *Ko* = Kontrollspitzen, Pfeil bedeutet Beginn der Thyroxinbehandlung mit 1 : 1 bzw. 1 : 5 M.

Wir schließen aus diesen ersten Befunden, daß die *Proteolyse* eine *spezifische Reaktion* des *larvalen Schwanzgewebes* auf die *Hormonwirkung* darstellt. Da in der isolierten Schwanzspitze eine Zuwanderung von Leukocyten ausgeschlossen ist, müssen wir für die Aktivierung der Kathepsine eine endogene Gewebereaktion annehmen.

Die gute Übereinstimmung der biochemischen Befunde bei spontaner Metamorphose des intakten Schwanzes und bei induzierter Metamorphose am isolierten Schwanzgewebe erscheint uns bemerkenswert. Durch weitere Untersuchungen an diesem einfachen morphogenetischen Modell versuchen wir nun, die Folge der Reaktionen von der Hormonwirkung bis zu den ersten biochemischen Veränderungen genauer abzuklären. Damit wächst die Fragestellung der biochemischen Metamorphoseforschung über den Rahmen des Speziellen hinaus und führt zum Kernproblem der hormonalen Regulation des Zellstoffwechsels.

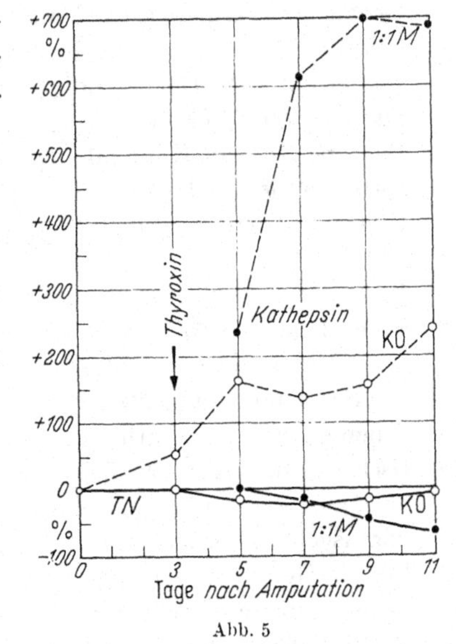

Abb. 4

Abb. 5

Abb. 4. Aktivierung der Kathepsine in isolierten Schwanzspitzen. Spezifische Aktivität bestimmt an Homogenaten von 5—10 Schwanzspitzen. Übrige Legenden wie Abb. 3

Abb. 5. Vergleich von Totalstickstoff und Kathepsinaktivität in isolierten Schwanzspitzen. Oben: Relative Zunahme der Gesamtaktivität je Schwanz, bezogen auf die frisch amputierte Spitze = 100%. Unten: Relative Abnahme des Gesamtstickstoffs (TN) bezogen auf die frisch amputierte Spitze = 100%. Aus Homogenaten errechnete Werte. Übrige Legenden wie Abb. 3

Literatur

[1] WEBER, R.: Experientia (Basel) **13**, 153 (1957a).
[2] WEBER, R.: Rev. suisse Zool. **64**, 326 (1957b).
[3] WEBER, R., u. B. NIEHUS: Helv. physiol. pharmacol. Acta **19**, 103 (1961).
[4] COLEMAN, J. R.: pers. Mitteilung.
[5] BRACHET, J., M. DECROLY-BRIERS et J. HOYEZ: Bull. Soc. Chim. biol. (Paris) **40**, 2039 (1958).
[6] WOLFF, E.: Experientia (Basel) **9**, 121 (1953).
[7] NIEHUS, R., u. R. WEBER: Helv. physiol. pharmacol. Acta **19**, 344 (1961)
[8] WEBER, R., u. E. SCHMID: unveröffentlichte Befunde.
[9] NEEDHAM, J.: Biochemistry and Morphogenesis. Cambridge Univ. Press. 1950.
[10] WEBER, R.: Experientia (Basel) **18**, 84 (1962).

Diskussion zu den Vorträgen TIEDEMANN und DUSPIVA

Diskussionsleiter: SCHÜTTE, *Berlin*

SCHÜTTE: Wir danken den Herren TIEDEMANN und DUSPIVA für ihre inhaltsreichen Vorträge und interessanten Ausführungen. Ich eröffne die Diskussion und bitte um Wortmeldung zunächst zum Vortrag von Herrn TIEDEMANN.

KARLSON (München): Darf ich gleich eine ganz kleine Bemerkung machen? Herr TIEDEMANN, Sie hatten eine Theorie entwickelt und ein Bild dazu gezeigt, in dem die Wechselwirkung, das relative Verhältnis von zwei Faktoren, einem neuralen und einem mesodermalen, ausschlaggebend sein sollten für die Differenzierungs- und Induktionsleistung. Ähnliche Hypothesen hat man ja früher aufgestellt für das Zusammenwirken von Häutungshormon und Juvenilhormonen bei der Insektenentwicklung. Wir kommen jetzt langsam wieder davon ab. Es sieht nicht so aus, als ob die Zelle auf quantitative Abstufung von zwei Faktoren reagieren würde. Und ich möchte von den Erfahrungen bei Insekten da etwas Bedenken anmelden.

TIEDEMANN: Es ist natürlich fraglich, ob die beiden Faktoren gleichzeitig auf ein und dieselbe Zelle einwirken. Ich könnte mir vorstellen, daß unter dem Einfluß eines bestimmten Musters von Induktionsstoffen Organanlagen entstehen, die sekundär in Wechselwirkung treten. So könnten unter dem Einfluß des mesodermalen Faktors entstehende Anlagen für Kopfmesenchym und Kopfmuskulatur vielleicht bewirken, daß aus dem neuralen Teil der Induktion ein Hinterhirn wird. Sicher sind es sehr komplizierte und biochemisch heute noch nicht verständliche Vorgänge, welche sekundär in die harmonische Gliederung und Segregation der Organanlagen eingreifen.

KARLSON: Meinen Sie nicht, daß ein zeitliches Muster der Induktionswirkung die Dinge besser erklärt als eine quantitative Abstufung von zwei Faktoren, die nebeneinander stehen?

TIEDEMANN: Da stimme ich mit Ihnen überein. Man muß daneben sicher die zeitliche Aufeinanderfolge des Wirksamwerdens der Induktionsfaktoren berücksichtigen. Es gibt in dieser Richtung auch Versuche von NIEUKOOP und anderen.

PETTE (Marburg): An Herrn Prof. DUSPIVA habe ich 2 Fragen:
Die von Ihnen angedeutete Existenz eines zusätzlichen, vom ATP-System unabhängigen Energiespeichers wirft die methodische Frage auf, ob das im Perchlorsäure-Extrakt bestimmte ATP tatsächlich den vollen Gehalt dieser Substanz erfaßt. Aus Untersuchungen von HILLARP (1959) ist bekannt, daß in den chromaffinen Zellen des Nebennierenmarks ATP, allerdings in Verbindung mit den basischen Katecholaminen und Protein, in einem stabilen Komplex gespeichert wird. Gibt es einen Anhalt dafür, daß ein ähnlich stabiler ATP-Speicher in der Dottersubstanz vorliegt?

Die Differenzierung des Aktivitätsmusters der Enzyme des energieliefernden Stoffwechsels ist in erster Linie eine quantitative (GREENSTEIN). Sie kommt zustande durch Variation der Proportionen einzelner Elemente des Musters zueinander, wobei die Elemente sowohl einzelne Enzyme als auch proportionskonstante Gruppen von Enzymen sein können (BÜCHER u. PETTE, 1961; PETTE, LUH u. BÜCHER, 1962; PETTE, KLINGENBERG u. BÜCHER, 1962). Die im Verlauf der Keimentwicklung beobachteten und offensichtlich nicht synchronisierten Anstiege der Aktivitäten einzelner Enzyme des energieliefernden Stoffwechsels sind meines Erachtens Ausdruck einer solchen Differenzierung, zu deren Erklärung nicht unbedingt das Phänomen der sog. Isozyme herangezogen werden muß.

DECKER (Hannover): Eine sehr allgemeine und fruchtbare Denkhypothese setzt ja der morphogenetischen Entwicklung die phylogenetische Entwicklung parallel, so daß man also sagen könnte, daß die Morphogenesis die Phylogenesis repetiert. Man könnte nun daran denken, daß man auch auf die Weise zur Aussage über die Phylogenese der Enzymsysteme kommt. Im Rahmen dieses Gesichtswinkels ist es befriedigend, festzustellen, daß die großen Enzymsysteme alle von Anfang an schon da sind; denn sie sind es ja auch bei der Allroundzelle, die wir also im Rahmen einer didaktischen Lüge in der Vorlesung den Studenten vorsetzen und von der sich die anderen, die spezifischen Stämme, durch Verlust von Funktionen eher als durch Neuerwerb ableiten. Damit wäre es also in Übereinstimmung. Das einzige Fragezeichen wäre vielleicht bei dem Citronensäurecyclus zu setzen. Interessanter wäre es, wenn man gewebsspezifische Enzyme, z. B. die Acetylcholinesterase, verfolgen würde, um eventuell zu phylogenetischen Hypothesen zu kommen. Ich möchte aber nur auf einen ganz bestimmten Punkt hinaus. Einer der markantesten Unterschiede zwischen dem Stoffwechsel der tierischen und der phylogenetisch älteren Zellen ist der Verlust der Fähigkeit, Fett in Kohlenhydrate zu verwandeln. Das geht ja im Citronensäurecyclus von der Essigsäure nur durch Verlust von zwei Kohlenstoffatomen, ist also der Bilanz nach uninteressant. Die älteren Stämme machen das mit dem Glyoxylsäurecyclus und ähnlichen Mechanismen. Und man hat natürlich, als der Glyoxylsäurecyclus gefunden wurde, sehr sorgfältig auch bei der tierischen Zelle gesucht, ob sie das kann. Soweit ich informiert bin, hat man das noch nicht gefunden. Ich möchte darauf hinweisen, daß die analog phylogenetisch ältesten Objekte, nämlich diese Keimzellen, die interessantesten Objekte sind, und man sollte nach so etwas doch eventuell suchen, zumal im Dotter, in dem ja sehr viel Fett ist, so daß der Bedarf nach Verarbeitung von Fett auch in Richtung Kohlenhydrat vorhanden wäre.

DUSPIVA: Ich möchte zunächst auf die Frage antworten, die Herr PETTE gestellt hat. Über die Natur des Energiespeichers, der im Dotter vermutet wird, kann ich im Moment keine genaueren Angaben machen. Der Dotter müßte, wenn er gebundenes ATP enthält, eine Absorption bei 260 mμ zeigen. Die Angaben verschiedener Autoren divergieren in diesem Punkt noch sehr stark. Das liegt in erster Linie wohl an der Methode, den Dotter aus den Eiern zu isolieren. Solange wir noch über keine brauchbare Methode verfügen, Dottergranula in einem nativen Zustand zu isolieren, läßt sich die Frage nach dem Gehalt des Dotters an Nucleotiden nicht eindeutig beantworten. Zu Ihrer zweiten Frage möchte ich folgendes ergänzen: Es fehlen heute noch Untersuchungen über die Aktivitätsmuster der Enzyme in einzelnen Keimabschnitten. Die Versuchsresultate, die ich hier demonstrierte, sind auf den Keim als Ganzes bezogen. In den einzelnen Regionen des Keimes würde die Differenzierung des Enzymmusters bedeutend klarer in Erscheinung treten. Die Isolation einzelner Keimabschnitte ist jedoch äußerst zeitraubend. Man ist daher auf Mikromethoden der Enzymanalyse angewiesen, um mit möglichst wenig embryonalem Gewebe auszukommen. Leider ist heute noch kein Photometer verfügbar, das optische Teste in so kleinen Ansätzen durchzuführen gestattet, wie diese Fragestellung erfordert.

Herrn DECKER möchte ich antworten, daß ich es für fraglich halte, ob die Ontogenese der Stoffwechselsysteme etwas über die Phylogenese aussagen kann. Die Eizelle ist ja keine ad hoc neuentstandene Zelle, sondern hat sich ällmählich als Oocyte im Ovar entwickelt. Sie hat als Zelle bereits die fundamentalen Stoffwechselsysteme, Glykolyse und Atmung übernommen. Es ist mir wohl bekannt, daß man in der letzten Zeit gerne phylogenetische Spekulationen betreibt. Aus der Möglichkeit, daß in der Vorzeit auch auf der Erde eine sauerstofffreie Atmosphäre existierte, leitet sich der Gedanke ab, daß die Zellen zunächst nur die Glykolyse besaßen und daß die Atmung sich später dazu gesellte. Untersuchungen an Eizellen haben bisher keine Befunde gebracht, die diese Hypothese bestätigen würden.

TIEDEMANN: Darf ich zu der Frage von Dr. DECKER noch ergänzen, daß verschiedene Arten in sehr frühen Entwicklungsstadien recht verschiedene Enzymmuster haben können. Seeigelkeime haben nach Untersuchungen aus dem Wenner Green's Institut einen sehr aktiven Pentosephosphatcyclus und eine aktive Glucose-6-Phosphatdehydrogenase, während dieses Enzym nach Untersuchungen von Prof. DUSPIVA in Molch- und Froschembryonen nicht besonders aktiv ist.

DUSPIVA: Zur Diskussionsbemerkung von Herrn DECKER möchte ich noch nachtragen, daß wir durch die Untersuchungen von BOELL (1948) über die Cholinesterase-Aktivität im Embryo gut unterrichtet sind. Das Enzym ist an die Entwicklung des neuromuskulären Systems gebunden. Wenn die Larve ihre ersten einseitigen Muskelzuckungen macht, ist die Cholinesterase noch sehr wenig aktiv. Ein steiler Anstieg der Aktivität erfolgt erst mit dem Einsetzen von koordinierten zweiseitigen Bewegungen der Rumpf- und Schwanzmuskulatur. Die Acetyl-Cholinesterase ist hauptsächlich in den Synapsen und Nervenendplatten lokalisiert. Sie tritt in Erscheinung, wenn diese ihre Funktion aufgenommen haben.

HESS (Heidelberg): In den Angaben über die Atmungsgröße sowie die Aktivitäten der Atmungsenzyme finden sich gewisse Widersprüche, die ich in dieser Diskussion doch noch einmal aufgreifen möchte. Einmal geben Sie Befunde über relativ hohe Atmungsaktivitäten in der Entwicklungsperiode wieder und andererseits finden Sie niedrige Aktivitäten der Isocitratdehydrogenase, der Sie zugleich eine limitierende Rolle im Citratcyclus zusprechen.

Neben den Vorstellungen, die eben Herr PETTE entwickelte, scheint es mir doch aus den vorliegenden Daten ersichtlich, daß man noch sehr viel mehr experimentelles Material abwarten muß, ehe ein Einblick in die Zustandsänderungen der energieliefernden Prozesse während der Entwicklung gewonnen werden kann. Unklarheiten bestehen prinzipiell vor allem in Hinblick auf die Arbeitskoordinaten (Volumina, Phasen usw.), die benutzt werden sollen. Vielleicht finden sich bessere Bezugsgrößen, als sie bisher in der Entwicklungsphysiologie angewandt werden. Hinzu kommt noch, daß viele der früheren Methoden sicher heute unzulänglich sind (z. B. die Bestimmung des Cytochrom C). Rückschlüsse auf die Aktivität der Atmungskette sollte man prinzipiell nur aus Angaben über die Wechselzahl der Enzyme in den isolierten Mitochondrien bzw. in intakten Systemen verwerten. Relevante Angaben über Enzymaktivitäten als limitierende Größen lassen sich nur im Zusammenhang mit der stationären Konzentration der Reaktionspartner und deren Flußgröße machen. — Die interessante Spekulation von Herrn PETTE über ein Depot-ATP hat vielleicht für die hier vorliegenden Prozesse keine so große Bedeutung, da es sich ja im wesentlichen um langsam ablaufende Phänomene handelt und nicht um Funktionen, die eine rasche Startaktivität benötigen, so wie man sie z. B. bei den Thrombocyten oder in den Nebennierenrindenzellen erwartet. Schließlich weise ich darauf hin, daß der Horecker-Shunt sehr aktiv sein kann, auch wenn die Aktivität des Zwischenfermentes niedrig zu sein scheint. Die Aktivierung kann in diesem Falle durch das Transaldolase-Transketolase-System mit großer Massenwirkung erfolgen.

DUSPIVA: Ich teile Ihre Meinung, daß man allein aus der niedrigen Aktivität der Isocitratdehydrogenase nicht ohne weiteres auf eine Limitierung des Citratcyclus schließen kann. Es mag sein, daß ich mich in meinem Vortrag nicht klar genug ausgedrückt habe. Ich wollte lediglich mein Erstaunen darüber zum Ausdruck bringen, daß dieses Enzym im jungen Keim so wenig aktiv ist, indem ich sagte, daß man daran denken könnte, daß es deshalb als Schrittmacher im Citratcyclus funktionieren müßte.

Genauer informiert sind wir nur über Atmung und Glykolyse. Auch die Atmungsrate ist am Anfang der Entwicklung ziemlich niedrig, nimmt aber rascher zu als die Glykolyse. Der Atmungsanstieg im Verlauf der Entwicklung ist aber nicht gleichmäßig. Nach den Untersuchungen von TUFT (1953), der sich einer ausgezeichneten Methodik bediente, zeigt die Atmungskurve während der Gastrulation ein Plateau. Wir müssen wohl bezüglich der Durchsatzgrößen durch Stoffwechselprozesse im Verlauf der Embryonalentwicklung mit wechselnden und in den einzelnen Regionen des Keimes unterschiedlichen Größen rechnen. Exakte Messungen, vor allem bezüglich Citratcyclus und Horecker-Shunt fehlen heute noch.

Ich danke Ihnen für Ihre Anregungen und Vorschläge, wie man in Zukunft näher an das Problem der Zustandsänderungen der energieliefernden Prozesse herankommen könnte.

HESS: Ich glaube, man muß auch etwas vorsichtig sein, aus der niedrigen Konzentration der Isocitronensäuredehydrogenase etwas über die Limitierung dieses Cyclus zu sagen. Man muß schon etwas über die Flußgrößen wissen, damit man einen gewissen Einblick bekommt, was da vorgeht. Und dasselbe trifft vielleicht auch für den Dicken's shunt zu, der shunt kann natürlich durch das Transketolase-System außerordentlich aktiv werden, ohne daß nun unbedingt die Zwischenfermentkonzentrationen dabei eine Rolle spielen müssen.

HINRICHSEN (Göttingen): Ich glaube, wir sollten dieses Symposium nicht zu Ende gehen lassen, ohne daß sich die Morphologie auch in der Diskussion einmal zu Wort meldet. Denn bei aller Einsicht und Notwendigkeit, daß Sie biochemisch mit sehr einfachen Systemen arbeiten müssen, um zu solchen Analysen zu kommen, wie sie hier vorgetragen worden sind, darf, glaube ich, nicht unausgesprochen bleiben, wie enorm groß der Unterschied zwischen diesen Modellversuchen und der normalen Formbildung und Morphogenese ist. Und ich gestehe Ihnen gerne, daß ein Mann, Anatom und Embryologe, sich in diesem Kreise fast ein wenig wie ein gegenständlicher Maler fühlt, der unter eine große Schar von Abstrakten gefallen ist. Aus dieser Sicht heraus vielleicht zwei kleine abschließende Bemerkungen zu dem Vortrag von Herrn Professor DUSPIVA. Wenn Sie die starke Relativierung der Gradienten-Theorie, die Sie vorgenommen haben noch einen kleinen Schritt weiterführen, nämlich über den Bezug auf das Grundplasma hinaus, wo Sie auf den umgekehrten Gradienten hinweisen, dann sind wir doch eigentlich wieder bei den Granula-Gradienten oder bei einem Gradienten des strukturierten Cytoplasmas oder der Zellorganellen. — Und eine zweite Bemerkung: Sie sprachen abschließend davon, daß man seit etwa 20 oder 30 Jahren davon spräche, daß in der Entwicklung es immer eine fortschreitende Komplizierung gäbe. Die Morphologen sind ja in ihrem Sprachgebrauch meist noch etwas differenzierter und sprechen, soviel ich weiß, nicht so sehr von Komplizierung als von einer zunehmenden Mannigfaltigkeit. Ich glaube gerade, wenn man an die alten Gedankengänge von SPEMANN und DRIESCH anknüpfen wollte, ergibt sich zwischen den von Ihnen vorgetragenen und diesen alten Überlegungen ausgezeichnete Übereinstimmung. Denn es wurde bekanntlich von der Abnahme der Potenz der Zellen während der Differenzierung gesprochen, und wenn wir diese Abnahme der Potenz gleichsetzen mit der Einengung des Enzymmusters, dann ist man fast, wie ja auch durch andere Überlegungen, die hier zur Sprache kamen, geneigt, Enzymfähigkeit zur Enzymsynthese und Potenz in einen inneren Zusammenhang zu bringen, wenn wir ja auch sicher noch nicht so weit sind, das gleichsetzen zu dürfen.

Schlußwort

SCHÜTTE: Wir kommen zum Schluß unseres 13. Colloquiums. Gegenüber laut gewordenen Bedenken, unser Thema sei zu abstrakt gewesen, habe ich doch den Eindruck gewonnen, daß die Erörterungen über Biochemie und Induktion sich nicht mehr in abstrakten Vermutungen erschöpfen, sondern uns schon recht viel Gegenständliches zu diesem Thema geboten haben.

Es bleibt mir nur noch übrig, allen zu danken, die zum Erfolg dieses wohl gelungenen Colloquiums beigetragen haben: unserem Vorsitzenden, Herrn KLENK, für die Koordination der Vorbereitungen und dafür, daß er trotz der Belastung durch sein hohes Amt als Rektor der Universität Köln die beiden Tage hier in Mosbach war, den Herren KARLSON und ZILLIKEN für die Bearbeitung und Gestaltung des Programms, Herrn AUHAGEN für die Organisation und praktische Durchführung, allen Vortragenden, in Sonderheit den aus dem Ausland zu uns gekommenen Gästen und allen Diskussionsrednern.